向"中国大熊猫之父"胡锦矗教授致敬。

大熊猫之路

一部绚烂的大熊猫文明史

考拉看看｜著

THE GIANT PANDA'S ROAD

A COLORFUL HISTORY
OF PANDA

中国出版集团　现代出版社

图书在版编目（CIP）数据

大熊猫之路：一部绚烂的大熊猫文明史 / 考拉看看
著 . -- 北京：现代出版社，2023.3
ISBN 978-7-5231-0108-7

Ⅰ . ①大… Ⅱ. ①考… Ⅲ. ①大熊猫－普及读物
Ⅳ . ① Q959.838-49
中国国家版本馆 CIP 数据核字 (2023) 第 020390 号

大熊猫之路：一部绚烂的大熊猫文明史

作　　者：考拉看看
责任编辑：张　霆　姚冬霞
出版发行：现代出版社
通信地址：北京市安定门外安华里 504 号
邮政编码：100011
电　　话：010-64267325　64245264（兼传真）
网　　址：www.1980xd.com
印　　刷：北京瑞禾彩色印刷有限公司

开　　本：710mm×1000mm　1/16
印　　张：25.5　　　　　　　字　　数：343 千
版　　次：2023 年 3 月第 1 版　　印　　次：2024 年 12 月第 2 次印刷
书　　号：ISBN 978-7-5231-0108-7
定　　价：108.00 元

CONTENTS

目录

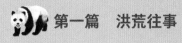

CONTENTS

目录

CONTENTS

目录

前　言

　　每个春日，当我们走进田园时，就不得不赞叹古人描绘的"浴乎沂，风乎舞雩，咏而归"的上巳节景象。我们在自然的怀抱中感受着光阴的流动，不知不觉就是千年。中国古人有着物我合一、天地融合的自然观。人类本就属于自然，我们要做的不过是认识自我，认识自然。人们需要一本自然列传，以人文的眼光看待历史和时间，通过自然认识人类的进化。这样的思路早已有了，古希腊时期就有博物学家借助自然进行人文说教。

　　一位伟大的博物学家研究火山，乘船去到那不勒斯海峡，最后和庞贝以及当地居民一起淹没在令人窒息的气体之下。他就是普林尼，他希望从一个新的角度诠释自然，因为他坚信"从大自然最小的生命中更能窥见自然的全貌"。

　　在人类早期，自然史以神话和动物寓言的手法讲述雄蜘蛛和海狸的奇妙生活。这是早期人类自然关系的体现。古希腊人相信人神共住，奥林匹斯天神守护着不同的城邦，他们的神无处不在，自然是神的恩赐。柏拉图说，我们所见的世界无非镜子中的影像，是火光照在山洞石壁上的影子。他说，人类看蜘蛛织网而学会了织布，人类在模仿中有了文明。

　　从《伊索寓言》到布封的《自然史》，自然学家和博物学家戴着宗教的有色眼镜看待天雷雨露，直到达尔文提出"优胜劣汰，物竞天择"的进化论，才能从生命的本质看待整个历史。

无论是科学式推理，还是浪漫主义的神话幻想，人们都是在自然中沉思历史，在自然王国中寻找一种社会理论。东西方文化都有畅游山水而引发人生思考和自我命运的联想。庄子想北冥鲲鹏展翅，自己也遨游四海；屈原"制芰荷以为衣兮，集芙蓉以为裳"。基督徒想要白鸽带来橄榄枝，雪莱唱西风搅动浓云迷雾，歌颂革命以排山倒海之势、雷霆万钧之力进行。

人类不得不感叹自身在历史中存在的短暂。用人文知识和人道主义情怀去理解自然科学，我们就会发现其中藏着一整部人类的历史。大熊猫就是自然界的活化石，是历史的见证者。人类从远古时期到如今文明社会的进化之路，几乎都与大熊猫相伴而行。人类从简单的口腹之欲中抽离出来，跌跌撞撞地在"文明"二字上前行，先是迎来刀耕火种的原始社会，出现私有制后又进入奴隶社会，奴隶社会消亡后便是持续千年的封建社会。人类在经历这些洗礼时，大熊猫也在不断进化，它们的身影时不时地出现在人类文明的痕迹中。

远古时期，自然是地球的主宰。而人类，既无法填海造城，也没有人工降雨的技术，连直立行走都困难重重。在这一阶段，许多物种的使命便是顺应自然规律迅速进化，竭力避免被某一次灾害淘汰。大熊猫是地球上孑遗至今的古老生物，其祖先始熊猫自现代新食肉类动物真正的祖先麦芽西兽进化数次，最终由始熊类中的一支演化而成。在地底沉睡百万年才苏醒的化石告诉我们，始熊猫诞生之地，人类遥远的祖先也留下了痕迹。

人类自古猿进化而来，而古猿这种灵长类动物出现在距今2600万年前的渐新世。禄丰古猿是古猿一种进化方向的结果，具有保持直立体态的能力，但直立行走尚不够协调。禄丰始熊猫与禄丰古猿化石被发现于同一地区，它们是否曾经在密林中邂逅？云南禄丰是不是人类与大熊猫最开始的结缘之地？

禄丰古猿尚未学会使用工具，经常集体出动，而禄丰始熊猫体形不大，彼此应该不会构成太大威胁。不管是古人类还是古熊猫，此时都受制于瞬息万变的自然环境，都处于平等的生存地位。某一方掌握更多的自然资源，才有可能打破这种平衡状态，这种状态将持续百万年。但是，终有一天，人类祖先与大熊猫祖先的关系会发生改变。

寒冷的气候加速了这一天的到来，茂密的森林植被逐渐稀疏，曾经的森林古猿被迫暴露于遮蔽极少的草原，始熊猫亦然。为了适应环境，古猿进化为能人，开始学会使用工具。始熊猫因食物匮乏，只能缩小体形，于是，小种大熊猫出现了。此时，拥有工具的能人与体形小的小种大熊猫之间的关系，已经不似古猿与始熊猫那么平衡。能人有能力掠夺更多的自然资源，也能猎杀一些食草动物充饥，谁能保证他们会放过小种大熊猫呢？事实证明，进化后的人类逐渐登上食物链的顶端，与大熊猫祖先的关系越来越不平等。

人类自从学会利用工具，就像失控的马匹，奔驰在进化的道路上，将所有动物都远远地甩在后面，从旧石器时代不慌不忙地步入新石器时代，再进入现代社会，仿佛是转瞬间的事。大熊猫呢？它们依旧在人迹罕至的深山密林里，迈着不疾不徐的步子。

农业的出现给人类社会带来了巨大的影响。从采集狩猎过渡到男耕女织，人类结束了不断流浪的生活，开始发动土地争夺战，人类很快崛起并在面对其他物种时具有了绝对的优势。在农业文明高度发达的中国，大熊猫的栖息地被人类一步步蚕食，它们退缩到中国西部的深山，成为罕有人知的神秘物种。

生命伊始，大熊猫与人类都是生活在地球上的平凡生物，会捕食小动物，也会受到大型食肉动物的威胁，面对风雨与灾害，同样只能听天由命，双方最开始处于同一起跑线。人类文明的进程比大熊猫快很多，但人类对神秘莫测的自然的畏惧不比大熊猫少，无论是奴隶社会还是封建社会，基于自然崇拜而出现的动物图腾不在少数，其中不乏以大熊猫形象为图腾的部落。此外，大熊猫也介入了这一时期人类文明的政治与文化，代表它们的"驺虞""貔貅""食铁兽"等名字多次出现在《诗经》《尚书》《后汉书》等典籍中。武则天也将大熊猫作为国礼赠予日本天皇。此时，大熊猫是珍兽的代表。

不过，大熊猫依然是神秘的存在，在中国西部的山林中"深居简出"，与人类少有交集。封建社会的生产力水平有限，普通人的活动范围不足以深入大熊猫的栖息地。从古至今，各地对大熊猫形象的描述都不甚详细。这种局面被来中国传教的法国神父戴维打破。

戴维在一个猎人家里发现了一张皮毛，他从未见过这种皮毛，不知猎人口中的动物是什么，他的好奇心驱使他去探寻"白熊"的秘密。从前，大熊猫是栖息在大山深处的当地人口中的神秘物种，它们的名声仅仅在一小块陆地上隐秘地传播。自从戴维将这一物种公之于众，大熊猫才真正开始走向世界，走进人类文明。

西方世界迅速掀起一股"熊猫热"。但是，人类的追求并非什么好事。当时的西方社会基本上完成了工业革命，步入工业时代，运用蒸汽和机器的力量与自然对抗乃至征服自然的想法恣意膨胀。人类在这世界上仿佛没有了敌人。生存于同一家园的诸多野生动物，在此时人类的眼中并非自然的美丽生灵，也不是同栖一处的友好邻里，工业社会带来的掠夺感使人类看待那些野生动物时，变得盲目而狭隘。

生物学家渴望获得一只大熊猫进行研究，探险家希望发现并捕获一只大熊猫，狩猎者纯粹想要用大熊猫取乐，没有人用平等的眼光看待大熊猫。被捕获的大熊猫在不同身份的人手中流转，被赋予各种人类视角下的意义，被禁锢笼中，丧失自由。

人类通过工业革命收获了一系列好处，但这一阶段对自然资源疯狂掠夺所产生的后果，也在未来的年月里反噬在人类身上。一部分人率先转变思想，质疑自身，人类未必是地球上最高贵的生物，无权决定其他生物的命运。这种动物保护思想的火苗最先在西方世界燃起，发展成熟后，经中国的改革开放传入中国，与中国传统文化中的动物保护理念相结合，共同指导了日后中国与其他国家合作开展的大熊猫保护事业。

大熊猫是中国的国宝，从"熊猫外交"到"熊猫计划"，中国保护大熊猫的方式不断进步与转变。"熊猫外交"期间，大熊猫成为中国的"另类"外交官，帮助当时在国际上处境艰难的中国交到不少外国朋友。"熊猫计划"期间，中国与世界野生动植物基金会（WWF）合作开展大熊猫保护事业，多领域多方面地了解大熊猫，寻找保护它们的最佳途径，无论是中国人还是外国友人，都已意识到人类对山林的过度侵占才是大熊猫数量稀少的真正原因。人们开始有针对性地挽救大熊猫的栖息地，使破碎的岛屿状栖息地能够重建联系。同时，被圈养的大熊猫也逐渐走上一条科学合理化的野化放归之路。相信终有一天，大熊猫能够重回森林，过上自由自在的生活。

人类社会发展至今，走到了精神文明的高度，除了利用自然，也开始懂得尊敬自然。大熊猫是世界生物多样性保护的旗舰物种，人类对大熊猫的态度说明了一切。同时，人类也因为大熊猫而理解了和谐共处的深意，所有生物在地球上都拥有平等的居住权，人类无权占有它们的生存空间，蛮横占有只会引来自然的报复。

可以说，大熊猫见证了人类从古猿到智人的进化路径，与之相应，人类同样是大熊猫进化历程的见证者。大熊猫与人类的关系，体现着人类文明的发展状况，从互不干扰到偶有威胁，从观赏与被观赏到猎杀与买卖。现如今，人类终于学会对大熊猫进行保护，退还它们曾经的领地，真正领会了"和谐共处"，并付诸实施。

如今，憨态可掬的大熊猫是中国的名片，是世界宠爱的珍稀物种。随处可见的大熊猫建筑、书籍、绘画、艺术等，都是它们与人类相伴而行的最好证据，它们早已与人类文明融为一体，从而衍生出令人赞叹的大熊猫文化。

大熊猫和人类的关系为本书的主线。从八百万年前的相遇开始，人类与大熊猫这两个物种就注定拥有深深的羁绊。从古猿到能人，到直立人，到早期智人，再到晚期智人；从始熊猫到小种大熊猫，到巴氏大熊猫，再到现生大熊猫，人类与大熊猫共同面对了自然的沧桑巨变。

在第四纪冻结生命的寒冷气流中，物种为生存"各显神通"，大熊猫为适应环境变成了"素食主义者"，人类学会了利用"火"，在不断进化中迎来了灿烂的文明。然而，人类和大熊猫的关系发生了微妙的变化。在人类逐步登上食物链顶端的过程中，大熊猫和其他野生动物成为文明的牺牲者。好在人类很快意识到，如果文明的代价是孤独，这或许是另一种意义上的野蛮。人们自发行动起来，保护大熊猫，保护与我们同处一个家园的众多物种。

在本书中，我们紧紧围绕人与大熊猫的关系，以时间为线索，回顾了大熊猫和人类的交往全过程，从早期的相安无事，到人类文明发展过程中的占有和掠夺，最后到当下的保护和文化延伸。我们在思考，或许人类对大熊猫的喜爱没有变，但对待自然的态度发生了变化。

在轴心时代，古希腊有奥林匹斯神和柏拉图，中国有百家争鸣，人们开始认识自然，认识自我。但古人在面对自然时有着畏惧之心。近代，西方经历工业革命，资本家掠夺和占有的欲望越来越大，此时大熊猫和人类的关系陷入了僵局。人类对资源有着无尽的需求，各种发明层出不穷，希望通过提高生产力水平来加快从自然中攫取资源的速度。然而，资源毕竟是有限的，所以大规模战争在人类社会内部频频爆发，人与自然之间也矛盾重重。当这种紧张的关系到达一个临界点时，人们终于意识到环境对人类文明发展的重要意义。

本书从大熊猫出发，从人和大熊猫的关系当中发现人和自然的矛盾。我们开始反思人类在历史长河中的渺小和自大，从人与自然的关系中看到了人类社会的进程，从混沌自然到战争杀戮，最后到和谐共处。人类就像是一个正在成长的孩子，原始社会是人类的孩童期，对自然有着浪漫主义幻想；工业时代是人类的青春期，骄傲而自大。如今，人类走向成熟，认识到自我的渺小，态度开始谦逊。

在写作时，我们用人道主义的情怀分析自然现象，也分析人类自身。我们用充满诗意的语言讲述一个个大熊猫和人类的故事，回顾那些争夺和血腥，也回忆那些天真和美好，抱着对未来的憧憬写下这本"自然人文史"。大熊猫像是人类的另一双眼睛，通过它们，我们能够窥探到不一样的人类文明，期待一个万物融合的未来。

最后，我们期望与大熊猫和解，与自然和解。我们在这片大地上诗意地栖居，从这本《大熊猫之路》开始。

第一篇

洪　　荒

往事

第一章　中新世的足音

令人惊喜的发现

科学家普遍认为宇宙诞生于一场大爆炸。一个致密炽热的奇点发生爆炸，不断膨胀，形成宇宙，这一事件发生在138亿年之前。经过漫长时间的演化，地球渐渐形成了，地球的初始状态与今天看到的相差甚远——岩浆剧烈活动，火山频频爆发，地表被大量"岩浆海洋"覆盖。

地球这个太阳系中独特的行星，已有46亿年的历史，对于这颗奇迹之星，人类始终保持高度的好奇。地质学家和古生物学家根据地层自然形成的先后顺序，将其划分为太古代、元古代、古生代、中生代、新生代，使时间与地层学结合，为描述地球历史大开方便之门。

太古代时，生命开始出现，经过几十亿年演化，成了我们今天看到的样子。生命之河奔涌不息，在漫长的时光里，无数物种诞生、繁衍、衰落、消亡，一些印记深埋地底，等待被唤醒，这些印记被称为化石。

化石是一种特殊的石头，忠实记录着曾经出现在地球上的生物的秘密。化石的形成条件极为苛刻，有三个最为基本的因素：其一，对于有机物来说，必

始熊猫

须有坚硬的部分，例如贝壳、硬骨、牙齿或木质组织等；其二，生物在死后必须免于被毁灭；其三，生物必须被某种能阻碍分解的物质很快地掩埋起来，如软泥、流沙等。[①]这些形成不易的珍贵化石，成为科学家破译远古生命密码的关键钥匙。我们的故事，就从这些潜行于地下的生之灵火开始。

大熊猫是中国特有的珍稀动物，经过数百万年的演化繁衍至今，成为动物界当之无愧的活化石。作为一种孑遗至今的旗舰物种，大熊猫受到了全世界人民的追捧，对于这一物种的起源地，科学界好奇不已。现如今，中国的六大山系是大熊猫最后的栖息地，而在过去，它们的分布范围要大得多。

1942年，科学家在位于欧洲中部的匈牙利潘诺盆地哈万地点的沼泽相地层中，发现了食肉类动物的第3前臼齿至第2臼齿化石，克雷佐（M.Kretzoi）对这些化石标本进行了细致的分析研究，订立了一个新属、新种，叫作葛氏郊熊猫。科学家发现，这种动物的牙齿特征与大熊猫相似，应该属于熊猫类的早期

---

① 林静.变成石头的动植物：化石［M］.北京：中国社会出版社，2012.

代表，其地质时期距今700多万年。此后，人们将葛氏郊熊猫视为大熊猫的祖先，一时间，大熊猫"华籍欧裔种"之说大为盛行。[1]

中国的科学家对此有不同的看法，判断一个物种的起源，不能仅仅依靠少量的材料。仅凭借数量稀少的化石来确定大熊猫的起源，难以令人信服，大熊猫的真正起源，有待科学家继续研究。20世纪50年代，一项重大发现让学术界向真相迈近了一大步。

1956年12月，一个叫覃秀怀的广西柳州农民在村边的岩洞里寻找"龙骨"卖钱。"龙骨"是一些还未完全石化的多种脊椎动物的骨骼和牙齿，常被用作中药。《本草纲目》就有"凡用龙骨，先煎香草汤浴两度，捣粉……入补肾药中，其效如神"的记载。覃秀怀从小就听说附近的石山有无数岩洞，岩洞中除了大量可以当作肥料的岩泥，还有一些值钱的"龙骨"，因此，他经常在岩洞中翻找。这天，他在楞寨山硝岩洞洞口附近寻找岩泥，寻找到大量的泥块，泥块中夹杂着"龙骨"。

12月25日，覃秀怀收拾了一担"龙骨"，挑着担子前往当地的合作社收购站。他在收购站遇到了银行营业所的主任韦跃社。一番闲聊，韦跃社对覃秀怀担子里一块类似人类下颌骨的"龙骨"产生了兴趣，动员覃秀怀把这块"龙骨"献给政府，告诉他，这说不定能发挥更大的价值，为科研工作贡献一分力量。

覃秀怀将这块"龙骨"送到了柳州市文化局，一场惊人的大发现就此诞生。柳州市文化局一接收到这块"龙骨"，就觉得它大为不凡，为了确定它的价值，文化局与当时正在广西南宁考察的以裴文中为首的华南洞穴考察队取得联系，随即又派人将标本送到南宁。在古人类研究方面建树颇丰的裴文中先生一眼就确定，这正是考察队多方寻找的巨猿下颌骨。考察队立刻前往柳州，展开调查。

1957年，针对硝岩洞的发掘工作正式展开，发掘历时7年，一共发掘出数千件脊椎动物化石。这些化石中，有3件巨猿下颌骨，上千枚牙齿。在第一块巨猿下颌骨出土的地方，发掘出了10枚小种大熊猫牙齿；在第二块巨猿下颌骨

---

[1]　黄万波，魏光飚.大熊猫的起源［M］.北京：科学出版社，2010：12—13.

出土的地方，世界上第一个小种大熊猫的完好下颌骨惊现于世，出土的小种大熊猫化石共计79件。①

尽管小种大熊猫化石的地质时间为距今200余万年，远远比不上葛氏郊熊猫的地质时间，但数量如此众多的大熊猫化石在中国出土，对于"华籍欧裔种"的说法无疑造成了冲击，中国的科学家因此大受鼓舞，继续坚持不懈地探索大熊猫的真正起源。

1978年，中国科学院古脊椎动物与古人类研究所的考察人员来到云南，在禄丰县石灰坝第三纪褐煤层化石发现地展开发掘工作。早在20世纪60年代修筑成昆铁路时，这里就挖出了大量脊椎动物化石，但出于种种原因，直到1978年，考察人员才对这片区域进行发掘。

随着发掘工作的深入，越来越多的脊椎动物化石被发现了，除了一些古猿颅骨、下颌骨等珍贵化石，考察人员还找到了大熊猫祖先的化石！

科学工作者对禄丰出土的熊猫类化石标本进行了深入研究，发现它们应为一种形态原始、个体小的大熊猫类动物所有，其颊齿齿列长约为现生大熊猫的三分之二，在前臼齿的形态上，与大熊猫类似；臼齿的形态则更接近熊类，长度稍大于宽度，牙面上有明显的釉质褶皱，与现生大熊猫臼齿宽大于长，牙面上有大小不等的凸起或棱脊的形状不同。研究人员认为，这种动物应该介于祖熊与大熊猫之间，是一个新属、新种，并将其命名为禄丰始熊猫。禄丰始熊猫的地质时间大约距今800万年，远超葛氏郊熊猫的地质时间。在形态上，禄丰始熊猫明显小于葛氏郊熊猫，其牙齿齿尖高度也低于葛氏郊熊猫，齿冠面皱纹也多一些。两者的差别表明，禄丰始熊猫与葛氏郊熊猫不处于同一演化水平，葛氏郊熊猫应该是熊猫类一个早已灭绝的旁支，并非现生大熊猫的祖先。②

此后不久，元谋始熊猫化石的发现，为大熊猫起源于中国的说法再添力证。

1986年10月的一天，云南元谋一个小山村里，一个叫李自秀的彝族少年

① 黄万波，魏光飚.大熊猫的起源［M］.北京：科学出版社，2010：44.
② 邱占祥，祁国琴.云南禄丰晚中新世的大熊猫祖先化石［J］.古脊椎动物学报，1989，27（3）：153—169.

现生大熊猫头骨化石　　　　　　小种大熊猫头骨化石

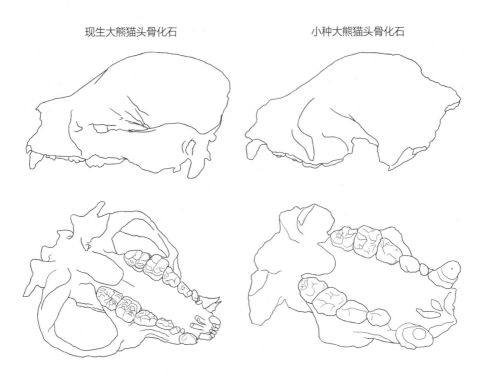

现生大熊猫和小种大熊猫的头骨区别

无意间捡到了一些美丽的"龙骨"。消息很快传开，11月初，云南省地质科学研究所的江能人教授也听说了这件事。这会不会与研究所一直四处寻觅的古猿化石有关？江教授立刻赶赴李自秀所在的物茂乡德大村找到这位少年，表明自己对他手中"龙骨"的好奇。李自秀没有迟疑，将"龙骨"交给了江教授。一颗古猿牙齿的化石在这些化石中熠熠生辉，江教授激动极了。

　　云南省文物部门对这一新发现高度重视，针对这片区域的考察行动很快展开。这次发掘工作自1986年12月开始，于1990年1月结束，成果颇丰，除了发现了大量古猿化石，还收获了始熊猫化石。

　　古动物学家宗冠福对这次发现的始熊猫化石进行了研究，并将研究结论发表在1997年出版的《元谋古猿》一书中。宗冠福认为，新发现的化石在个体上小于禄丰始熊猫，牙齿形态和禄丰始熊猫基本相似，前臼齿在形态上比禄丰始熊猫更接近现生熊猫，地质时间距今大约700万年，晚于禄丰始熊猫，其进化水平与禄丰始熊猫相比，稍显进步，故而应为一新种，将其命名为元谋始熊猫。[①] 禄丰始熊猫化石和元谋始熊猫化石的重大发现，较为全面地展现了大熊猫的演化进程，也证实了现生大熊猫起源于中国的观点。

但是大熊猫起源于欧洲的说法并未就此告一段落，漫长的时光里，无数生物活动的痕迹都消失无踪，而化石的形成条件又极为苛刻，人类只能依靠仅有的化石发现来揭示远古生命的奥秘，这也使无数秘密难以为人所知。

2012年5月，古生物学家Abella等人在西班牙发现了熊猫类化石，经过研究，证实为大熊猫祖先的一个新类属，将其命名为克氏熊猫。克氏熊猫的地质时间距今约1160万年，这一发现将大熊猫家族史提前了近400万年。[②]

2017年10月，加拿大多伦多大学古人类学家大卫·贝根（David Begun）在匈牙利发现了一组1000万年前的牙齿化石，并在法国科学家路易斯·德·博尼斯等人的帮助下对这些化石进行了研究，根据这些牙齿化石的形状，判断它们属于古大熊猫。研究者之一胡安·阿贝拉表示："大熊猫的直系祖先可能来自亚洲，但与欧洲更古老的种类也有着联系，这是它们已经灭绝的旁支。"[③]

熊猫类近亲化石在欧洲几次出现，表明亚洲与欧洲这两个大陆在中新世时期（距今约2330万年至530万年）存在大量生物迁徙现象。但是，这些更为古老的熊猫家族成员，究竟是不是始熊猫的直系祖先？目前科学家只能确定它们存在一定的亲缘关系。学术界普遍认为，发现于中国的始熊猫是现生大熊猫的祖先。

大自然是一个杰出的谜语制造者，将无数谜题掩藏在大地的各个角落，其中一部分人类已成功破译，但更多的谜题依旧存在，静待好奇的人们去探索。无数秘密深埋地底，或许永远不会被发现，或许明天就大白于天下。

---

① 黄万波，魏光飚.大熊猫的起源［M］.北京：科学出版社，2010：38—41.

② 张明，袁施彬，张泽钧.大熊猫地史分布变迁初步研究［J］.西华师范大学学报（自然科学版），2013，3（4）：324.

③ 周远方.匈牙利发现1000万年前大熊猫化石，起源地之谜再起［EB/OL］.［2017-10-30］.https://www.guancha.cn/global-news/2017_10_30_432871.shtml.

食肉目动物的演化

　　生物的进化是很难说清的奇异事情，几十亿年间，地球上诞生了数不清的物种，人类拥有的历史只占了其中极小的一部分。但与其他物种不同，人类对一切事物都保持着极强的好奇心。人类探求自己的来历，探求孕育生命的地球的秘密，探求整个宇宙的秘密，而大熊猫的秘密，也是这无数好奇中的一种。今天，我们在动物园里、在电视上能看到憨态可掬的大熊猫手捧竹子，吃得津津有味。漫长的进化，使大熊猫由食肉类动物演化成以竹子为主食的物种。

　　人类所处的地质时代为新生代，这一地质时代开始的时期距今约6600万年。新生代分为古新世、始新世、渐新世、中新世、上新世、更新世、全新世，常被称为"哺乳动物的时代"。

　　在新生代之前的中生代，就是"爬行动物时代"，一种被称为"恐龙"的物种在地球上广泛分布，"统治"了地球近8000万年。然而，中生代末期，这种强大的物种在极短的时间里迅速灭绝，留下难以破解的谜团。

　　新生代早期还有少量恐龙存在，但随着环境变化，它们渐渐湮灭于时空之河中。在这场大灭绝中，大量的爬行动物也和恐龙一样成为地球上的过客，而哺乳类动物悄然兴起。

　　光阴流转，到了距今6000多万年的古新世，一群古食肉类动物在地球上出现了，这是目前人类发现的最早的食肉目兽类。在各个大陆的升降、分裂、漂移、撞击、结合中，它们不断适应环境，向欧洲、亚洲、美洲等地辐射演化。

　　一类叫麦芽西兽的动物出现了。与古食肉类动物相比，这种新出现的动物大脑更加发达，其牙齿结构更加适应肉食习性。

　　麦芽西兽类是现代新食肉类动物的真正祖先，这种兽类在进化中逐渐分化出狗形类和猫形类这两个比较大的类群。猫形类主要演化成豹类和灵猫类，灵猫类又分化出一支鬣狗类，而狗形类与我们的主角——大熊猫息息相关。

恐龙世界|美国|查尔斯·罗伯特·奈特

  在始新世晚期和距今2600万年的渐新世，狗形类的主支演化出早期的狗类，在更新世时又演化出现代的狼、豺、狐等犬科动物。在渐新世初期，狗形类的第二支分化出来，刚开始是鼬类，如古鼬、始鼬，后来进一步演化出鼬、貂、獾等鼬科动物。第三支分化最早，在始新世早期就演化出重要的一支——始熊类。从形态上看，始熊与现代熊类的面貌相似，但只有狗那么大。分化出始熊类后，这一支又演化出一个分支，向着追逐和捕捉的方向发展，逐渐适应攀爬和杂食的食性。这一分支到中新世时朝着两个方向发展，一个发展成古浣熊，而另一个则发展成了大熊猫的祖先——始熊猫。[①]

  始熊猫化石的发现地在云南禄丰和元谋，根据古生物学家的研究，它们应该生活在800万年前的中新世晚期。那么，问题出现了：800万年前，云南的这

---

① 胡锦矗.大熊猫的起源与演化［J］.中国林业，2008，59（22）：30.

片区域处于什么样的环境？

　　沿时间之河溯流而上，百万年的光阴倏忽而过。2330万年前，地球开始进入中新世，这一时期的气候是温暖而湿润的，适宜的环境使大量植物、动物迅速繁衍，地球上一派欣欣向荣。新生代早期，盘古大陆仍然处于不断分裂的状况之中，其中两块较大的大陆——印度次大陆和亚洲大陆渐渐接近、相撞，巨大的挤压力使两块大陆的交会之地不断隆升，喜马拉雅山脉和青藏高原就此诞生。

　　地质构造运动的过程是极为缓慢的，青藏高原与喜马拉雅山脉并非一开始就达到了现在的高度。实际上，直到始熊猫出现之时，青藏高原的平均高度只在1000米。温湿的热带环境使始熊猫、古猿、三趾马等热带动物群自由自在地生活，那些较为平缓的陆地上，湖泊星罗棋布，为动植物生长提供充沛的水源。

　　科研人员对始熊猫的牙齿化石进行研究，发现它们的牙齿有了趋向食竹的进化特征，"前臼齿发达了，臼齿嚼面上出现了少量的釉质凸起。为适应其功能上的需求，'裂叶'（食肉类动物中，其犬齿是用来杀伤动物的；上第4前臼齿和下第1臼齿是用来切割肌肉的。这两个牙齿被动物学家称为'裂齿'。上、下'裂齿'呈叶片状，故又称'裂叶'）消失，颧弓基底前移到了第4前臼齿至第2臼齿位置上"[①]。

　　为什么始熊猫从始熊类一支上分化出来后，开始尝试吃竹子？这一问题仍是未解之谜，但我们可以通过始熊猫生活的环境做一番猜测。

　　恐龙及大量爬行动物灭绝后，哺乳动物的竞食者大大减少，它们开始迅速繁衍，以填补空缺的捕食者和被捕食者的生态位。中生代时期，哺乳动物的体形较小，到了新生代，它们开始向更大的体形进化。

　　被子植物替代中生代时占据主导地位的裸子植物，大量繁衍，迅速蔓延至地球上的各个区域，各种食草动物便有了充足的种类繁多的食物，体形首先膨胀，以食草动物为食的食肉动物的体形随之增大，向凶猛的猎食者发展。

　　越来越多的化石"重见天日"，远古的奥秘一点点地显露出来。科研人员在

---

① 黄万波，魏光飚. 大熊猫的起源 [M]. 北京：科学出版社，2010：59.

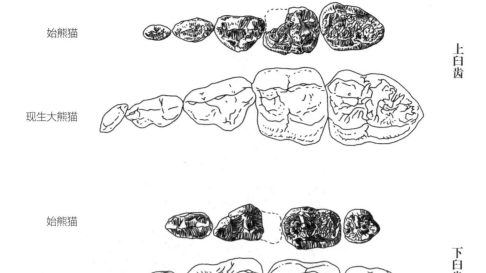

上臼齿

现生大熊猫

始熊猫

下臼齿

现生大熊猫

始熊猫与现生大熊猫牙齿的比较（磨面）

云南禄丰地区发现了大量哺乳动物的化石，其中属于食肉目的动物有迪氏祖熊、中国印度熊、印度熊、似古中华貂、禄丰原臭貂、水獭、灵猫、鼬鬣狗、高氏鼬鬣狗、凶猛似剑齿虎、假猫等。

　　体形较小的始熊猫在众多食肉类动物中不占优势，还很可能被其他处于食物链上层的猎食者捕食。它们需要时刻警惕，以逃避随时可能出现的"敌人"。

　　中新世时，中国南方的地势相对平缓，在充足阳光的照射下，各种树木竞相生长，形成一片片森林。始熊猫在森林中小心翼翼地寻找着食物，一些啮齿类动物，如松鼠、竹鼠等，可能在它们的食谱上。

　　森林深处的一片竹林中，一只始熊猫在剑齿虎的追赶之下，慌不择路，一头撞了进来。这只始熊猫很快发现，这里竹子生长得很茂盛，杂乱地分布着，竹竿长得很高，给剑齿虎造成了极大的阻碍。在确定不能使始熊猫成为食物后，这只剑齿虎怏怏地放弃了追赶。

红松鼠|德国|汉斯·霍夫曼

这次事件给这只始熊猫留下了深刻的印象，通过特有的交流方式，始熊猫家族的成员很快知道了这种"保命"方式。而且，生活在竹林中的竹鼠也是它们的食物之一。在低矮的灌木丛中，一些植物的块根能给它们提供维持生命的能量，这使得它们在竹林中活动的时间越来越长。

光阴流转到一个点上，一个微妙的变化在一只始熊猫的体内发生了。"在自然界中，演化的基本逻辑，是先有基因突变，再有环境选择"[1]，这一次也不例外。这只始熊猫体内的一个基因片段产生了新的变化，使它开始尝试采食竹子，也许一开始美味的竹笋才是它的选择，但不知在什么时候，它的牙齿能够咬断一些年份不长的竹竿。这只始熊猫的后代也继承了它的这一基因，很快，拥有食竹特性基因的始熊猫家族渐渐壮大。

但在这一时期，始熊猫没有放弃食肉的本性。科学家研究了竹子的成分，发现其中糖类占26.15%，脂肪占1.27%，蛋白质类占10.23%，粗纤维占33.62%，而磷、铁、镁等元素的含量极少。[2]在这些成分中，糖类的占比最高，如果始熊猫以竹为主食，很有可能会患上龋齿病。龋齿病是一种牙齿硬组织进行性病损，经常食用多糖食物容易引发龋齿病。科研人员在小种大熊猫与后来发现的巴氏大熊猫化石中，都发现了患有龋齿病的牙齿化石，现生大熊猫患有龋齿病的也不在少数，而在现有的始熊猫牙齿化石中，科研人员没有发现这样的现象。

由此可以判断，始熊猫作为食肉目家族中的一员，偶尔将一些竹子作为"甜点"，大多数情况下，它们的食谱上出现的是一些除竹子之外的食物。始熊猫的食物选择范围很广、很杂，那么，大熊猫是如何在不断演化中放弃曾经的选择，而将竹子作为主食的？

在巨大的环境变迁中，生物为了生存下去而不断演化，"一个突变出现以后能不能被环境筛选出来，要看出现了这一突变的个体是否有更大的可能繁衍自己的后代"[3]，如果没有特殊的环境变化，始熊猫的食竹选择，极可能不会被无

① 河森堡.进击的智人［M］.北京：中信出版社，2019.
② 黄万波，魏光飚.大熊猫的起源［M］.北京：科学出版社，2010：97—98.
③ 河森堡.进击的智人［M］.北京：中信出版社，2019.

限放大，或许随着时空转换，这一特性会被大自然淘汰。但是，一场突如其来的寒流，让始熊猫向着食竹的方向一路演化，不再回头。

流浪的古猿

禄丰始熊猫和元谋始熊猫的化石，都是科研人员在发掘古猿化石时无意中发现的，这些在地下纠缠不清的古猿化石和始熊猫化石，似乎暗示着人类与大熊猫之间拥有源远流长的羁绊。

史前时期的故事因年代久远而模糊不清，但人类有着孜孜不倦的探索热情。人类对大熊猫起源的推究，步步深入，不曾停止，而对于自身来历的寻觅，更是贯穿了整个文明史。

在科学革命尚未发生以前，人类对于自身以及自身所处的地球充满了大胆的想象。"盘古开天地""女娲抟土造人""上帝创世纪"……这一时期的人类的想象极具浪漫色彩，但对世界的认知还较为落后。

"自然界经过几十亿年才进化出人类这一智慧生物，但是对于进化的过程，人类并不是总能理解"[1]，人类通过科学革命，以极快的速度重新认识一切，对于自身从远古到现今的进化脉络，也有了一个较为明晰的认识，尽管这条脉络的细枝末节处仍然处于混沌之中。

19世纪，英国生物学家达尔文根据动植物演化的规律，破解了生物进化的奥秘。他提出的人类是由古猿进化而来的观点，如今已成为人类起源的主流观点。

在2600万年前的渐新世，生活在旧大陆上的猴类渐渐开始分化，一种叫古猿的具有猿类特性的灵长类，在漫长的进化过程中出现了。

1856年，法国中新世地层中发现了3块古猿的下颌骨化石，科研人员在这

---

[1] ［英］乔治·威尔斯，［美］卡尔顿·海斯.全球通史［M］.李云哲，译.北京：中国友谊出版公司，2016.

小种大熊猫

巴氏大熊猫

些化石所处的地层中还发现了橡树等植物的化石。通过仔细研究，科学家认为这类古猿生活在森林中，故将它们命名为森林古猿，将这次发现的古猿化石定名为森林古猿方氏种。

在100多年里，大量的森林古猿化石在欧洲、亚洲、非洲的中新世—上新世地层中被陆续发现。1965年，西蒙斯和皮尔比姆对陆续发现的、庞杂的森林古猿类化石进行了分类，将该属分为3个亚属和7个种——森林古猿亚属的森林古猿方氏种和森林古猿莱顿种，西瓦古猿亚属的森林古猿印度种和森林古猿西瓦种，原康修尔猿亚属的森林古猿非洲种、森林古猿尼安萨种和森林古猿大型种。它们的化石产地分别为欧洲、亚洲和非洲。[①]

随着考古学家和生物学家对古猿研究的逐渐深入，一幅幅古老而厚重的画卷徐徐展开。

2300万年前至1000万年前，在亚洲、欧洲、非洲植被茂密的热带、亚热带森林中，一些构造上与黑猩猩类似的森林古猿，成群结队地活动，通常是三五只聚在一起。森林古猿体表布满长毛，经常用粗壮的臂部钩住高大树木上伸出的枝条，然后用与外形极不相称的轻灵身法，迅速转移到另一棵树上。树枝摆动间，一些栖息在树上的鸟类和小动物受到惊吓，四散逃离。森林古猿以各种植物、昆虫为食，也会捕捉一些小动物。

到了中新世时期，地壳和气候发生了巨大的变化，茂密的森林变得稀疏，林间出现了草地，草地的面积还在不断扩大。受此影响，森林古猿离开了生活已久的地域，开始寻找别的出路。其中，有的选择向更南的地方或有热带森林的地方迁徙，继续树栖生活，有的选择从树上下来，在原地繁衍生息。

在漫长的岁月中，来到地面的森林古猿随着环境变化，逐渐演化出新的种属，有的适应环境繁衍下去，有的在恶劣的环境中渐渐消失。这其中幸运的，还能在地底的化石中沉睡，等待重见天日；而那些不幸的则被无情的时间抹去了所有存在的印记。

---

① 祁国琴.禄丰古猿研究中的国际合作和交流［J］.化石，2015（4）：33.

这些流浪的古猿，如何一步步演化，最终成为人类？厚重的土层将真相重重掩盖，人们只能通过零星显露的碎片触摸它们进化的轨迹。

那些在环境初变时依旧选择树栖生活的森林古猿后代，因原来所处之地的森林面积大量锐减，不断迁徙，沿着其他森林密布的地方活动。由于各地区的生态环境不同，在地理上也相对隔绝，这些古猿在形态上发生了相当大的变化，为了适应当地环境而向不同的方向进化。其中有一个种群从南亚次大陆①越过当时比较平坦的青藏高原地区，在云贵高原地区停留了下来。这一种群不断演化，渐渐由树栖尝试走向地面。

百万年的光阴逝去，许多深埋地下的古猿化石重见天日。这一古猿种群最终被定为一个新种——禄丰古猿种。科学家发现，禄丰古猿的特征与同时代亚洲其他地区的猿类有了明显差别，与南方古猿更为接近。南方古猿又是什么呢？

1924年，南非阿扎尼亚汤恩的一个采石场里，出现了一块小的化石头骨，经科研人员分析，这种化石应该是已发现的与人的系统最相近的一种灭绝的猿类，因其发现在非洲南部，故以南方古猿非洲种命名。到了20世纪50年代，有70多件南方古猿类化石在南非的5个地方被发现，科学家将这些化石分为一属两种——南方古猿粗壮种和南方古猿非洲种。②此后，南方古猿鲍氏种、南方古猿阿法种、南方古猿源泉种等南方古猿类化石被不断发现。

科研人员将一件雄性禄丰古猿的股骨近中段化石与南方古猿化石进行对比后发现，其垂直径（33.4毫米）比早期雄性南方古猿的（39.4毫米）小，与晚期南方古猿（34.0毫米）相当；在股骨颈垂直径上，禄丰古猿的（25.0毫米）比早期雄性南方古猿的（28.0毫米）稍小，与晚期南方古猿的（25.8毫米）相当，等等。科研人员从禄丰古猿与晚期南方古猿在股骨上的种种相似性推测，禄丰古猿已经具有接近南方古猿水平的保持直立体态的能力。③

---

① 南亚次大陆，是喜马拉雅山脉以南一大片半岛形的陆地，是亚洲大陆的南延部分。
② 陆庆五.中国最早期的人科成员——禄丰古猿［J］.化石，2015（4）：11.
③ 陆庆五.中国最早期的人科成员——禄丰古猿［J］.化石，2015（4）：12—13.

过去，人们通常将"制造工具"作为人与动物的界限。后来，长期致力于黑猩猩野外研究并取得丰硕成果的英国生物学家、动物行为学家珍·古道尔发现，黑猩猩也能制造工具。因此，形成人类的标志，逐渐被"直立行走"取代。

　　从禄丰古猿具有的直立行走能力来看，这一种群很可能是早期人科成员之一，它们经过漫长的演化和流浪，最终来到中新世时期的云贵高原，驻扎下来，与同样流浪到这里的始熊猫相遇，开始了最早期的人与大熊猫的故事。

　　在一片茂密的森林中，始熊猫小心翼翼地在地面上活动，寻找鲜嫩的植物根茎，捕捉杂草丛中的一些昆虫。它们时不时寻找一些植物的嫩枝，或爬上大树，在上面寻找美味的山果作为甜点。它们在竹林中活动的时间越来越长，因为外界的捕食者进化得更加凶猛，它们面对的敌人越来越多。

　　这一时期，中国南方森林中生活着的禄丰古猿很少与始熊猫产生交集。它们具有了直立行走的能力，但在总体结构上未脱离猿的范畴。禄丰古猿的大腿不能伸得太直，它们能做出跨步动作并保持直立的姿态，但是由于细调机能不够强，步态笨拙，步幅也小。而且，它们还没学会如何制作工具，这使它们在面对一些凶猛的捕食者时，处于一种极为被动的状态，故而经常成为大型食肉动物的"盘中餐"。在这一点上，禄丰古猿与始熊猫"同病相怜"。

　　禄丰古猿很可能将更多的时间花费在树上，此时它们处在猿向人进化的过渡阶段，要完成这一过渡，还需要漫长的时光，这种进化的时间尺度，是以百万年计的。当然，禄丰古猿也会在地面上行动，会从树上爬下来，寻找一些长在地面的食物，如灌木丛中的美味浆果，或者为了换个生活环境而穿过横亘在两片森林之间的草坡或沼泽地。然而，即便是在地面活动，为了躲避随时可能出现并带来致命危险的猎食者，禄丰古猿也尽量将活动范围圈定在靠近森林的地方，这样它们才能在发现危险时第一时间爬上大树。

　　中新世时期的禄丰古猿与始熊猫就这样和谐地相处着，始熊猫没有受到来自禄丰古猿方面的威胁。随着古猿不断进化，两者的平衡逐渐打破，不过，这一过程是漫长的。人与大熊猫在初次相遇之后，还能和平地度过百万年的光阴。

第二章　进化是大自然的选择

寒潮来袭

寒潮是一种主要发生在北半球中高纬度地区的大范围强冷空气活动。对于寒潮，生活在中国的我们并不陌生。每到深秋季节，我们总能在天气预报上看到寒潮来袭的预警，骤降的温度也会提示寒潮的到来。从深秋到次年初春，都有可能发生寒潮，那么，寒潮是如何发生的呢？

先从太阳说起。地球是太阳系的八颗行星中唯一适合生物生存、繁衍的行星，与太阳适中的距离使地球能够安全接收来自太阳的能量。太阳内部惊人的温度和压力触发了核聚变反应，4个氢原子核经过这种反应，变为1个氢原子核。在这一过程中，原子核亏损的质量转化成能量释放出来，无数的能量汇集在一起，达到惊人的程度并向宇宙辐射，这种能量辐射到地球上变成生物生长、发育必需的光和热，成为地球上的水、大气运动和生命活动的主要动力。

由于黄赤交角的存在，太阳直射点在南、北回归线之间往返运动，各纬度地区接收到的太阳辐射能并不均匀，纬度越高，接收到的太阳辐射能越少，热量越低。高低纬度间的热量差异驱使大气不断运动，以此输送和交换热量。北极及其附近地区处于高纬度地区，很少能接收到来自太阳的能量，因而终年被冰雪覆盖，成为冷空气的发源地。冷空气经过西伯利亚地区得到加强，形成蒙古—西伯利亚高压，强冷气团在冬季风的作用下向中低纬度地区移动，来势凶猛。

寒潮入侵我国的路线主要有三条，一条是经新疆和蒙古高原向日本海及东海北部方向移动，一条是经蒙古高原向我国南方地区移动，还有一条是经日本海或我国东北地区向山东、江苏、浙江、福建等东部沿海地区移动。寒潮所经之处，温度骤降，尤其是寒潮来袭之前越温暖的地区，温度下降得越厉害，伴随而来的大风、霜冻、暴风雪等更使人类受灾严重，导致农作物大量减产、交通严重受阻、公共设施被破坏等。

逆转时光，回到200多万年前的地球，这样的寒潮却是相当"温和"的。

当地质时代跨入崭新的第四纪，伴随而来的不是更加欣欣向荣的局面，而是各大陆迅速蔓延的寒意和大量巨型动物群的灭绝。实际上，地球气候变冷并非突然发生，只是进入第四纪，这种变冷过程变得极度不稳定。自新生代以来，全球气候就在逐渐变冷，由于盘古大陆解体，全球的岩石圈被海岭、海沟等构造带分割成太平洋板块、亚欧板块、非洲板块、美洲板块、印度洋板块和南极洲板块这六大板块，这些大板块又包含着许多小板块，它们一起在软流圈上漂浮、移动。这些板块内部相对稳定，但板块的边缘地带情况有所不同，由于各板块之间相互作用，这些地方发生了活动强烈的构造运动，种种因素综合，改变了全球的热量传送方式，使得新生代以来全球气候逐渐变冷。到了始新世末期，南极地区出现冰冻和大面积的海冰，南极冰盖形成，大约在上新世晚期和更新世早期，北极地区也形成了中等规模的冰盖，自此，数千万年以来缓慢而不规则的变冷过程失控，第四纪冰川期降临。

至于为什么进入第四纪后地球会形成冰期，学术界至今没有一个理论令所有人满意。

在天文学方面，针对冰期现象有"米兰科维奇循环"理论，从地球轨道变化的角度对冰期成因进行了分析。提出这一理论的米兰科维奇是塞尔维亚的地球物理学家和天文学家，他仔细研究了地球轨道偏心率、黄道面倾斜和岁差等地球轨道参数的长期变化与地球接收太阳辐射量之间的关系，提出由于地球轨道偏心率值增大，日地距离远，导致地球接收的太阳辐射量减少、气候变冷，出现冰期。

地球轨道偏心率值的平均周期为93000年，黄道面倾斜和岁差以另外的频度和幅度做周期性变化从而影响气候，黄道面倾斜的平均周期为41000年，岁差的平均周期为22000年。米兰科维奇认为，地球轨道三参数的变化，会使地球接收太阳的辐射量产生变化，使地球气候做周期性变化，成为导致冰期气候的主要原因。[①]

后来，科研人员通过深海钻探技术取得大洋深处有孔虫化石壳中的氧同位素。通过这些氧同位素，科学家对古地球的气候变化进行了分析，其结果在一定程度上证实了米兰科维奇的观点。但米兰科维奇循环理论只能对第四纪冰川期中的冰期—间冰期旋回做出解释，却不能回答为什么冰川期会发生在第四纪而非第三纪。

科学家从物理层面对第四纪大规模冰期的成因做出推测，其中很重要的一个因素就是洋流。一提起海洋，很多人脑海中就会浮现一幅画面：蔚蓝的天空之下，阳光和煦地照射在无垠的海面上，海水呈现出一种深沉的蓝色，泛着银色的光，微风轻拂，海面泛起层层波纹，海岸附近充满海水的咸味。

这种想象不能说错，但也不完全对。实际上，大多数人想象的"海洋"都是"海"，而非"洋"。"海"和"洋"有区别吗？当然有。海洋将地球上的陆地分隔、包围，但其自身是连续相通的，洋是海洋的中心部分，远离大陆，很少受到大陆影响，而海是海洋的边缘附属部分，靠近大陆，既受洋的影响，也受大陆的影响，在深度和面积上远远不及洋。

很多时候，我们会被平静的海面误导，以为海水是静止不动的，这是因为地球表面积的71%都是海洋，陆地在其中所占的比例很小，过于宽广的面积让海水看上去静止不动。此外，还有一个原因，那就是液体的特性。如果将地球

---

① 赵国斌.第四纪冰期成因的讨论［J］.吉林地质，1990（3）：68.

上的全部海水抽离，就会看到原本充斥着海水的地方露出凹凸不平的地表，而将海水倾注下去，这些原本不平的地方又会被完美遮盖。从表面上看，人们只能看到一望无际的海面，实际上海面并非完全水平，如澳大利亚东北部海区就高于一些海区，而加利福尼亚以西的海区又低于部分海区。凭借肉眼觉察不到这些落差，但这些实际存在的海面高低差会引起海水的运动。

海水无时无刻不处于运动之中，最常见的就是波浪和潮汐，除了这些运动方式，海水还常年稳定地沿一定方向进行大规模运动，这种运动就是洋流。洋流形成的原因很复杂，其中最主要的是大气运动和近地面风带，由此形成的洋流叫风海流，此外还有因各个海域的海水温度、盐度不同形成的密度流，因一个海区海水流出减少而以相邻海区海水填补形成的补偿流等。

海洋大量接收了来自太阳的辐射能，成为地球上巨大的热能储存库，对地球上的长期气候变化有着重要影响。太阳直射点的变化使海水温度存在差异，因而洋流有"寒""暖"之分。通常情况下，高纬度地区的海水温度低于低纬度地区的海水，故而由高纬度流向低纬度地区的洋流是寒流，反之则为暖流。海洋和大气相互作用，共同维持全球的水、热平衡。

进入第三纪，这种平衡有了被打破的倾向。由于板块的构造运动，到了始新世早期，澳洲从南极洲分裂并向北漂移，这种持续性的漂移运动使德雷克海峡渐渐畅通，南极被孤立，绕极洋流诞生，将南极"封闭"起来，温暖的洋流不能到达南极大陆，南极温度逐渐降低，形成冰盖，海面渐渐下降。

到了中新世晚期，也就是始熊猫活动的时期，南极冰流规模扩大，全球普遍降温，巴拿马地峡封闭，东特提斯海消失，东西洋流随之消失。当温度持续下降，海面上的冰层越来越厚，范围越来越广，大量的水由液体变为固体，使海平面渐渐降低。

到了上新世时期，亚欧板块与美洲板块之间的白令陆桥露出海面，阻断了北冰洋与太平洋之间的洋流循环，使北冰洋处于半封闭状态，北极迅速变冷，形成大范围的冰盖。积雪和冰层覆盖范围不断增加，反射的太阳辐射能也在增加，导致大量的热量散失，地球气候进一步变冷。

进入第四纪，这种大范围不断变冷的环境成了生物生存、繁衍必须面对的一大难关。为了应对越来越恶劣的环境，生物不断进化，或离开原来生活的地方，向更温暖的地方迁徙。

第四纪初期，我国南方地区还没有被寒意侵袭，在湿润而温暖的气候作用下，森林茂盛生长，覆盖了大范围的地区，一些喜好在热带地区生活的生物从其他地方迁徙而来，始熊猫原有的生活领地竞争日渐激烈，情况对它们来说变得更加不利。

一些经常出没于竹林的始熊猫存活了下来，其他始熊猫则渐渐消失在历史的长河中。始熊猫到小种大熊猫存在着长达几百万年的化石缺失，因此我们无法通过化石来判断在这段漫长的光阴中，大熊猫的祖先究竟在哪个节点上压抑了作为食肉动物的天性，而将竹子变成主要食物。总之，通过对现有小种大熊猫化石的分析，科学家判断，200万年前，大熊猫的祖先完全向食竹方向进化了。

"进化"的工具（上）

这里所说的工具，并非仅指人类进行生产劳动时使用的器具，而涉及广泛意义上的能够使生物达到目的的事物，比如小种大熊猫的牙齿及其伪拇指等。

始熊猫的臼齿嚼面上有少量釉质凸起出现，这种釉质凸起有助于始熊猫将坚硬的竹竿咬碎，但还远远达不到长时间、高强度碾压竹子的程度。这些证据表明，始熊猫所吃的大多数食物质地仍是较软的，而科学家通过对小种大熊猫牙齿化石的研究，发现它们食用竹子的工具之一牙齿在很大程度上产生了进化。

小种大熊猫的"前臼齿前附尖发达，上第3前臼齿前内尖粗壮，第4前臼齿有臼齿化趋势，臼齿的宽度略大于长度"[1]，这些变化使小种大熊猫牙齿压碎、

---

[1] 黄万波，魏光飚. 大熊猫的起源 [M]. 北京：科学出版社，2010：61.

研磨竹子的功能更加强大，更适宜大量进食竹子。来自微观方面的研究也表明了这一点，科学家通过扫描电镜对小种大熊猫牙齿釉质的超微结构进行了研究，将其与始熊猫进行了对比，发现了两者之间的差异。

由羟磷灰石晶体按照一定的顺序排列组合形成的釉柱，是牙齿釉质的基本结构单位，通过对始熊猫和小种大熊猫牙齿化石的扫描电镜图像进行分析，科研人员发现，与始熊猫相比，小种大熊猫牙齿的釉柱更细，单位面积釉柱的密度更大，釉柱绞绕程度更强，柱间质更薄。这些变化使小种大熊猫的牙齿釉质更加坚硬而具有韧性，其牙齿对抗咀嚼压力的能力也有所增强。[①]

食物的物理性质在很大程度上影响着哺乳动物牙齿的结构类型，由此推断，正是因为竹子在小种大熊猫食谱上所占的比例达到了一定程度，所以小种大熊猫的牙齿才向着相应的方向进化，而适应食竹的进化不仅体现在牙齿上。

竹子的质地比一般的草本植物坚硬得多，长期以此为主要食物，小种大熊猫的咀嚼肌被锻炼得十分发达，矢状脊凸起，以使更多的颊肌附着，下颌联合部延长，下颌周围的骨骼变得厚实、坚固，头骨向更宽、更大的方向进化。这些进化使大熊猫的脸颊看上去越来越圆。此外，为了支撑沉重的头部，颈部也向粗壮的方向一路进化。然而，这些特化都比不上伪拇指的神奇。

我们在动物园里能近距离观察大熊猫进食。一只圆滚滚的、萌态十足的大熊猫坐在地上，将身边的竹笋用前掌捧起，放在嘴边，然后嘴巴一伸，咬住笋壳后向旁边斜拉，前掌尖锐的钩爪探出，钩住笋壳上端往下旋转，"手嘴并用"之下，竹笋很快露出了美味的笋芯，大熊猫就幸福地大快朵颐起来。很快，这根竹笋被大熊猫吃完了，但它明显不满足，四处张望之后，又从地上抓起一根鲜嫩的竹竿吃了起来。竹竿上的竹叶在摇曳，大熊猫的注意力被美食吸引，它用前掌握住竹竿，往下一捋，竹叶顺利地脱离了竹竿，进入它的掌中，继而被它送进嘴里。前掌与嘴巴的默契配合，让大熊猫吃竹子的速度非常快，流畅的

---

①　赵资奎，李有恒.更新世大熊猫牙齿釉质的超微结构［J］.古脊椎动物学报，1987（4）：297—302.

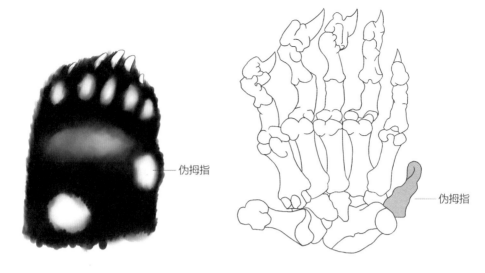

伪拇指　　　　　　　　　　　　　　　　　　　　　　伪拇指

伪拇指

进食过程具有赏心悦目的美感。

　　在动物界，除了一些灵长类动物，绝大多数的动物都不能使手掌对握，而大熊猫显然不在此列，这主要归功于它们在漫长进化过程中诞生的一个重要的食竹工具——伪拇指。

　　为什么要在拇指前加上一个"伪"字呢？因为大熊猫这根特殊的"拇指"，并非真正意义上的"手指"，而是由腕骨处的桡侧籽骨特化而来的。日复一日地大量取食竹子，为了更加灵活地选择不同部位的竹子进食，大熊猫的伪拇指就出现了，看上去大熊猫好像长了六根"手指"。人类社会中偶然也会出现长有六根手指的人，但这是一种先天性的手部畸形疾病，第六指并没有实际功用。但是，大熊猫的伪拇指可不同。由于前掌特化，大熊猫经常将竹子卡在手掌中部肉垫一处不长毛的凹槽上，然后用第一指与伪拇指配合，使抓握竹竿和竹叶等更加方便，这或许是它们在第四纪冷暖交替的恶劣环境中成功延续种族的关键原因之一。

　　大熊猫的哪位祖先最早拥有了伪拇指？至今仍然没有发现大熊猫伪拇指的

化石证据，也许因为它太小了，也许是在漫长的地质变迁中它们存在的痕迹被悄无声息地抹去了。科学家通过伪拇指的形成原因推测，距今200多万年前的小种大熊猫身上，或许已经出现了伪拇指的萌芽。大熊猫祖先食用竹子数量不断增加，这种特化越发明显，最终成为现生大熊猫前掌上看到的模样。科研人员对地下世界的探索还在不断深入，百万年前地上世界的轮廓越发清晰，也许大熊猫什么时候拥有伪拇指的真相会很快被揭开。

除了这些能够被人们明显察觉的"工具"进化，一些大熊猫身体内部更加隐秘的食竹"工具"也在悄悄进化着。大熊猫是由肉食动物进化而来的，从食肉到食竹，食性变化可谓巨大，但作为重要的消化器官，大熊猫的胃和肠道似乎没有什么变化，仍然保持着肉食类动物的样态。

大多数草食类哺乳动物都拥有多室胃，因为它们吃进去的食物中含有大量粗纤维，而糖、蛋白质、脂肪等营养物质所占的比例很小，需要大量摄取食物才能满足生存需要。由于摄入过多的食物，短时间内不能消化，所以在长时间的进化中，大部分草食类动物拥有4个胃室，吃进去的食物按照先后顺序进入这些胃室，前3个胃室的主要功能是储藏食物，在储藏的过程中，一些微生物菌群将部分食物分解，之后所有的食物进入最后一个胃室，这一胃室分泌胃液对食物进行化学性消化。

此外，粗纤维难以消化，所以食草动物的肠道非常长，为体长的20~27倍，上面布满凸起和褶皱，以减缓食物在肠道中的移动速度，增加食物停留的时间，最大限度地将食物中的营养物质转化为维持生命所需的能量。

大熊猫的食物由肉类换成竹子，但它们的肠胃没有向适应草食的方向进化，仍然是单室，而且肠道依旧很短，为体长的4~5倍。发生这样严重的"故障"，大熊猫为什么没有在残酷的物竞天择中消亡，而是打败了绝大多数与它同时代的物种，繁衍至今呢？

科学家长期对现生野外大熊猫进行跟踪观察，了解它们在野外的取食规律，对它们咀嚼物中的化学成分进行分析后发现，大熊猫获得的能量中，48%~61%来自蛋白质，23%~39%来自碳水化合物，13%~16%来自脂肪，这和狮子一类的

"超级肉食动物"相似，而与牛、羊之类的草食类哺乳动物有所区别，因为这些以植物为食的动物获得的能量大部分来自碳水化合物，只有20%左右的能量是由蛋白质提供的。[①]

大熊猫以竹子为主食，却能从中获得如此多的蛋白质，从这一点看，竹子对于大熊猫来说，可以算作一种特殊的"肉"，大熊猫的择食规律也证实了这一点，大熊猫总是"根据季节的变化觅食和优化食谱，择食营养含量高而纤维和木质素低的竹笋、幼叶、青竹"[②]，在竹子种类与片区的选择上，也总是偏向蛋白质多、纤维素少的。这样看来，大熊猫以摄入更多蛋白质为目的来制定觅食策略。

竹子能像肉类一样给大熊猫提供生存所需的能量，但毕竟不是真正的肉，尤其是构成细胞壁的主要成分——纤维素和木质素在竹子的总成分中占据的比例很大，而科学家在大熊猫的基因组中并未发现编码纤维素消化酶等的基因，从这一点来看，大熊猫并不能吸收竹子中的纤维素，但情况并非如此。

仅靠肉食动物的肠胃去消化竹子，大多数的营养物质都会流失，情况对大熊猫来说似乎有些不利。在食物丰沛的温暖时节，或许这还不能使它们受到太大影响，但在冷暖交替变化的第四纪，一丝一毫的能量流失都可能给它们带来致命的危险。这时，大熊猫肠道内的微生物群落就显得很关键了。

科学家通过研究发现，大熊猫不仅可以消化利用竹子中80%~90%的粗蛋白和粗脂肪，对于小部分纤维素和半纤维素也能消化利用，而大熊猫基因中对应消化酶的缺乏使科学家感到困惑。按照这样的情况，大熊猫面对纤维素和半纤维素时应该束手无策才对，到底什么是它们分解竹子的工具呢？

科学技术的进步使这一奥秘渐渐为人所知晓，科学家利用16SrRNA基因序列分析，在大熊猫肠道内发现了能消化纤维素与半纤维素的梭菌。通过宏基因组学研究，在大熊猫肠道的微生物群落中还发现了纤维素酶、β-葡萄糖苷酶、

[①] 花栗鼠习作.什么？大熊猫吃的不是竹子，是"肉"？［EB/OL］.［2019-06-03］.https://songshuhui.net/archives/105545.

[②] 赵学敏.大熊猫：人类共有的自然遗产［M］.北京：中国林业出版社，2006：60.

1,4-β-木糖苷酶等相关编码基因，这些基因的存在使半纤维素和纤维素的消化吸收成为可能。在不同季节，大熊猫肠道内的微生物群落还会调整功能，以应对竹子季节性营养物质变化，如在食物营养水平较低的叶期加强对粗纤维的利用，在食物蛋白质丰富的笋期加强对粗蛋白的利用。[1]

尽管大熊猫食竹的"工具"在不断进化，但总体来说，它们能从竹子中获得的能量仍然很少，可消化的干物质仅占进食总量的17%，这迫使大熊猫采取大量摄食和快速消化的策略，来应对能量的匮乏。[2]幸运的是，在百万年前的中国大地上，气候很适宜竹子繁衍，种类繁多、数量庞大的竹子在亚热带、热带森林中茂盛生长，为小种大熊猫提供着充足的能量。在得天独厚的条件下，小种大熊猫以竹子为主食的进化选择显得尤为明智。

史前大熊猫面对恶劣的环境，向食竹方向一路进化，而处在同样环境下的远古人类，将选择一条怎样的进化之路？

"进化"的工具（下）

我们是谁？我们从哪里来？作为具有高度智慧的生物，人类对自身的起源存在强烈的好奇。人类起源与宇宙起源、地球起源并列为三大起源之谜。达尔文的生物进化学说为人类的起源指明了方向，但其中有很多细节问题仍然困扰着我们。

根据古人类学家的研究，古老的地球上出现过不少人科成员，这些成员在漫长的演化过程中大部分绝种了，如人类的近亲南方古猿、能人、直立人、海德堡人、尼安德特人等。现今地球上的人科成员只剩下数量稀少的猩猩，以及数量庞大的人属唯一成员——智人。

---

[1] 魏辅文.野生大熊猫科学探秘［M］.北京：科学出版社，2018：34.

[2] 赵学敏.大熊猫——人类共有的自然遗产［M］.北京：中国林业出版社，2006：60.

伊比利亚半岛洞穴中的史前艺术

现代人在生物学中的分类为：动物界—脊索动物门—哺乳纲—灵长目—人科—人属—智人种。今天站在地球上的77亿人，都拥有一个共同的身份——智人。与人科的很多成员相比，智人在地球上出现的时间很晚，拥有20多万年的历史，却在残酷的物种竞争中神奇地存活下来，站在了食物链的最顶端，这其中蕴藏的秘密吸引着后人不懈追寻。

最初的智人是谁？学术界对这一问题有不同的看法。

一种看法以在不同大陆上发现的远古人类化石为依据，认为现代人的祖先有多个，分散在各自所处的大陆上，繁衍生息，形成现代的人类，如尼安德特人是现代欧洲人的祖先，而北京人甚至是元谋人发展成今天的亚洲人等。

另一种看法认为，现代人拥有共同的祖先，20万年前出现在非洲，经过几万年的进化、繁衍，在10多万年前走出非洲，向各个大陆迁徙。这些外来成员到达原住民所在的地区后，没有友好交流、通婚繁衍，而是进行了残酷的物种置换，成为唯一幸存的人属成员，来自分子遗传学方面的证据为这一看法提供了支持。

1987年，美国加州大学伯克利分校的分子生物学家选取了5个地区土著群体中147名妇女胎盘的线粒体DNA，进行对比研究，发现这些线粒体DNA中，来自非洲的变异最多。变异是由基因突变累积起来的，变异次数越多，证明存在的历史越长，生物学家通过突变发生的频率计算出非洲现代人大约拥有20万年的历史，而欧亚大陆的现代人大约拥有10万年的历史。①

此外，2000年12月7日的英国《自然》杂志上刊登了瑞典乌普萨拉大学的科学家关于人类起源的报告。该报告称，他们通过对选取的来自不同地区、种族、文化的53名实验者全部线粒体DNA的研究比较，发现现代人起源于非洲。美国得克萨斯大学人类遗传学中心的科学家金力与中国一些科研单位合作研究后，也认为目前的基因证据并不支持中国的智人有独立起源的说法，他们认为，6万年前到4万年前从非洲起源的现代智人到达中国南部，逐渐取代了亚洲的古人类，发展成现代的亚洲人。②

来自基因的证据更具说服力，还是大量发现的存在连续演化关系的化石更可靠？学术界争论不休。不同学说的支持者仍在不断从分子生物学、考古学等学科中寻找能够支撑己方论点的证据。正是因为他们的努力，我们才对由古猿到人的进化脉络有了较为清晰的认识，那就是，无论我们的祖先来自哪里，都经过了古猿—能人—直立人—早期智人—晚期智人的阶段。

1984年，科研人员在巫山县龙骨坡遗址发现了小种大熊猫化石，经研究判断，这些化石有200万年左右的历史。一年后，巫山人的化石及文化遗物石制品被巫山考察队发现，经过研究，这些化石距今有200多万年。随着考察的阶段性深入，更多的石制品被发现，其中一些石制品被打磨得较为精致，具有典型的旧石器时代特征。

除了小种大熊猫化石、巫山人化石和大量石制品，在龙骨坡遗址中还出土了大量的动物化石。科研人员根据这些化石判断，在更新世早期，三峡地区既

① 王传超.跨越三十年的学术争论——我们的祖先是谁？［EB/OL］.［2019-11-13］. http://bjrb.bjd.com.cn/html/2019-11/13/content_12428789.htm.

② 杨骏.现代人类起源：一场化石与基因的较量［EB/OL］.［2000-12-23］. http://www.people.com.cn/GB/channel2/570/20001223/360539.html.

刺猬 | 德国 | 汉斯·霍夫曼

有华南动物区系的成员如毛猬、犀、笔尾树鼠等出没，又有西南动物区系的成员如中华鼩猬、毛耳飞鼠、打金炉中华绒鼠等活动，还有华北动物区系的成员如刺猬、小飞鼠、转角羚等从北方迁徙而来，小种大熊猫的家园里，呈现出一片欣欣向荣的热闹景象。

科研人员在龙骨坡遗址中还发现了象、犀、牛、鹿等大型草食类动物的骨骼化石，化石上的砍砸痕迹清晰可见，而小种大熊猫化石的保存程度较为完好，化石上没有发现砍砸痕迹。这些发现表明，巫山人能制作工具并进行有计划的狩猎行动，主要猎物是一些性情较为温驯的大型食草动物，小种大熊猫可能不是他们的主要猎食对象，但在当时的环境下，一旦他们与小种大熊猫相遇，还是可能会将其作为"盘中餐"。

从大型食肉动物眼中的猎物到拥有一定的自保与反击能力，工具成为远古人类的伟大法宝。逐渐变冷的气候使茂密的森林渐渐向植被稀疏的草原过渡，古猿失去了赖以生存的家园来到地面，过上了心惊胆战的生活。他们需要时刻保持警惕，以防成为地面上强大掠食者的"盘中餐"，还要在食物越来越稀少的情况下抓住一切能填饱肚子的机会。

第一个能够利用工具的人属成员很快出现了，我们叫他能人。与具有锐利的爪、锋利的牙等极具攻击性"武器"的掠食者不同，能人自身的杀伤力极低，连一些大型食草动物都不如。能人以一些植物的果实、根茎和昆虫、鸟类等弱小的动物为食，这些食物提供的能量远远不够进化所需。他们将目光转向了被掠食者捕杀的大型食草动物，当然，他们还远远达不到从掠食者口中夺食的程度，只能得到一些"残羹剩饭"。

食物充沛的时候，掠食者并不介意与其他动物分享猎物，但是，笼罩大陆的寒意不断加深，大量物种渐渐退出了历史的舞台，掠食者不再浪费取之不易的食物，这样一来，能人面对的往往是一堆光秃秃的动物残骸。这些骨头内部含有丰富的营养物质，但其坚硬程度就连掠食者也束手无策，仅靠脆弱的牙齿，能人不可能从中得到一丝一毫的能量。

在第四纪激烈的竞争环境中，大熊猫的祖先为生存转变了食性，为了更好地生存下去，它们使身体进化得更适宜采食竹子，而人类的祖先将工具的进化放在了体外进行。

百万年前的一天，一群能人又一次站在一堆光秃秃的转角羚骸骨面前。这一次，其中一个能人转动了他并不发达的大脑，从大地上四处散落的石块中捡起大小适中的一块砸向了转角羚的头骨。头骨受力破碎，流出了美味的脑髓，饥饿的能人扑了上去，他的伙伴受到启发，纷纷捡起石块，砸向更多的骨头。这种利用石头敲击动物骨骼获取骨髓的方式，在能人种群中迅速传播，成为一种经验被代代传递，在传递的过程中，工具的利用方式不断演变。

一开始，能人仅是从掠食者进餐地旁边随机捡拾一些称手的工具，但很快发现这种方法并不能持久，有些地方石块稀少，有些地方的石块太小或太大。这使他们开始在进食前有计划地携带工具。

在残酷的自然选择中，脑容量小的能人种群渐渐被淘汰，剩下的脑容量越来越大，也更加聪明。能人对天然形成的工具越来越不满足，这种被动选择意味着他们需要在危机四伏的大地上停留更长的时间来挑选合适的工具，其中一些成员可能会在这一过程中成为掠食者的食物。于是，能人开始主动打磨一些不规则的石头，使其变成心中所想的样子：一些石块被打磨得锋利，用来切割动物的毛皮；一些石块被磨得粗长，适宜握在手中挥舞……工具的制造还带来了一个很明显的好处，人类祖先的武力值得到了很大提升，一些大型食草动物渐渐被他纳入食谱，掠食者不再是他们无法战胜的梦魇，直立人的时代就此开启。

一般认为，直立人出现的时期距今170万年左右，这一人属新成员的化石在非洲、欧洲、亚洲都有发现，他们具有相似的形态结构，能够有意识地对工具进行加工。分布在中国境内的直立人化石数量众多，最重要的代表是1939年在北京周口店山洞中发现的北京人，他们生活的年代距今70万年至20万年。但这并不是中国发现的最早的直立人化石，目前发现的最早在中国大地上出没的直立人是生活在大熊猫祖先活动区域的元谋人。

1965年5月，元谋人化石——两颗门齿被发现，在其后陆续展开的考古工作中，科研人员在元谋人化石产地发现了几件打制石器，上面有清晰的人工痕迹，还发现了大量的炭屑，这说明直立人已经能够利用一种对人类命运走向起关键作用的工具——火。

木柴、煤、天然气……能量的提供方不断升级，但这些能量的总来源具有唯一性，那就是太阳。太阳释放的能量辐射至地球，地球上的生物在光和热的抚育下茁壮成长，植物通过光合作用将来自太阳的能量转化为葡萄糖，这些葡萄糖被食草动物获得，食肉动物捕食食草动物，从中获得这些葡萄糖，能量就在这样的传递过程中生生不息、不停流转。

被我们利用的煤，最早的形成时期可以追溯到数亿年前的恐龙时代，珍贵的石油资源同样如此。只不过，煤是远古森林在高温、高压的环境下，经过一系列复杂的物理和化学变化形成，而石油来源于海洋中微小生物的遗骸。天然气的成因更为复杂，不同种类的有机物都有可能形成天然气，很多煤矿和油田在开采时都可能发现天然气。远古的祖先最初并不会利用这种蕴藏在生物体内的太阳能，和其他动物一样，对这种能够对生命造成致命威胁的能量有着天然的恐惧感，但随着进化，他们战胜了本能，对越来越频繁出现在眼前的火已不再恐怖。火这种向外界释放的强大能量，在我们的祖先还没能破译它的密码之前，以各种天然的形式分布在地球的各处，无论是海洋还是陆地，都存在它令人畏惧的身影。自然条件下，比较常见的是由火山喷发和雷电引起的火。

1975年，坦桑尼亚奥杜威峡谷以南莱托利平原，一条几十米长的脚印带静静地躺在火山灰的凝结层里，承受着百万年来的孤寂，现在一切即将发生逆转。这一年，英国史前考古学家和人类学家利基夫人带领考古队前来考察，惊喜地发现了这些史前遗留的脚印，自此，它们成为轰动世界的存在。

世界各地发现的脚印遗迹那么多，为什么这次的发现格外不同？因为在这些脚印里，科研人员发现了古老人类的足迹，从脚印的形状来看，应该属于一个成年人和一个孩子。科研人员分析后推测，脚印的主人能够直立行走，脚部有与现代人类似的足弓，它们或许属于南方古猿。这些脚印化石有300多万年的历史，在漫长的岁月变迁里幸运地重见天日，给好奇的后人一个珍贵的破译古人类奥秘的机会。

除了古人类的脚印，科研人员还发现了很多散布在四周的动物脚印，它们和我们遥远的祖先属于一个时代，所有的脚印都显得从容不迫，看来那时火山喷发已是常态，并不能使动物惊慌失措。

雷电就更为常见了。大自然时时刻刻都在彰显自己的威严，雷电就是其中的一种。在很长时间里，人类对这种强大的力量束手无策，直到18世纪，它的密码才被破译，可想而知，在远古时代，人类的祖先面对这种自然现象时是多么胆战心惊。不过，聪明的人类很快学会了利用外界的力量来武装自身。百万年前的一天，厚厚的云层笼罩在元谋人活动的西南山地，空气中弥漫着压抑的气息，昔日充满各种鸟鸣声的森林一片死寂，肆无忌惮的掠食者也变得小心翼翼，野猪、羚羊、水鹿等动物四处奔散，小种大熊猫隐入深深的竹林，元谋人在洞穴里小心地向外张望，阴沉黑暗的空间不时被天际的闪电照亮，轰鸣的雷声又伴随着黑暗降临。

夜幕降临，雷电交织，森林仿佛陷入了集体的颤抖，天际闪电狰狞的爪牙

森林里的鹿|德国|理查德·弗雷泽

伸向了它们中的一个成员——火，燃烧起来了。火势很快蔓延，浓烟和高温使动物惊恐至极，它们凭借本能逃离这个可怕的死亡地带，一些不幸者没能逃脱，倒在了不断扩大的火势中。山火一连烧了几天，大片的森林成为枯炭，好在火势最终在雨水的浇洒下得到控制，只剩下零星的火苗还在不甘地挣扎。洞穴里的元谋人又冷又饿，好不容易等到大火渐熄，立刻从洞穴中走出，在小心试探后发现，昔日危机四伏的森林变得一片祥和，在烧焦的大地上，一些野兔、羚羊的尸体散发出诱人的气息。元谋人第一次感受到火带来的好处，他们发现，只要小心控制，火能够给他们带来温暖，能减少因吃生食引发的疾病，还能使危险的掠食者止步。就这样，人类的祖先开始制作工具来储藏火种，在不断进化中掌握了生火的奥秘，火这一工具成为他们度过寒冷冰期的重要武器。

在其他大陆上，远古的人类也不断进化，利用大自然赋予的工具武装自己。他们的工具不断进化，一开始可能只是一些粗糙的天然之物，随着演化进程的深入，这些工具越来越精细，用途越来越广泛。凭借这些不断进化的工具，人类在第四纪中幸存、繁衍，并逐渐凌驾于其他物种之上。

　　在科研人员的不断努力下，有关人类起源的神秘面具渐渐被摘下，尽管从猿到人的过程依旧充满谜团，但这些已被发现的秘密足以使我们惊叹进化的神妙莫测。在30多亿年前，第一个生命在地球上诞生，一路进化，从未停止。进化的海洋漫无边际，人类目前观察到的只是其中微小的一滴水，仅仅透过这一滴水，我们就能想象它的全貌该有多么奇伟、壮阔。为此，无数人在进化之海中摸索、钻研，试图破译这些神奇的水滴。我们坚信，这些水滴终有一天会汇聚成小溪，成江河，成湖海。

第三章　气候是指挥棒

广阔的天地

整个更新世，亚洲绝大多数地方并没有形成大规模的冰川，相对于欧洲一些冰封千里、寒意肆虐的禁地，可谓暖气袭人、生机盎然的乐土。即使在因不断抬升而温度骤降的青藏高原地区，也没有统一的冰盖覆盖，而海拔较低的大兴安岭、太行山、秦岭等地，更是因受季风影响，连一些较大的山岳冰川都没有降临。

科研人员不断深入研究，发现中国在进入第四纪后受到了多次冰期与间冰期的交替影响。第四纪时，最早产生在中国的冰期可能为起源于早更新世的希夏邦马冰期，而有确切年代学证据的最早冰期，是70万年前至50万年前的望昆冰期，直到距今最近的小冰期，经历了希夏邦马冰期、望昆冰期、中梁赣冰期、古乡冰期、大理冰期和全新世冰进共六次主要冰川作用期。[①]

相邻的两个冰期间，是气候较为温暖的间冰期，我们目前正处于这一时期。

---

① 崔之久，陈艺鑫，张威等.中国第四纪冰期历史、特征及成因探讨 [J].第四纪研究，2011，31（5）：749—764.

这一阶段的开始时间距今约1万年，换句话说，1万年前的气温远比现在低很多，地球就像被放置在一个特大号的冰箱中。

冰期与间冰期的交替作用使动植物不停变迁，气候像指挥棒一样，指挥着物种兴衰演进、生死交替。在气候相对温暖的间冰期，东亚季风和南亚季风共同作用，使亚热带、热带森林面积不断扩张，其范围甚至延伸至今天的北京、山西地区。在这种环境下，大熊猫的祖先有了更加广阔的生存空间，足迹开始扩散，甚至出现在中国以外的国家。

20世纪50年代，湖北建始县高坪镇上热闹非凡，村民三五成群，挑着担子向供销社行去。他们脸上洋溢着喜悦，从他们的交谈中能时不时听到"龙骨"的字眼。原来，村民在打猎时发现了一个山洞，洞里有大量的龙骨，他们白天干农活，晚上就组织人员去挖龙骨。龙骨数量众多，村民将这些龙骨卖给当地的供销社，供销社用不了的就销往其他地方。

龙骨洞的化石不断流出，引起了科研人员的注意。1969年，广州的一家中药材店铺里，中国科学院古脊椎动物与古人类研究所的科研人员惊喜地发现了一些巨猿的牙齿化石。几经辗转，他们来到了高坪供销社，得知了这些化石的源头。

1970年，中国科学院古脊椎动物与古人类研究所组建了一支考察队到龙骨洞调查，在这里发掘出大量巨猿牙齿化石以及其他动物化石，其中就有大熊猫类化石。这次发现的大熊猫类化石在牙面结构上与小种大熊猫有所区别，如M1（后臼齿上排第一颗牙齿）舌面齿带稍宽，M1（后臼齿下排第一颗牙齿）下原尖前外侧的附尖明显等，而与现生大熊猫相比，其牙齿结构又相对简单。在体形上，龙骨洞发现的古大熊猫明显比小种大熊猫要大一些。[①]

1972年，广西柳州一家钢铁厂让工人到位于柳州市郊区的笔架山开采石料。在开采过程中，工人发现了一些化石。科研人员很快针对这一区域展开发掘。在被发掘出的大量化石中，一些大熊猫类化石引起了科研人员的注意。通过比

---

① 许春华，韩康信，王令红.鄂西巨猿化石及共生的动物群［J］.古脊椎动物与古人类，1974（4）：300.

较研究，他们发现："这些标本与更新世中、晚期，如四川万县盐井沟和广西柳江的大熊猫在牙齿的结构上一致，但稍小，而较柳城巨猿洞的小种大熊猫又要粗壮得多，牙齿的花纹也较为复杂。"[1]

1978年，湖南保靖县洞泡山，时值冬季，天气寒冷，在湖南西北部进行考察的科研人员来到这里开展发掘工作。科研人员在一个石灰岩洞穴中发现了丰富的堆积物，其中有大量哺乳动物化石。这一天天气晴朗，阳光明媚，但洞穴内的光线非常昏暗。科研人员在幽深的洞穴中蜷缩身躯，举起手电筒，小心翼翼地发掘着一件又一件珍贵的化石。科研人员很快发现了一块长臂猿的牙齿化石。考虑到在中国南方更新世化石发现地点经常会同时发现长臂猿、大熊猫、巨猿化石，科研人员兴致更浓，继续发掘，果真在同一地层中发现了大熊猫类化石。

这些分别出土于湖北建始龙骨洞、广西柳州笔架山和湖南保靖洞泡山的大熊猫类化石之间，会不会有关联？在生物系统中，它们究竟应归于何种位置？中国科学院古脊椎动物与古人类研究所的王令红和湖南省博物馆的袁家荣等人，迅速对这三种大熊猫类化石展开研究，他们发现，这三个地点的大熊猫类化石在牙齿形态和个体大小上非常接近，可以视为同一种类型的大熊猫。

出土于龙骨山的大熊猫化石标本保存程度较其他两个地点更完好，故而科研人员将其作为正型标本[2]研究。研究发现，龙骨洞的大熊猫化石标本具有两个基本特征：其一为牙齿附尖及嚼面上釉质皱纹的发育程度介于小种大熊猫和巴氏大熊猫之间；其二为上第4前臼齿长和宽，下第1臼齿长和宽，也介于小种大熊猫和巴氏大熊猫之间。[3]科研人员认为，以上三个地点的大熊猫应为小种大熊猫向巴氏大熊猫过渡的中间阶段的一个新亚种，并将其命名为武陵山熊猫亚种，其地质时期距今应该有120万年。

从始熊猫到小种大熊猫，再到武陵山熊猫亚种，大熊猫祖先的生活空间不

---

① 韩德芬，许春华，易光远.广西柳州笔架山第四纪哺乳动物化石 [J].古脊椎动物与古人类，1975（4）：252.

② 正型标本，指原始研究者在原始文章中指定的唯一标本，以后的研究都要以它为基础。

③ 黄万波，魏光飚.大熊猫的起源 [M].北京：科学出版社，2010：47—49.

断扩大，但都比不上即将登上历史舞台的巴氏大熊猫。

1915年，第一个大熊猫类化石在缅甸摩谷洞被发现。这次发现属于巧合，发现者并非专业的科研人员，而是当地的采矿工人，他们在矿洞的堆积物中挖出了一些哺乳动物的化石，其中就有大熊猫类化石。此次发现的大熊猫类化石是一个完整的上颌骨，其上有数枚牙齿存留。经科研人员伍特华（Woodward）研究，这种化石在形态结构上与活动在中国西部山区的现生大熊猫有一定的相似性，但存在独有的特征，应该是一个新的大熊猫亚种，后以巴氏大熊猫为其命名。

首次被发现的巴氏大熊猫化石在中国国境之外，这预示着大熊猫祖先一度拥有广阔的活动空间，后续的考古发现也证实了这一点。

20世纪20年代初，为了寻找人类的祖先，美国纽约自然历史博物馆组织中亚考察团前来中国考察。古生物学家瓦尔特·葛兰阶（Walter Granger）负责动物化石调查工作，一次偶然的机会，他听说四川万县（今重庆万州区）出土了大量的"龙骨"，激动万分，立即只身前往三峡地区进行考察。1921年至1926年，葛兰阶在万县盐井沟（现重庆万州区平坝村一带）得到了大量保存精美的化石，探险行动取得了空前的成功。这些化石中就有巴氏大熊猫的化石，但一开始科学家对这些大熊猫类化石所属物种的判断并非巴氏大熊猫。

葛兰阶发现的大熊猫类化石位于盐井沟一处石灰岩裂隙处，为完好的颅骨、下颌骨和牙齿。1923年，葛兰阶与其他学者一起对这些化石进行了研究，"认为其颅骨面部短，顶、额隆起较高，颧弓粗壮、宽大，矢状脊和脊间沟均发达，枕部较平坦，呈等腰三角形；牙齿排列紧密无齿隙；臼齿宽大于长，嚼合面上布满了粗细不等的釉质皱纹"[①]。

这些形态特征既不同于现生大熊猫，又不同于之前在缅甸发现的巴氏大熊猫，因此葛兰阶等人判断其为一个新发现的大熊猫种，并将其定名为"洞穴大熊猫"。1953年，一些科学家对这些"洞穴大熊猫"的化石进行了再次研究，认为"洞穴大熊猫"与现生大熊猫应为同属同种，只是考虑其有"颅骨的眶后

---

① 黄万波，魏光飚.大熊猫的起源［M］.北京：科学出版社，2010：50—52.

缩窄不如现生种显著，颅骨矢状脊比现生种粗而低，枕骨比现生种略宽"①等独特性，将葛兰阶等人订立的大熊猫洞穴种修改为大熊猫洞穴亚种。

20世纪70年代，王将克对之前在广西、广东、湖北、湖南、浙江、江苏等地大量发现的大熊猫类化石进行了研究，将研究结论发表在1974年第2期的《动物学报》上，题为"关于大熊猫种的划分、地史分布及其演化历史的探讨"。

在这篇论文中，王将克明确提出："从化石到现代大熊猫的演化过程中，的确存在着由原始到进步，逐渐发展的过程，二者之间，既有区别，又有联系，因此，将更新世中、晚期发现的大熊猫化石当作一个亚种，以示与现代种的区别，笔者认为是合适的……伍特华描述缅甸摩谷'大熊猫'化石时，仅仅根据'P2（前臼齿上排第2颗牙齿）只有一个牙根，P1（前臼齿上排第1颗牙齿）可能没有'这一特点另立新属、新种，其根据是不够充分的……其他各部分的特征和尺寸都与我国华南更新世中、晚期洞穴堆积中发现的大熊猫化石没有本质上的区别，它们都应属于同一属、同一种内的亚种。"②

巴氏大熊猫亚种的命名在先，根据国际命名法的优先权，后命名的大熊猫洞穴亚种最终被改为巴氏大熊猫亚种，也就是我们所说的巴氏大熊猫。

目前发现的巴氏大熊猫化石分布范围极其广泛，我们据此推知了一幅史前画卷。

一百万年前的亚洲大陆上，云贵高原和秦岭缓缓"长高"，与隆升到一定高度的青藏高原一起成为我国西南地区的天然屏障。干冷的气流受到高山阻隔，难以肆意横行，我国的气候环境因此发生了显著变化。气候适宜，竹类茂盛生长，大熊猫祖先食物充足，体形不断变大，由小种大熊猫一路演化，成为大熊猫武陵山亚种，又成为巴氏大熊猫亚种，并随着不断扩张的竹类领地繁衍、迁徙，渐渐将步伐迈向更加广阔的天地。

巴氏大熊猫的足迹遍及中国华南的珠江流域、华中的长江流域、华北的黄

① 黄万波，魏光飚.大熊猫的起源［M］.北京：科学出版社，2010：50—52.
② 王将克.关于大熊猫种的划分、地史分布及其演化历史的探讨［J］.动物学报，1974（2）：191—201.

大熊猫演化示意图

```
              熊猫科
           ┌──────┴──────┐
        始熊猫属         熊猫属
           │              │
     ┌─────┴─────┐  ┌─────┴─────┐
     │禄丰始熊猫  │  │小种大熊猫      │
     │元谋始熊猫  │  │武陵山熊猫亚种   │
     └───────────┘  │巴氏大熊猫      │
                    │现生大熊猫      │
                    └───────────────┘
```

资料来源：黄万波、魏光飚著《大熊猫的起源》，科学出版社，2010年

河流域，甚至出了国门，分布到越南、老挝以及缅甸北部。那时候，向西到缅甸，向东至江淮平原，向南到越南，向北翻越秦岭直到山西平陆等地的广泛地区，四处可见巴氏大熊猫活动的身影。[①]

海南省也发现了巴氏大熊猫的踪迹。2006年，在海南昌江信冲洞和红林采石场的裂隙堆积层里，海南省考古研究所的研究人员发现了哺乳动物化石。中国科学院古脊椎动物与古人类研究所的李超荣教授高度重视并参与了后续的发掘，获得了大量动物化石。之后，黄万波对这些化石中的两枚食肉类动物的犬齿进行了鉴定，得出其为巴氏大熊猫犬齿的结论。

海南岛与大陆隔海相望，巴氏大熊猫怎样越过海面，到达这里？原来，在巴氏大熊猫生活的时代，气候远比现在冷，大量的海水被冻结成冰，汇集在两极地区，导致海平面不断下降，海南岛与大陆间的琼州海峡陆桥出露，巴氏大熊猫顺着这一陆桥来到了海南岛。后来，间冰期到来，气候回暖，坚冰解冻，海平面上升，曾经迁徙的路径被海水淹没，巴氏大熊猫就这样被"隔离"在远离陆地的海南岛上。

竹子变奏曲

在百万年的时间长河中，大熊猫的主要食物来源都是各种各样的竹子，这

---

① 四川省地方志编纂委员会.四川省志·大熊猫志［M］.北京：方志出版社，2018：15.

种属于禾本科竹亚科的植物，如何在一定程度上决定着大熊猫的生死存亡？

科研人员通过长期对现生大熊猫的跟踪、调研，发现广泛分布在深山老林中的小径竹是大熊猫的采食对象，这些竹子有40多种，其中有20多种属箭竹属。大熊猫的主食竹大部分分布在海拔700~3500米的亚高山暗针叶林、山地暗针叶林、山地针阔混交林和山地常绿阔叶林中，长期处于自生自灭的原始生长状态。这就是大熊猫经常在海拔较高的地区活动，而人类的目光极难捕捉到它们身影的原因之一。

但是，并非所有生长着适宜大熊猫食用竹子的地方都有大熊猫栖息，中国的秦岭山系、岷山山系、邛崃山山系、大相岭山系、小相岭山系和凉山山系这六大山系，是现生大熊猫仅存的乐土，保护这片区域的生态环境就成为人类保护大熊猫工作的重中之重。

大熊猫类的系统演化

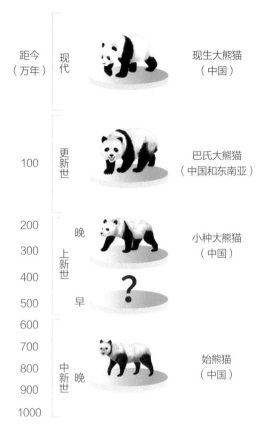

距今（万年）		
	现代	现生大熊猫（中国）
100	更新世	巴氏大熊猫（中国和东南亚）
200	晚 上新世	小种大熊猫（中国）
300		
400		?
500	早	
600		
700		
800	中新世 晚	始熊猫（中国）
900		
1000		

资料来源：赵学敏编《大熊猫——人类共有的自然遗产》，中国林业出版社，2006年

现生大熊猫因分布区内茂盛生长的主食竹得以延续生命、不断繁衍。在百万年前，竹子与大熊猫祖先的命运同样有着不可分割的联系。其中有一点非常关键，或许能为人类判断大熊猫的起源地提供极大的帮助，这就是——竹子的起源。

与众多在地球上存在长久的事物一样，竹子起源的真相也因时间流逝而被层层迷雾笼罩，但随着科学的进步及考古发现的深入，千万年前的密码逐渐被人类破译。

竹亚科是禾本科最大的亚科成员之一，包括100多个属和1400多个种，其系统分类、起源以及分化一直以来都是学界的研究热点和难题。现代的竹子广泛分布在亚洲、非洲、南美洲、北美洲、大洋洲等地，在欧洲亦有少量引种。尽管种类繁多、分布广阔，但这些竹子并非孤立存在，而是有着亲缘关系，从不同竹种的对比研究中，人类能发现竹类的进化轨迹。

很多原始类型的竹子以幼竿越冬到来年春天开始长叶，因幼竿较为脆弱，不能经受霜冻，不能生长在寒冷的地方。此外，在出笋时期，原始型竹子需要外界供给充足的水分来维持笋体膨压和所需的营养物质，因而需要生长在温暖、湿润的环境中。因此，原始型竹子分布范围狭小，对环境的适应能力较弱，难以应对恶劣的天气和环境。但是，这一类型竹子的萌发能力比进化型竹子要强，适宜人工繁殖。由于体形大，纤维含量多，这类竹子能被用来制作竹筐、竹扇、凉席、纸巾等物。人们广泛引种栽培到各地，使它们拥有更加广泛的分布范围。

进化类型的竹子对环境有着较强的适应能力，自然分布范围广阔，能应对一定程度上的恶劣天气和环境，在降雨量少的地方亦能生存，对热量的要求也不高。相应地，其体形小于原始型竹子，不利于人工繁殖，且完全缺乏纤维股，不利于人类利用其中的纤维，故而人工引种栽培的数量也较少。

科学家通过分析竹子的进化轨迹和原始类型特征，进而根据竹子在世界上的分布规律，判断在地球上存在了千万年时光的竹子的真正起源。

世界竹子的分布区系有四个，分别是泛北极竹区、古热带竹区、新热带竹区和澳洲竹区。泛北极竹区的范围在北回归线以北的东亚和北美一带；古热带竹区的范围在中国长江以南至南亚、东南亚和非洲的大部分地区；新热带竹区的范围在中美洲和南美洲的大部分地区；至于澳洲竹区，顾名思义，其范围在今天的澳大利亚。

在这四大分区中，泛北极竹区没有原始类型的竹属分布，大部分是进化型的竹属，也有从原始型到进化型的过渡类型竹属。古热带竹区由两个亚区组成，即亚洲亚区与非洲亚区，其中亚洲亚区的竹种极为丰富，是世界的竹类分布中心，而中国又是该区的分布中心，大多数竹种都集中分布在中国。这一区域内，原始类型和进化类型的竹属都有分布，原始类型的竹属种类之丰富，更是其他竹类分布区内未见的。新热带竹区内有少量原始类型的竹属分布，但绝大多数竹属都属于进化类型。而澳洲竹区由于地理位置相对独立，竹子的种类十分稀少，只有两个属，类型也很单纯。

一些观点认为世界的竹类并非从单一地区起源，而是从不同地区同时进化发展而来，认为亚洲和南美洲是竹子起源的两个中心。但这种观点与原始类型竹类的分布规律有所冲突。科研人员对南美洲与亚洲的竹子种类进行了比较，发现美洲只有1个古老的原始竹属，而在亚洲，同样类型的竹属有18个之多。竹子的起源地必定拥有大量的古老原始竹属，所以南美洲显然不具备成为另一个竹子起源中心的条件，竹子的起源中心就只剩下一个——亚洲。

亚洲是地球上七大洲中面积最大的一个洲，在如此辽阔的土地上，应该如何锁定千万年前竹子的起源地？

泛北极竹区没有原始类型的竹属分布，可以排除亚洲被纳入该竹区的部分，这样就只剩下古热带竹区中的亚洲部分。在这一区域中，有竹子分布的国家和地区有8个，分别是中国、印度、孟加拉国、缅甸、马来西亚、泰国、菲律宾和印度尼西亚。科研人员对生长在这8个国家竹子的种类进行了分析，发现分布在中国云南中部和南部的古老原始竹属数量多达14个，在相同面积的范围内远远超过其他地区。每一个物种都有其起源中心，如此多的古老原始竹属的起源中心集中在这里，说明竹类的发源地就在中国的云南。[①]

在千万年前的云南地区，气候温暖而湿润，各种植物竞相生长，一种禾本科植物的基因产生了变异，开始向草本竹类和木本竹类两个方向演化，并在适宜的环境中不断繁衍。由于中生代末期到更新世中期，亚洲与北美洲之间有白令陆桥存在，两个大洲之间并不像现在这样处于分离状态，不断进化的竹子得

---

① 温太辉.论竹类起源［J］.竹子研究汇刊，1983（1）：1—10.

以将版图扩张至北美洲，再经由北美洲蔓延至南美洲。

在适宜的条件下，竹子凭借旺盛的生命力迅速进化、繁衍，分布范围不断扩大。进入第四纪后，地球温度骤降，形成冰期，一些寒冷地区如欧洲、北美洲等地的原始型竹子在极端的环境中灭绝。幸运的是，它们的进化型留存下来，继续演化，延续至今。至于南美洲，所处纬度较低，得到的热量较其他大洲来说更为充足，降雨量也更为丰富，故而保存了部分原始型竹子。但这些地区都不能与作为竹子发源地的云南相比，这里经过千万年光阴的沉淀，保留了大量的原始型竹子，并进化出种类极为丰富的竹种。

云南地处低纬度地区，接受太阳光照时间长，热量高，而且由于所处地理

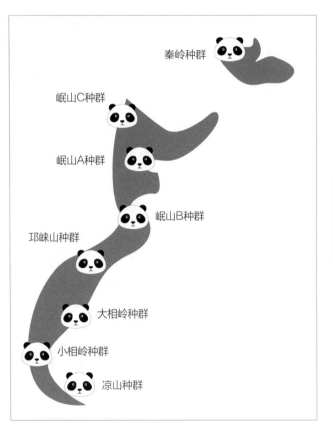

大熊猫种群分布图

资料来源：四川省地方志编纂委员会编《四川省志·大熊猫志》，方志出版社，2018年

位置特殊，干季、雨季分明。云南地区雨季的开始时间为6月，与原始型竹种发笋的季节相同，极为适宜这一类型的竹种生长。当全球大部分地区因受第四纪冰期影响而天寒地冻之时，云南地区显现出不同的景象。"长高"的青藏高原将来自西伯利亚的寒冷气流阻隔在外，而来自印度洋的暖湿气流受东西向的两条高大山脉——喜马拉雅山脉和冈底斯山脉阻隔，沿着位于中国地势第一级阶梯与第二级阶梯交界处的横断山脉群，进入中国，为地处青藏高原东南部的四川、云南等地带来热量和丰富的降雨。在这两种因素的共同作用下，这些原本在冬季应该寒冷、干燥的地区，变得温暖、湿润，成为各种动植物生活的乐土。

当大熊猫的祖先迫于生存压力转而向食竹方向进化时，其活动区域内生长茂盛、种类众多的竹类资源，为这种持续进化提供了充足条件。考古方面的发现也证实了这一点。

在大熊猫祖先出没的云南地区，自2012年起就陆续有竹叶和竹竿的化石被发现，至2017年年初，科研人员在云南镇沅哀牢山西坡河谷（三章田一带）发现了大量保存状况良好的竹叶和竹竿化石。经研究，这些竹子化石所处的地层为中中新统地层[1]。

这一发现为科研人员提供了中国最早的竹叶、竹竿的化石证据，证实了竹亚科在中国存在了悠久的时光。科研人员对这些化石进行深入研究，判断出竹亚科在云南的分化时间应不晚于中新世中期。[2]

根据出土的化石，一些樟科、水杉属、八角枫属等常绿或落叶乔木，与竹子在同一生态环境中相伴生长。由此可以推想，在千万年前，一个多样化的竹林或林下竹子层片就已在云南地区旺盛生长，这为其后在此地发源的大熊猫祖先——始熊猫的生存和演化创造了极为优越的条件。[3]

---

[1]　中新统为中新世时期沉积的地层，中中新统地层地质时代为1597万年前至1161万年前。

[2]　毛锐锋.中国目前最早的三章田竹子化石［EB/OL］.［2019-9-5］. http://www.peds.gov.cn/zx_nr.asp?id=5667.

[3]　张雯雯.云南发现我国目前最早竹子化石［EB/OL］.［2013-7-24］. http://news.sciencenet.cn/sbhtmlnews/2013/7/275730.shtm.

竹子具有极强的生命力，为适应环境，在漫长的进化过程中演化出繁多的种类并不断扩张领地，将触角延伸至世界各地。当第一只始熊猫将竹子纳入食谱，进而在严酷的物竞天择中将此基因一代代传递时，这些在中国大地上繁茂生长的各种竹类，就成为大熊猫这一物种历经沧桑延续至今的关键因素。

对于这一点，可以从巴氏大熊猫不断扩张的领地范围中一窥端倪。

更新世时期，由于间冰期的存在，相对温暖的气候使对环境变化极为敏感的植物产生相应的变化，喜欢生长在相对干燥、寒冷地区的植被向纬度更高的地区迁移，留下来的"地盘"则迅速被喜欢生长在温暖、湿润环境中的植被占领。暖湿气候的范围不断扩大，适宜巴氏大熊猫食用的多种竹类亦从原有生长地"走出"，扎根在更广阔的地区，如今天的华东、华中、华北等地。由于食物充足，巴氏大熊猫的体形逐渐变大，根据出土的化石，科研人员判断其体长约2米，比现生大熊猫更为粗壮。

中、晚更新世时期，适宜繁殖的环境和充足的食物使巴氏大熊猫的数量不断增多，原有的栖息地已不能满足它们的需求，它们开始跟随竹子迁移的步伐行动，开拓出一个鼎盛的大熊猫王国。

今天的人类和巴氏大熊猫之间存在着难以逾越的时空阻隔，我们只能从不断"刷新"的化石发现地和化石数量，想象它们当初的辉煌。根据化石提供的真实证据，在大熊猫进化的不同阶段中，巴氏大熊猫的分布范围无疑是最大的，而迄今发现的各种大熊猫类化石中，巴氏大熊猫化石的数量占据了4/5。

对于巴氏大熊猫来说，这样的繁盛将持续相当长的一段时间，但它们永远如此幸运。在新构造运动的作用下，我国东部地区的各大山系正在不断拔高，原本开阔坦荡的地势将被相对独立的阶梯式自然地理单元取代，而由此形成的季风气候在全球大环境的影响下，会使它们的活动区域受到冷暖交替的剧烈波动影响，变得极不稳定。此外，巴氏大熊猫还将面对一个正以极快速度崛起的天敌——智人，这一物种的极强侵略性，将使巴氏大熊猫遭受毁灭性的打击。

湮灭的物种（上）

自第一个生命在地球上诞生以来，难以计数的物种诞生、繁衍，最终又走向消亡。几十亿年来，这样的情形在地球的各个角落出现，即使是曾经称霸全球的恐龙，也在沧海桑田的自然变迁中成为过去。在智人以强势姿态登上历史舞台并迅速登临食物链顶端之前，史前巨兽在广阔的大陆上纵横一方，不断进化，适应进入第四纪以来骤然冷却的地球，在壮阔的冰河时代奏响最强劲的音符。

外来物种和当地物种是天然的竞食者，这种矛盾在肉食动物间变得格外突出，更新世时活跃于欧洲的大型猫科动物——欧美洲狮，在与来自非洲东部的化石狮的竞争中落败，退出了历史舞台。化石狮占据了欧美洲狮的生态位，演化成欧亚大陆北部的顶级食肉动物——洞狮，幸运地存活到距今1万年前的全新世初期，直到与智人相遇，才黯然退场。

从此种意义上来说，大熊猫的祖先在激烈的竞争中放弃原本以肉为主食的天性转而食竹，是极为明智的。即使是强大的肉食者，亦难免在两强相遇的境况中消亡，更何况在巨兽林立的时代，大熊猫的祖先远远算不上强者。大熊猫祖先的食性经过漫长光阴最终特化，今天我们才能见到从第四纪频繁变动的环境中幸运存活的现生大熊猫，而绝大多数曾与大熊猫祖先相伴而行的动物，最终都湮灭于时间的长河之中。

科研工作者在我国华南地区的洞穴堆积物中发现了大量的哺乳动物化石，如中国熊、鬣狗、大熊猫、箭猪、巨貘、中国犀、东方剑齿象化石等。这些数量众多的哺乳动物化石大多数属于更新世，而大熊猫化石和东方剑齿象化石是其中最具代表性的，故而学术界将更新世时期在我国长江以南地区广泛分布的哺乳动物群称为大熊猫—剑齿象动物群。"中国第四纪哺乳动物地理区可划分为古北界（或称为北方区）、东洋界（或称为南方区）及在东部地区介于二者之间

大熊猫进化体形演变图

的过渡区"①，其中东洋界南方区的动物组成以热带和亚热带森林型为主，大熊猫—剑齿象动物群是其典型。

由于所处地理位置特殊，中国的南方地区进入第四纪后受寒冷气候的影响较小，虽然也经历了普遍降温时期，但相对于其他地区来说，仍长期处于相对稳定的生态环境中。温暖湿热的气候、充沛的雨量以及密布的森林使南方区系的动物群进化出丰富的种类，且变化和更替远比北方区系的动物群要缓慢。整个更新世，大熊猫—剑齿象动物群在南方区系动物群中都占据统治地位，分布范围极为广泛，"云南、贵州、四川、广东、广西、湖南、湖北以及浙江和江苏等省区均有发现；它也在陕西蓝田公王岭、蓝田猿人发现地点被发现。这就表明，它的分布区的北界已超出北纬34°"②。

在大熊猫—剑齿象动物群中，大熊猫、巨猿、长臂猿、猩猩、剑齿象、犀、巨貘、水鹿等动物极为常见，它们在温暖湿润的气候中自由嬉戏，享受着在冰河时代里难能可贵的安宁。

剑齿象对我们而言显得陌生。事实上，剑齿象和大熊猫一样，是拥有悠久历史的古老物种，只是没能像大熊猫那样幸运地存活至今，而是在环境与人类的综合影响下，在距今1万多年前的更新世晚期退出了历史舞台。

剑齿象起源于距今600万年前的晚中新世，能够算作亚洲的特产动物，在亚洲发现了大量化石，只有少量存在争议的牙齿化石被发现于非洲。在中国，剑齿象起初的活动范围不仅在中国的南方地区，在今天的黄土高原一带如山西、甘肃、陕西等地，亦可见到它们的身影。中新世时，全球降温事件还没有发生，剑齿象活动区域的气候还很温暖湿润，进入第四纪后，干冷的气候逐渐影响到中国的北方地区，但亚洲的南部依旧被茂密的亚热带、热带森林所覆盖。就这样，剑齿象离开了植被渐渐稀少的北方地区，在气候适宜、食物丰富的南方定居，将种族的历史延续得更加久远。

---

① 薛祥煦，张云翔.中国第四纪哺乳动物地理区划［J］.兽类学报，1994（1）：15—23.

② 裴文中.大熊猫—剑齿象动物群［J］.贵阳师院学报（社会科学版），1980（1）：1—4.

剑齿象拥有一对长而弯曲的门齿，这对长牙的末端向两侧分开，但基部的距离极短，所以它们的长鼻子不能像今天见到的大象那样放在长牙之间，而是甩向一侧。人们从发现的化石推断，剑齿象的体长约8米，肩高4米左右，体重为9~10吨，是名副其实的巨兽。

我们或许会认为剑齿象是因其长有剑一样的长牙而得名，事实并非如此。剑齿象的拉丁学名为Stegodon，含义是"屋脊般的牙齿"，也就是说，剑齿象那具有一道道像屋脊般棱状凸起的臼齿，才是它得名的原因。剑齿象的臼齿极为结实、耐磨，但齿冠较低，不适合研磨坚硬的干草，而适宜咀嚼鲜嫩的枝叶。这更加证实了有剑齿象出没的地方，气候必然是温暖湿润、适宜树木生长的。

巨貘与大熊猫祖先的关系十分密切，我国华南很多发现大熊猫类化石的地方，都能够发现巨貘的化石。巨貘体长约3.5米，重约1吨，是貘科成员中的庞然大物，主要生活在距今200万年前至4000年前中国的华南、西南地区和东南亚地区，除了这些地方，越南和印度尼西亚的部分地区也发现了它们留下的少量印记。

巨貘长相奇特，脑袋像猪，眼睛和耳朵很小，有着和大象类似的鼻子，只不过缩短了很多，变得"迷你"。巨貘的身材和大熊猫类似，显得圆滚滚的，却并不笨拙，其四肢结构保持了原始动物的特征，前肢有4趾，后肢有3趾，这使它们拥有灵活的奔跑和攀爬能力。

学术界主流观点认为中国貘是巨貘的祖先，中国貘是貘科的成员之一，在早更新世到中更新世的中国长江流域和广西、云南等地出没，根据对中国貘化石的研究，其牙齿表现出不断增大的趋势，这与巨貘祖先体形不断变大的趋势一致。现存貘类中体形最大的马来貘是巨貘的近亲，通过它们可以推知曾经活跃于亚热带、热带森林中的巨貘的生活习性。

巨貘和大熊猫一样，喜欢独来独往，小巨貘出生后，一直和母亲生活至成年才分开。幼年期的巨貘和成年巨貘在毛色上有所区别，皮毛上布满白色斑点和条带，这些特征让一些人对将"貘"作为大熊猫的古名产生了怀疑，毕竟以貘为大熊猫古名的主要依据——"似熊，小头庳脚，黑白驳，能舐食铜铁及竹骨。骨节强直，中实少髓，皮辟湿，或曰豹白色者别名貘"[①]，"貘者，象鼻、犀目、牛尾、虎足，生南方山谷中，寝其皮辟瘟，图其形辟邪"[②]，"貘兽似熊，象鼻犀目，狮首豺发，小头卑脚，黑白驳，能舐食铜铁及竹，骨实无髓，皮辟温湿"[③]等描述，与大熊猫的特征有所不同，反而和真正的貘类似。

巨貘在历史上存在的时间下限距今有4000多年，此时中国处于夏朝，可能有人目睹了巨貘的形貌，并将其与其他貘类一起，通过青铜貘尊的艺术手段记录下来。巨貘的最终灭绝，很可能是气候与人类双重打击下的结果。

前文多次提到与大熊猫类化石一同出现的一种动物化石——与大熊猫祖先关系最为密切的巨猿。巨猿是人科猩猩亚科的成员之一，生活在亚洲南部的亚热带、热带森林里。它们在地球上出现的时间比较早，大约在晚中新世时期就已存在。巨猿曾被认为是人类的祖先，北京人和现代人都是它们的后代，这种观点在现在看来并不可靠，但在人类苦苦追寻自身起源的当时，一度产生过轰动效应。

巨猿体形巨大，直立起来约有3米高，体重能达到540千克。电影《金刚》中的主角——那只爱上人类的大猩猩，就是以巨猿为原型塑造的。巨猿并不能直立行走，很可能像大猩猩一样，用手指和后脚掌作为支撑行走，只在极少情况下才仅靠脚部支撑整个身躯的重量。

巨猿这种动物并非自诞生以来就拥有庞大的体形，和大熊猫的祖先一样，其体形也经历了一个不断演化的过程。通过对出土化石的研究，人们发现，"距今630万年前出现的巨型巨猿只有步氏巨猿的一半大，而距今100万年前的步氏巨猿化石也比距今40万年前至30万年前的同类要小些"[④]。

如果你以为这样巨大的巨猿一定十分凶悍，那就错了。事实上，巨猿是一

① 郭璞.尔雅注疏［M］.北京：北京大学出版社，1999.
② 陈梦雷.古今图书集成·禽虫典（第529册）［Z］.北京：中华书局，1947.
③ 陈梦雷.古今图书集成·禽虫典（第529册）［Z］.北京：中华书局，1947.
④ 江泓，董子凡.冰河世纪：史前动物全揭秘［M］.第2版.北京：人民邮电出版社，2017.

种爱好和平的动物，也喜好吃竹子，偶尔吃一些树叶和果实，是彻底的素食主义者。大熊猫的祖先在竹林里大快朵颐时，很容易遇到前来觅食的庞大"同好"，不过不用担心，温和的特性使它们很难产生争执，它们会和平共处，互不干扰，一同度过和谐的时光。

巨猿约在距今30万年前消失于地球上，灭绝的因素有很多，这一时期巨猿的牙齿化石上出现了发育不良的痕迹，可能是饥饿与疾病所致。狭窄的饮食结构使巨猿极易受到气候波动的影响，而智人的崛起更使它们走向灭亡的速度大大加快。

大熊猫的祖先作为大熊猫—剑齿象动物群的重要成员之一，与动物群落中丰富的物种相伴，在气候湿润、植被茂密的中国南方地区度过了漫长的光阴。在更新世时期，大熊猫的祖先巴氏大熊猫曾从中国的南方一路扩张，足迹到达中国的北方地区。那么，更新世时的北方大地上，是怎样一幅景象？

湮灭的物种（下）

于第四纪降临的冰期并非死神的镰刀，即使在寒意肆虐、遍布生命禁区的欧洲大陆，亦有乐土存在。那时，今天的西欧和东欧平原广泛分布着冻土苔原和干草原，由于北极地区被极寒覆盖，锁住了大量的水汽，这里的空气变得干冷，即使在严寒的冬季，土地亦不会冻结。

在夏季显出勃勃生机的绿意被满地枯黄替代，但这些失去生机的植被依然能给遍布其间的猛犸象、披毛犀、野牛等食草动物提供维持生命的养分，而凶猛的洞狮、洞熊、洞斑鬣狗则虎视眈眈地潜伏于这些食草动物的周围，准备随时出击，饱餐一顿。

顽强的生命在恶劣的环境中倔强坚守，寻找一切适宜生存的环境，在第四纪冻结生命的寒冷中艰难求生。气候的指挥棒指挥着动物迁徙，由于气候寒冷干燥，那些高大的树木很难扎根成林，放眼望去，平坦、开阔的干草原一直延伸到中亚、东北亚，甚至到达北美大陆西北端的阿拉斯加。平坦的地形为物种迁徙创造了有利条件，当高纬度地区的冰盖面积进一步扩大，一些原本适宜生物生存的地方也变成了禁区，巨兽们只好向着食物充足的地方迁徙，好在由于海平面下降，各大陆之间被陆桥连接，顺着这些生命通道，它们得以在原本陌生的地带繁衍生息。

中国北方区系的动物群落与南方区系的动物群落差异很大，由于所处纬度较高，北方地区受冬季风的影响远远超过南方地区。进入第四纪后，北方区的气候环境逐渐由温暖湿润、多森林灌木丛向温冷干旱、草本植物渐多方向转变。

由于夏季风和冬季风的交替较南方区更为频繁，由此引发的干冷、温湿气候环境的转换，使北方区的动物难以保持种群的稳定性，物种生存的时限很短，种间更替速度快，不同阶段的动物群表现出较大的特征、性质差异。[1]

在早更新世时期，中国南北两大区间尚未形成像今天的地理阻隔，横亘在两区之间的秦岭山脉还未崛起，故而南北方动物交流较为密切。这时全球气候已开始变冷，但当时中国南北方在一定时期内有相似的生态和气候条件，一些北方泥河湾动物群的重要成员，如山西轴鹿、泥河湾剑齿虎、桑氏鬣狗、复齿拟鼠兔等，既在北方地区广泛分布，也频繁出没于云南元谋、迪庆一带，是当地动物群落的重要组成部分。[2]这其中的剑齿虎和鬣狗，很可能对大熊猫祖先食性的特化起到催化作用。

随着时间流逝，快速拔高的秦岭使中国的南北两地在地理上分隔开来，气候也因此产生了极大的差异。北方地区的环境虽然也有冷暖、干湿的波动，但总趋势是向干冷的草原型发展的，这使得生活在其间的动物渐渐向适宜草原环境的方向演化。

电影《冰川时代》中的主人公之一长毛象曼弗瑞德，稳重、善良，受到喜

---

① 薛祥煦，张云翔.中国第四纪哺乳动物地理区划［J］.兽类学报，1994（1）：15—23.
② 薛祥煦，张云翔.中国第四纪哺乳动物地理区划［J］.兽类学报，1994（1）：15—23.

爱，其原型是第四纪时的巨兽之一——真猛犸象。猛犸象一族在亚欧大陆上得以扬名，但祖先生活在非洲大陆上。猛犸象的祖先很可能分化为古菱齿象、亚洲象家族，在众多象类中显得暗淡无光，不过，一个大展宏图的机会很快来临。

300万年前，北极地区的冰盖面积进一步扩大，全球的海平面因此不断下降，出露的陆桥为猛犸象一族提供了离开竞争激烈的非洲大陆的顺畅通道。第一批"出走"的罗马尼亚猛犸或许没有料到，在遥远的北方，它们将迎来一个辉煌的时代。

寒冷的气候或许是冰河时期大多数动物的梦魇，对猛犸象一族而言却是福音，它们很快适应不断变冷的气候，体形也向庞大化发展。出现在中国北方地区的南方猛犸肩高约4米，其中一部分在华北地区的泥河湾盆地进一步演化，成为猛犸象一族中的"巨无霸"——草原猛犸，它们"身高腿长，少数大个体雄象肩高可达4.5米甚至4.7米，弯曲的象牙可达5.2米长"[①]。

空气中水汽的含量越来越少，高大的树木因为缺水渐渐消失，取而代之的是那些生命力旺盛，即使在干旱少雨的环境中也能存活的旱生植物。在"物竞天择，适者生存"的定律之下，那些不能适应环境变化的物种渐渐退出了历史舞台。中更新世时期，草原猛犸取代了南方猛犸，其后种群规模不断壮大，足迹蔓延至东北、内蒙古地区，甚至延伸出国门，到了西伯利亚、欧洲、中亚等更为广阔的地方。此后，猛犸象一族继续演化，到了更新世晚期，对寒冷的冰期越发应对自如，长毛象——真猛犸终于登上了历史的舞台。

真猛犸主要活跃于亚欧大陆的冻原地带，中国东北地区发现了大量的真猛犸化石。与此同时，在同一时期的地层中，科研人员还发现了大量的披毛犀、原牛、最后斑鬣狗、大角鹿、王氏水牛等动物化石，一个可以与大熊猫—剑齿象动物群相媲美的北方区系动物群在科研人员的不懈努力下，渐渐浮现在世人的面前。这一动物群，就是晚更新世时期北方最典型的猛犸象—披毛犀动物群。

---

① 江泓，董子凡.冰河世纪：史前动物全揭秘［M］.第2版.北京：人民邮电出版社，2017.

猛犸象 | 美国 | 查尔斯·罗伯特·奈特

距今20万年前至1万年前，中国东北地区冰天雪地、气候寒冷，猛犸象—披毛犀动物群的存在为这里带来了勃勃生机。生存环境的差异使大熊猫祖先注定很难和处于猛犸象—披毛犀动物群系统中的多数物种相遇，但又注定和这一动物群有着千丝万缕的联系。

第四纪频繁波动的气候使动物追逐着食物不断迁徙、演化，在适合生存的环境中会聚、繁衍，又迁徙、分离。和很多动物群一样，猛犸象—披毛犀动物群中的绝大多数成员都并非本地物种，而是由多种起源于不同地区的动物迁徙组成。

猛犸象的祖先起源于非洲，而披毛犀的祖先起源于何方？

最先被发现的披毛犀化石位于俄罗斯的冰原地带，此后，这类化石被频繁发现，且数量众多，在一些即便是夏季也不解冻的土层中，甚至发现了保存完整的披毛犀遗体。这些现象很快引起人们的注意，而披毛犀也成为最典型的冰期动物之一。

冰期动物通常被认为与进入第四纪以来的全球变冷事件密切相关，它们普遍体形巨大、身披长毛、具有刮雪取食的身体构造，能够适应酷寒的气候。对于这类动物的起源，曾有"北极起源"之说，认为它们是从高纬度的北极圈地带发源的。但随着更多的化石证据被发现，这一说法渐渐被另一种更为可靠的说法替代。

21世纪初期，中国科学院古脊椎动物与古人类研究所的科研人员率领一支国际合作团来到西藏地区，在这里开展考察行动。在位于喜马拉雅山脉西部的札达盆地，考察团发现了大量的哺乳动物化石，经研究，这些动物化石的所属时代为上新世，化石中包含了披毛犀的化石，科研人员将其命名为西藏披毛犀。

西藏披毛犀有370万年的历史，是披毛犀的一个新种，亦是已知发现的最原始的披毛犀。此前，中国华北泥河湾地区也发现了一种新的披毛犀，被命名为泥河湾披毛犀。泥河湾披毛犀的化石在多地被陆续发现。其中2002年在甘肃省东乡族自治县发现的头骨及下颌骨化石地质时间最早，距今250万年。

泥河湾披毛犀化石的发现使科研人员将披毛犀的起源地锁定在亚洲，但是，在如此广阔的范围里，哪里才是披毛犀祖先的诞生地？西藏披毛犀化石的发现揭示出一个真相——披毛犀祖先诞生于有"世界第三极"之称的青藏高原。

札达盆地的化石发现证明在第四纪冰期开始之前，冰期动物群中的部分成员已经出现在青藏高原上。随着青藏高原海拔的不断升高，这些原始型冰期动物不断演化，渐渐适应了不断变冷的气候。260万年前，全球气候转冷，冰期逐渐形成，这些经受了寒冷训练的原始型冰期动物开始走出青藏高原，经过一些中间阶段后，最终来到亚欧大陆北部，在低海拔高纬度地区定居下来。[①]在漫长的岁月里，它们或许曾和大熊猫的祖先相遇，又分离，最终一路向北，在冰雪覆盖之地创造出生命的奇迹。

间冰期与冰期的反复交替使整个亚欧大陆都受到了气候波动的影响，在寒冷的冰期，北方区系的动物群会向低纬度地区移动，而在气候相对温暖的间冰期，一些属于南方区系的动物，如巴氏大熊猫，又会向高纬度地区移动。因而，在类似华北地区那些温暖与干冷环境交替变化的地方，就有了南北方动物活动留下的印记。

在残酷的自然选择中，与大熊猫祖先一路同行的众多物种先后湮灭了，人类只能依据残存的印记来想象它们当初的模样。这一切都警示，只有保护赖以生存的家园，与大自然和谐相处，人类才不会成为孤独的物种，才不会走向灭亡。

---

① 邓涛，王晓鸣，李强，吴飞翔.青藏高原：从热带动植物乐土到冰期动物群摇篮[J].中国科学院院刊，2017，32（9）：959—966.

第四章 衰退源于气候与人类

冷暖气流的冲击

根据考古发现，大熊猫在历史上拥有繁盛的时期，是什么导致它们数量不断锐减，成为需要人类高度重视、保护的珍稀动物呢？

第四纪气候经历了强烈的冷、暖波动，出现了间冰期与冰期交替的现象，这种交替以10万年为单位进行着。冷暖气流的交替使环境在湿润与干旱之间不停切换，这种变化对生物来说并不友好，每个间冰期与冰期的过渡环节对生物而言都是一种严峻的考验，与环境适应性更强的植物相比，极端气候对动物来说更像是一场灾难。

在寒意凛然的冰期，冷气流步步扩张，需要适宜温度和湿度才能茂盛生长的植物在这样的环境里"瑟瑟发抖"，艰难而坚定地从扎根已久的土地上"开拔"，向着更温暖的地方"迁徙"。如果从天空俯瞰这一时期的大地，并将时间的流速放大无数倍，就能看到绿意盎然的高大树木不断向低纬度地区退缩，它们留下的地盘被低矮而具有顽强生命力的旱生植被迅速占领。

气候的变化使植被也做出相应的改变，受此影响，动物的栖息地和食物链在不断"更新"。冰期极盛之时，喜湿喜暖动物的生存空间被不断压缩，难以适应此种变化的物种大量灭绝。根据科研人员的研究，"在欧洲、西伯利亚、阿拉斯加，放射性碳年龄距今4.5万年前至2万年前时，发生过暖适应大动物群的灭绝高峰，当时正好是非常寒冷的末次盛冰期"[①]。

除了生命难以存续的冰盛时期，一些全球性或区域性的气候突变事件也会对物种的种群延续造成极大威胁。在进入全新世前的末次冰消期气候持续回暖的过程中，一次千年尺度的全球性气候快速转冷事件就是其中的典型。更新世晚期，末次冰期即将结束，全球气温急剧上升，冰消雪融，喜暖植被迅速生长、繁衍，物种不断更替、演化，似乎已为适应接下来的暖期气候做好了准备。但一场令所有生活在地球上的物种猝不及防的事件突然发生，使全球重新陷入长达千年的冰冻期。这一事件，就是新仙女木事件。

仙女木是一种喜欢生活在寒冷气候中的蔷薇科植物，如今在北极苔原地带及一些高寒山地仍能发现它们的踪影，但科研人员在距今1.1万年前至1万年前，面积更为广泛的古地层中发现了它们的孢粉记录。

19世纪末20世纪初，科研人员首先在瑞典和丹麦的古地层中发现了仙女木的孢粉记录，之后在北大西洋周围的海相、陆相中，该记录被广泛发现。如今这些地区的气候明显不适宜仙女木的生长，而仙女木孢粉记录的出现表明，在更新世晚期，这些地区发生过剧烈的降温事件，导致喜寒的仙女木迅速扩张，覆盖了更为广阔的地区。

一开始缺乏其他地区的相关证据，所以这次事件被认为是区域性的气候转冷，但随着与仙女木孢粉有关的记录在更为广阔的区域，如北太平洋、亚洲、北美、热带地区以及南半球等地被发现，这次事件的范围扩展至全球。经过研究，在新仙女木时期，"北美地区一些大型哺乳动物如猛犸象、巨型短面熊、剑齿虎等灭绝，随后南美地区又有大量哺乳动物灭绝。与此同时，北美克罗维斯

---

① 杨睿，赵祺.晚更新世大动物群绝灭之谜［J］.化石，2005（2）：38—39.

仙女木

文化（一种史前古印第安人文化）也在此时消亡"①。

新仙女木事件的成因，至今科学界仍有争议。一些学者以新仙女木事件同期古地层中发现的富勒烯②、纳米钻石、高温燃烧产生的小颗粒等为依据，认为大彗星撞击地球是新仙女木事件发生的主要原因。来自太空的巨大彗星在接近地球时受到地球引力作用，失控之下脱离了原本的运行轨道，向地球扑来。接近地球时，这颗庞大的彗星突然解体，大量碎片突破大气层向地表坠落，密集而巨大的碰撞导致了一场全球性的大火，上千万平方千米的土地都陷入了火海之中。冲天而起的烟尘遮蔽了阳光，燃烧产生的二氧化碳更使一切雪上加霜，一系列连锁反应最终导致全球气温迅速下降，地球再次被关进了"冰箱"。

还有学者认为，巨大的淡水湖决堤才是新仙女木事件发生的真正原因。由于末次冰期的消退，全球气温不断升高，大量的冰川开始消融，曾经沉寂的冰原渐渐能够听到汹涌的水流声。冰雪的融速随着气温的升高不断加快，融化的雪水汇聚、奔流，又再次集结，一个巨大的淡水湖——阿加西湖在加拿大中南部地区渐渐形成。但是天然形成的堤坝并不坚固，随着水位线上升，堤坝所承受的压力很快超出了临界点，在不堪重负之下变得四分五裂。积聚已久的冰雪水奔涌入海，稀释了海水的盐度，导致高纬度地区结冰加速，在降温正反馈机制的作用下，冰面不断扩大，影响了全球的气候，非轨道尺度的降温事件降临地球。③

新仙女木事件的成因还有众多说法。气候变化的驱动机制过于复杂，一只在南美洲亚马孙热带雨林中翩然起舞的蝴蝶，能使远在另一个半球的美国得克萨斯州卷起一场风暴。万年前究竟是什么导致拥有白色晶莹花瓣的仙女木开遍全球？现今很难得出一个精准的论断。

无论如何，当地质时间进行到距今1万年前时，离我们最近的一次冰期接

---

① 丁晓东，郑立伟，高树基.新仙女木事件研究进展［J］.地球科学进展，2014，29（10）：1095—1109.

② 富勒烯，即C_{60}，是一种形似足球的碳分子，被认为是超新星的产物。

③ 河森堡.进击的智人［M］.北京：中信出版社，2019.

近了尾声。在温暖阳光的照射下，吸收了足够热量的冰川缓缓融化，海平面不断上升，喜好湿热环境的植被向高纬度地区步步迈进，一切都显得那么欣欣向荣。看到这样生机盎然的画面，我们理所当然地认为，此种环境对经历了凛冽寒冬的所有物种来说，都不亚于天堂。

事实并非如此。与逐渐降温的冰期不同，向间冰期过渡时的气候波动极不稳定，骤暖骤寒的极端气候频频出现，新仙女木事件只是此环节中典型的一种，动物在"频频变脸"的大自然面前无所适从。根据科研人员的研究，第四纪末期动物群灭绝事件发生在距今15000年前至8000年前，"该阶段正好是更新世——全新世的过渡阶段，是全球气温的升高阶段，其间出现过短暂的大规模气候波动，从而导致全球性大哺乳动物灭绝、矮化及骨骼变形等"[①]。

我们能够理解动物在极寒的冰期大量灭绝，毕竟很多物种都难以抗衡足以冻结生命的寒冷气流，但是，为什么一些平安度过冰期浩劫的物种，在适宜生命繁衍的温暖气流中倒下？从生活在北半球的巨兽身上或许能更好地发现这种温暖的"杀伤力"。

在距今10多万年前的更新世晚期，末次冰期降临，地球又一次受到了极冷空气的洗礼。为了应对寒冷的气流，动物纷纷进化出应对这一切的"装备"，厚厚的皮毛和庞大的体形使它们在极端环境中获得了生存的机会，但这些应对极寒气候的有效武器，在全新世的升温事件中，成为阻碍它们延续种族的累赘。

在冰期，北极圈附近极速蔓延的冰盖锁住了越来越多的水汽，邻近地区的气候变得寒冷而干燥，地表被耐寒的植被覆盖。茂盛生长的干草原为在这里生活的动物提供了充足的食物，而厚实的皮毛又使这些巨兽很难感受到肆虐的寒意，"衣食无忧"之下，酷寒的气候在它们的眼中不再可怖。然而，无论这些冰河巨兽在此种环境中多么如鱼得水，无情的大自然都不会进行特殊照顾。进入全新世，气候日渐温暖。进化出适应寒冷的武器，需要许多代物种不断演替，

---

① 同号文，刘金毅.更新世末期哺乳动物群中绝灭种的有关问题［C］//董为.第九届中国古脊椎动物学学术年会论文集.北京：海洋出版社，2004：111—119.

而急速升温的气候，不会给这些物种留出解除"武装"的充足时间。

寒冷与干燥如影随形，而温暖与湿润相伴而生。充足的热量使大量的水分被蒸发，空气中的湿度不断攀升，喜暖喜湿的植被终于有了"用武之地"，高大的树木很快替代原本的旱生植被，成为这里的新居民。

夏季，茂密的植被吸引着喜好在此种环境中生活的动物陆续迁徙而来，由于食物充足，新来的种群迅速壮大，与原本在这片土地上生活的动物展开了激烈的领地争夺之战。如果以为到了冬季，"原住民"会因骤降的气温获得喘息之机，那就错了。事实上，冬季的到来更加速了这些耐寒巨兽的灭亡。尽管喜湿热环境的动物在感知到冷空气的触角时就已退出角逐，将广阔的空间还给"原住民"，但大环境的改变已不可逆转。与能够自由移动的动物不同，植物"迁徙"的时间极为漫长，一个完整的四季轮回绝无可能使它们做出大的改变，这种情况在万年来降下的最大一场雪中，给冰河巨兽造成了致命一击。

在冰期，尽管气候寒冷，但空气中的水汽并不充足，即便是在相对湿润温暖的夏季，降水也极为稀少，更何况是在更为干燥的冬季。但到了间冰期，一切都变得不同了。气候的转暖使空气中水分子的含量大大增加，万年以来不曾改变的冬季景色出现了重大的转变，大量的水蒸气汇聚成云，与湿冷气流相遇后，迅速发生凝华反应，鹅毛般的雪片飘飘洒洒，很快就在地面上堆积了厚厚的一层。雪花是一种体态轻盈的冬之精灵，被无瑕洁白覆盖的大地真的很美，但是，当这种美超过了临界点后，一切就变得不再那么美妙了。

进入全新世后下的第一场雪，雪花的身躯不再轻盈，而是充满了质感，厚实的雪花覆盖了大地，植被不堪重负，纷纷弯下了腰，一些新生的枝杈还不够坚韧，在顽强地抵抗了一阵后发出咔嚓一声，折断了。那些相对低矮的灌木和草本植物，早已被积雪覆盖，只能在彻骨的寒意里艰难地喘息。昔日的冰河霸主步履变得格外艰难，厚厚的雪层将它们赖以维持生命的食物深深掩埋，它们为适应冰期环境而进化出的适食干草的"工具"，在辽阔的雪原上再难发挥出威力，饥饿让动物在令人绝望的白色世界里纷纷倒下，无数物种就此消失。

无论是冷气流，还是暖气流，其强度超过一定限度时，都会使物种受到威胁，这一点对大熊猫来说，也不例外。更新世晚期—全新世这一时段频繁波动的冷暖气流，对包括大熊猫在内的众多物种都造成了不可磨灭的伤害。它们中的一部分，生存空间被无限压缩，但仍幸运地存活至今，如大熊猫，但更多的成为泯灭在时间长河中的烟尘，如大熊猫的古老伴生动物——剑齿象。

不断扩张的人类领地

进入第四纪以来，冰期与间冰期的交替已成常态，为什么大熊猫祖先能够在这种频繁更替的环境里不断演化，将熊猫王国的版图从云南一隅之地扩张至大半个中国，而进入气候温暖的全新世后"丧师失地"，成为"苟且偷安"的"末路英雄"呢？关于这点，我们很难忽视人类在其中所起的作用。

人类自从学会制造、使用工具以来，狩猎技术迅速提升，在漫长的岁月中，生产力水平逐渐提高，随之而来的是人口大幅度增长。中国古代是以农业生产为主的农耕社会，土地作为最基础的生产资料被大量开垦，满足了日益增长的人口的需要。然而，人类的扩张难免会危及其他物种的生存空间。在这个过程中，山川、竹林遭到破坏，以此为繁衍地的大熊猫受到了严重威胁，不得不放弃原有的家园，退缩到更为安全的环境中，寻求更合适的栖息地。

在相对和平的历史时期，生产技术的改进以及经济的发展会促使人口数量大幅度增长，这就需要更大面积的土地来容纳不断增加的人口。

西晋时期的皇甫谧在所撰的《帝王世纪》一书中记载，在上古大禹时代，有"民口千三百五十五万三千九百二十三"。这个数据当然是不可靠的。学界广泛认同的数据是东周庄王十三年（前684）统计的，有"一千一百八十四万七千人"。[①]

两汉时期，中国人口数量在秦代"二千余万"的基础上继续增长，这也是中国人口生育的第一个高峰期。据《汉书·地理志》记载，汉平帝元始二年（2），

---

① 倪方六.古代中国人口知多少［J］.人民周刊，2016（13）：85.

"民户千二百二十三万三千六十二，口五千九百五十九万四千九百七十八"①。

就是在这一时期，大熊猫分散于河南、湖南、湖北、贵州、云南等地。秦汉时期，气候比较温暖，竹子广泛分布在黄河流域，比现在的分布区域要偏北2～3个纬度。大熊猫有了丰富的食物来源。秦、汉朝廷虽有多次移民活动，但大多数移民都是到达今河套、内蒙古鄂尔多斯市东部等地区，从事农业生产，开发边疆，对大熊猫的影响不是很大。受影响最大的是位于陕西地区的大熊猫，它们在人类刀耕火种的压力下，退回更加安全的地区。

魏晋南北朝时期，中国进入了持续近400年的寒冷期。据北魏贾思勰《齐民要术》记载，这一时期，华北地区的物候现象和农作物生长时间均比现在晚了大半个月。②北方少数族群一直过着游牧、狩猎生活，寒冷的气候使他们无法继续进行生产活动，遭受巨大的生存压力，而南方有舒适的生活条件，于是，匈奴、鲜卑等族群纷纷举兵南下，抢劫南方的土地和资源，爆发了旷日持久的战争，使中国人口大规模减少。人类的战争毁灭了人类自己的家园，对大熊猫栖息地的毁灭同样巨大。

西晋"八王之乱"后，朝局动荡，经济遭到严重摧残，社会矛盾异常尖锐，不久又爆发了"永嘉之乱"，匈奴首领刘渊与其子刘聪先后三次率军进攻洛阳，后又攻入长安，俘获晋愍帝，灭亡西晋。西晋灭亡后，北方少数族群先后建立了政权，大批汉人往南方迁徙，这一历史事件被称为"衣冠南渡"。大批人口迁徙到南方，带来了先进的种植技术、生产工具以及管理经验，也传播了中原文化，对南方经济发展大有裨益。然而，短时期内大量人口涌入，势必要求更多的耕地被开垦，山林被开垦成了耕地，因而，南方地区大熊猫的栖息地面积进一步缩小。

隋唐时期，中国的政治、经济、文化一度达到当时世界上的高峰，社会相对安宁，农业发展较快，出现了"贞观之治"和"开元盛世"的繁荣局面，促

① 孙筱.秦汉时期人口分布与人口迁移［J］.中国人口科学，1992（4）：44—48.
② 范庆斌，叶玮.历史时期气候变化对中国古代人口的影响［J］.安徽农业科学，2014，42（9）：2833—2836.

进了人口的快速增长。唐玄宗天宝十四年（755），全国人口数量有5200多万人。[①]隋唐时期，气候温暖，北方边疆高纬度地区的气候也适宜农业种植，大批人口迁徙边疆开垦荒地，河西走廊地区得到大规模开发，宁夏北部引黄河水灌溉农田，农业得到长足的发展，甘肃的宁县、庆阳一带还出现了小麦丰收。

人类的开垦活动进一步对甘肃等地的大熊猫生存环境造成了影响。这是一片山清水秀的世外桃源，有着葱葱郁郁的竹林和甘甜的山泉，大熊猫家族祖祖辈辈都生活在此。有一天，一群身穿布衣的人类，提着镰刀、斧头闯进了森林，放火烧山，砍伐竹林，在山泉边搭建起一座座房屋……在人类锋利的"刀刃"下，大熊猫惊恐地再一次退让。

唐玄宗末期爆发的"安史之乱"，将北方少数族群再一次引入中原，大量人口南迁，四川是最重要的迁入地之一，这对巴蜀地区大熊猫栖息地的生态环境产生了巨大的影响。

五代十国时期，北方少数族群大举南下，战争卷土重来，给人类社会和自然界造成了不可估量的打击。北方人口为躲避战火，南迁至闽、粤、湖、川等地。五代末，南方人口超过北方人口，全国人口总数达到2828万人。

自东汉末年至唐末五代，这些历史阶段爆发的大部分战争都发生在北方地区，战乱使得北方人口不断南迁，对南北两地的大熊猫影响很大。受到战争的影响，原先活动在北方地区的大熊猫栖息地不断缩小，甚至消失，而南方的大熊猫由于人口大量迁徙不得不缩小生存活动的范围。

宋金、宋元的多次战争损耗了巨大的人力、财力，对自然环境的破坏也不容忽视。不过，当时生产技术的进步促进了农业的迅速发展，人口数量增长加快。宋元时期气候相对温暖，我国北方农业种植区延伸到今宁夏同心以北、内蒙古口温脑儿地区。[②]

明清时期，大一统的强权政治促进了经济的快速恢复，农业生产技术得以

---

① 邓兴普.中国的人口与经济发展［J］.历史教学，2011，628（15）：58.
② 何凡能，李柯，刘浩龙.历史时期气候变化对中国古代农业影响研究的若干进展［J］.地理研究，2010，29（12）：2289—2297.

大幅度改进，而玉米、马铃薯等新型农作物的引进和推广，又使粮食总产量显著提升，人口数量增长十分迅速。明万历六年（1578），全国有69960000多人。清代人口数量爆发式增长，到咸丰元年（1851），全国有431890000多人。[①]

清朝的建立伴随的是与明朝军队的战争，大批满人迁入内地，中原人口为躲避战乱选择南迁，部分人口迁移到台湾、云贵等地，这些新迁入的人口，当然会对当地原有自然环境的和谐造成或多或少的破坏。

人口迁移与战争对大熊猫的影响，无法从有限的历史资料中找出具体的数据支撑，然而，通过对大熊猫繁衍地的分布变迁，与中国历代人口的迁移进行对照，可以得出"大熊猫在人类的压力下一步步缩小生活空间"这样的结论。

总的来说，中国古代处于和平时期时，社会稳定促使经济快速发展，导致人口爆炸式增长，迫切需要开垦出更多的土地，山川湖泊的破坏使大熊猫的栖息地不断缩小。中国古代进入战争时期，战争的破坏性延伸到自然界，战乱地人口（通常是北方人口）不断迁徙到和平地区（通常是南方地区），促使当地生产技术不断提高，大量土地被开垦，人类活动范围的延伸对当地大熊猫栖息地的破坏，不言而喻。

人类向平原、山谷、较为平缓的山坡等一切适宜开垦、居住的地方进军，成片的树木纷纷倒下，被绿意覆盖的大地渐渐变得裸露。栖息在丛林中的鸟儿冲天而起，嘶鸣不断，类似大熊猫这样的森林"原住民"惊慌地望着面目全非的昔日家园，几番留恋徘徊，向人类势力更难触及的深山迁徙。

根据科研人员的研究，现生大熊猫曾广泛地分布在今湖北、贵州、云南、福建、重庆、广东、广西、河南、浙江、北京、湖南、河北、山西、四川、陕西、甘肃等地，由于受到人类的影响，它们退缩到如今的四川、陕西和甘肃等地区。[②]

① 张民服，路大成.试析明代的人口分布［J］.中州学刊，2012（1）：131—134.
② 张明，袁施彬，张泽钧.大熊猫地史分布变迁初步研究［J］.西华师范大学学报（自然科学版），2013，34（4）：323—330.

大熊猫化石在中国的分布图

资料来源：四川省地方志编纂委员会编《四川省志·大熊猫志》，方志出版社，2018年

气候变迁与物种兴亡

　　人类与自然界的其他物种共同生活在地球之上，这个美丽的大家园里发生的一切，都与我们息息相关。46亿年的时间长河奔涌不息，决定物种生死存亡的气候变迁不停，复杂多变的气候使被其紧密包裹的生命饱经雕琢，散发着璀璨夺目的光芒。气候主宰着地球上所有物种的生死，一切生物都难以摆脱气候的影响，就如第四纪冰期中在气候指挥棒下迁徙、演化、兴衰的物种一样。哪

怕是后来站在食物链顶端的智人，在很大程度上仍受到气候的操控，尤其是在其初登历史舞台的阶段。

20多万年前，智人出现，在自然界中的地位稳步攀升，很快从处于食物链较低层的窘迫局面中摆脱。尽管如此，在面对第四纪急剧波动的气候环境时，智人的力量仍然弱小，就像一只蚂蚁面对一头大象。悬殊的力量对比迫使智人为延续种族不断进化，可以这样说，是环境造就了智人。

早期智人以狩猎为生，这使他们受环境影响颇深。在复杂多变的气候中，猎物总是在不停迁徙，智人种群因而不能总是待在一个地方。当猎物逐渐消失时，智人就会受到饥饿的威胁，不得不离开原有的活动区域，向另一个地方迁徙，以寻找合适的生存地。就这样，在不断的迁徙中，广阔的大陆上拥有了智人的足迹。在寒冷的冰期，为了提高生存能力，智人通常集体行动、分工协作，在长期的演化中渐渐拥有了独特的沟通方式——语言。语言的诞生使智人的群体意识大大增强，信息与经验也能被更好地传递，文明就这样一步步出现了。

进入更新世晚期，波动的气候使智人的生存面临极大的挑战，在冰期最盛阶段，大量的物种受此影响逐渐灭绝，智人的采集狩猎活动受到极大限制，不得不努力寻找新的食物。正是在这一过程中，人类的生产技术得到了极大飞跃，一种诞生自土与火之中的伟大发明，改变了人类的饮食结构，加速了农业文明的到来。这一发明，就是制陶技术。

"多种证据表明，最早的陶容器在距今2万年前后在末次冰期最盛期时首先出现于我国南方腹地。制陶的理念与技术在我国南方江南丘陵区起源之后，在几千年的时间内凭借当时南方狩猎—采集群体的社会网络扩散……"① 制陶技术的出现，使人类制作食物的方式发生了较大的改变，在此之前，人类想要吃熟食只能通过火烤，而现在，他们点亮了一个新的技能——煮食。

把水倒入陶容器中，然后放进食物，点火加热，水很快沸腾起来，食物也开始散发出诱人的香气……新的食物加工方式，使智人将视线投向一些此前不

---

① 陈宥成，曲彤丽.中国早期陶器的起源及相关问题［J］.考古，2017（6）：82—92+2.

水稻

被纳入食谱的食物，而在恶劣的气候中，食物选择范围的拓宽，对物种延续的重要意义不言而喻。

在新增的众多食物中，一种对人类命运产生关键作用的植物——水稻，赫然在列。或许在寒冷的冰期，这一植物发挥的优势还不够明显，但随着全球气温逐渐升高，水稻在进入全新世后的间冰期里产生的能量足以举世瞩目。

早在时间的车轮行进至距今100万年前的时刻，大熊猫种群就迎来了发展的繁盛时期，适宜的气候使数量不断增加的巴氏大熊猫随食物不断扩张，广阔的天地里出现了它们的身影。然而，气候对地球上所有的物种都一视同仁，并不会偏爱大熊猫，人类在同样的环境里也有了飞速发展。自然界以残酷的法则淘汰物种，两者的相遇只会使弱势的一方陷入被动。

经考古研究，在柳江人、奉节人、马坝人、长阳人、官渡人等众多智人时期的遗址中，都发现过巴氏大熊猫化石或亚化石，这些丰富的化石中还保留着比较完好的材料。这些自人类遗址中出土的熊猫标本上，大多有砍痕以及非自然因素造成的折断痕迹，据此可以推知，大熊猫与人之间，已从早期的和谐相处演变成了从属关系，在飞速进化的人类面前，大熊猫和其他野生动物一起，变成了人食谱上的成员。

如果仅仅是被人类猎食，野生动物的命运还不会沦落到如今几乎绝迹的地步，毕竟在人类出现前的漫长时间里，它们已经适应了自然的法则，拥有了属于自己的生存智慧。那么，是什么让大熊猫这样的野生动物在全新世温和宜居的气候里走上了绝路？

间冰期的存在为智人种族的繁荣提供了一个平台，随着新仙女木时期渐渐远去，人类的时代终于降临。进入全新世后，适宜的气候使成功度过冰期的物种迎来了欣欣向荣的发展时期，这些物种中一些毫不起眼的禾本科植物迅速繁衍，很快各大洲都出现了它们的身影。这些植物在智人种群中引发了一场革命，使农业文明在不同地区相继出现，迅速席卷全球。

今天，这些植物随处可见，为地球上数量庞大的智人种群提供源源不断的能量，它们就是水稻、小麦、玉米、大麦等粮食作物。正是这些植物，使不断

小麦   大麦

流浪的智人停下了脚步，于是，村庄出现，部落形成，国家诞生。

　　光阴倏忽逝，沧海变桑田。经过岁月的洗礼，地形、地势不断发生变化，山脉隆起、河流改道、荒漠扩大……这些经年累月的改变对气候有着极大的导向作用。

　　以大熊猫栖息的中国为例。全新世时期，青藏高原与今天见到的样子没有大的差别，平均海拔4000米以上的"世界屋脊"，坐落于中国的西南方位，在东亚与旧大陆的西方之间竖起一道天然的屏障。隆升的青藏高原导致亚洲的季风环流发生了巨大的改变，使我国的东部与南部处于比较温暖湿润的季风气候环境下。[①]

---

① 赵学敏.大熊猫：人类共有的自然遗产［M］.北京：中国林业出版社，2006：42.

这样的气候适宜粮食作物生长，在湿润温暖的环境里，野生水稻迅速繁衍，在人类食物中所占的比重越来越大。中国的先民在长期的实践中学会了"驯化"这些植物，为己所用。在中国发现的众多新石器时代稻作遗址中，位于长江中下游的居多，其中最具代表性的是距今7000年左右的河姆渡遗址。河姆渡遗址位于浙江余姚，遗址中发现了大量人工栽培水稻的痕迹，还出土了绘有水稻花纹的陶器。

由此产生联想，由于南方地区气候温暖潮湿，水稻种子储藏困难，远古的祖先将陶土捏制成型，然后点燃木柴，用火烘烤。由于技术不够成熟，大量的失败品被废弃，但总有一部分完好的陶器成功诞生。经高温烧制的陶器密闭性好，能够隔绝水汽，放置其间的种子得以在良好的环境中静待下一次耕作时节的到来。

农耕文化对中国的影响是极为关键的，它使先民从与自然紧密联系的共生关系中走出，欲望膨胀，开始了征服自然的旅途。人类驯化了水稻，水稻也束缚了人类。风调雨顺的时节，水稻的产量相对更高，人口数量在这段时间极速增长。但是，这样一来，人们不得不花更多的时间来耕作，以满足多出来的人口需求。一块土地的产量是有限的，除了不断提高耕作水平，培育更加高产的水稻，人们还需要更多土地来种植粮食作物。于是，土地上原本的植被逐渐消失，取而代之的是大片承载农民希望的田地。

身处农业社会中，人类将自己与自然界中的其他物种区别开来，"从一片荒野中，劳心劳力刻意打造出一个专属人类的人工孤岛"，充分利用各种手段，"一心防止各种杂草和野生动物入侵，就算真的出现闯入者，也会被再赶出去。赶不走的，下一步就是消灭它们"。① 在这样的大环境里，巴氏大熊猫的栖息地被人类一步步蚕食，成片的栖息地变得破碎，原本畅通的迁徙道路逐渐封闭，在人类的步步进逼之下，巴氏大熊猫区域性消失，最终彻底退出了历史舞台。

---

① ［以］尤瓦尔·赫拉利.人类简史：从动物到上帝［M］.林俊宏，译.北京：中信出版社，2017.

在这场自然与人类的战争中，人类似乎是获胜者，但实际上，在决定物种兴亡命运的大气候里，人类并不能总是获得胜利。进入全新世后，造物主的心情总体上很愉快，但消沉的情况依旧时有发生。

农业革命使人口数量得到大幅度增长，但也使人类应对气候变化的能力大大减弱。在采集狩猎时代，人们跟随猎物迁徙，种群数量保持在一个平衡的状态，不会过多，也不会太少。农业社会则不同，相对稳定的环境使大量的人口聚集在一起，形成国家，人口的数量和密度都远远超过了采集狩猎时代。大量的人口被束缚在土地上，一旦极端气候出现，人类文明的根基就很可能被动摇。

17世纪时，整个欧洲"进入了一个经济衰退、粮食减产、死亡率上升、社会叛乱频发的时代"。在17世纪末，"一次大饥荒可能消灭了法国全国人口的10%"，"全英国1/4的人口处于极度贫困的状态"，一场波及面极广的特大饥荒使"芬兰全国人口消失了1/3"。更为可怕的是，这种现象几乎覆盖整个地球，根据学者乔弗里·帕克的研究，"当时全球可能有1/3的人口在频繁的战乱、饥荒和瘟疫中消失"[1]。

"早在1973年，竺可桢就指出我国最近几个世纪以来的寒冷期是公元1470年至1520年、公元1620年至1720年和公元1840年至1890年，最低气温出现在公元1650年前后"[2]。在这段离我们最近的"寒流"中，中国社会的混乱是其他气候温暖时期罕能见到的。

以明末为例。从夏朝到今天，4000多年里，明末的气温是最低的。这种极端气候引发的天灾数量达到了令人难以置信的程度，根据历史学家邓拓先生的统计，"整个明朝276年的历史中，全境内共计发生各类天灾1011次，平均每年发生3.7次"[3]。明末频繁发生的天灾成为"压死骆驼的最后一根稻草"，使这个曾经的庞然大物轰然倒下。

---

① 河森堡.进击的智人［M］.北京：中信出版社，2019.

② 刘嘉麒，倪云燕，储国强.第四纪的主要气候事件［J］.第四纪研究，2001（3）：239—248.

③ 河森堡.进击的智人［M］.北京：中信出版社，2019.

极寒气候剥夺了农作物生长所需的水分，于是旱灾发生，粮食减产、绝收，饥荒出现。干旱同时会引发一系列可怕的后果，这其中，有一种灾难使人类如临末日，制造这种灾难的魔鬼就是蝗虫。并非所有的物种在寒冷的气候中都会面临劫难，蝗虫就会在干冷的气候中迎来种族兴旺。条件适宜时，一只雌蝗虫能够产下上千粒虫卵，但这些虫卵并不都有机会发育为成虫。一般情况下，它们成功孵化的概率是极低的，对它们生长不利的一个因素就是降水。湿润的土地能够帮助微生物繁殖，这对虫卵的发育不利，而丰沛的降雨能够对飞蝗的幼虫发动物理攻击，积水甚至能够将虫卵淹死。干旱时，一切对蝗虫不利的因素都消失了，大量的虫卵被成功孵化，它们集结成群、迅速繁衍，族群像滚雪球一样迅速壮大，吞噬一切植被。

干旱对大熊猫族群的影响也显而易见，这种影响直接作用在竹子上。长期的干旱使竹子的光合作用减弱，使其代谢氮元素的能力降低，糖浓度随之增高，这为开花奠定了基础。根据研究，竹林开花正是气候干旱的体现。[①]

物种早在成千上万年的演化中明白了大自然的规律，在面对匮乏时，它们会选择将矛盾向别的方向转移，人类深得这一规则的精髓。伴随着饥荒，战乱频频发生，为了生存，人类爆发出所有的能量。和平随着极端气候的过去重新降临，但无论是战争年代还是和平年代，人类的活动都对大熊猫的栖息地造成了难以逆转的破坏。大熊猫的分布范围逐渐缩小，分布的海拔在不断增加，它们一步步退却，最终将家园安置在人类难以到达的地方，那就是中国西部的深山密林。在这里，它们小心谨慎，具有丰富打猎经验的山民也很难发现它们的踪迹。

气候左右着地球上所有物种的命运。有一段时期，人类以为自己是所有物种中特殊的存在，但现实给了骄傲的人类狠狠一击。在全球气候变暖的压力下，人类重新审视自身在地球上所处的位置，与包括大熊猫在内的其他物种共同分享自然的慷慨馈赠，与气候握手言和。

---

① 河森堡.进击的智人［M］.北京：中信出版社，2019.

第二篇

走出

国 门

第一章 来自法国的传教士

扩张的资本

如今，随着科研力量的不断增强，人类对这个世界的认知水平越来越高，在大熊猫研究领域更是有了长足的进步。经过对古大熊猫分布范围与古气候环境的研究，人们发现大熊猫对环境有着极强的适应性，它们既能在相对寒冷干旱的环境中生活，也能在温暖湿润的亚热带森林中栖息。大熊猫这一物种的扩张性很强，历史上巴氏大熊猫的庞大王国也证实了这一点。

不过，大熊猫在人类面前只能甘拜下风，沦落到被支配的地位。大脑的进化使人类在面对自然灾害时能够采取相当丰富的应对措施，而集体智慧产生的能量更使包括大熊猫在内的其他动物望尘莫及。随着生产力水平不断提高，人类从大自然中感受的束缚力越来越弱，在很长一段时间内，至少在因发展造成的破坏力超出地球"容忍度"之前，人类都处在"登顶"的状态之中。

地球上的其他物种不得不暂时妥协退让，以避人类的锋芒，大熊猫不得不暂居深山，过上了隐居的生活。在大山里悄然出没、繁衍生息之时，大熊猫不会知道，一个致命的威胁正在遥远的西方国家暗中酝酿，以惊人的速度蔓延，将触角延伸至熊猫的国度。

人类学会种植之后，过往游猎式的漂泊状态被打破，一个新的时代降临。在农业文明时代，适宜的气候、富饶的土地为中国提供了优越的自然条件，在千年时光的沉淀下，一个庞大的农业王国屹立于世界的东方，成为西方国家遥不可及的"黄金之国"。几个世纪的光阴倏忽而过，遥远的西方社会发生了天翻地覆的变化，东西方的差距在极速扩张的资本面前不断缩短，又逐渐扩大，一个比农业文明更先进的工业文明时代的大幕缓缓拉开。

1689年，英国议会通过了《权利法案》，君主立宪制逐渐在英国形成，自此，英国摆脱了禁锢资本主义发展的封建专制制度，走上资产阶级政治民主化的道路。来自上层建筑的力量极大地推动了英国经济的发展，越来越多的殖民地使英国积累了大量的财富。这些财富急速增长，广阔的海外市场使英国的商品供不应求，这时，生产技术的变革就显得迫切。

18世纪60年代，一种一次能纺出多根纱线的纺纱机，被一个叫哈格里夫斯的纺织工发明出来，这就是大名鼎鼎的"珍妮机"。珍妮机的发明在新兴的棉纺织领域引发了一场发明创造的风暴，这场风暴迅速扩张到其他领域，一场轰轰烈烈的工业革命就此展开。

新事物最初出现的时候都有这样或那样的缺点，但不影响人们对新事物的热情，正是这种不完美，使新事物有着极强的生命力和可塑性。"珍妮机"仍然需要人力作为其运行的动力，不能很好地解放人的双手，一种以水为动力的纺纱机诞生了，这种纺纱机能够利用水力带动机器运转，但仍然会受到自然条件的制约，不够便利。

一个名叫瓦特的英国机械师将目光投向用于抽干矿井中积水的早期蒸汽机。经过多年的刻苦钻研，瓦特在前人的基础上对蒸汽机进行了改良，改良后的瓦特蒸汽机能够产生巨大的动力且摆脱了自然条件的制约，在纺织领域推行开来，以极快的速度应用于其他领域，使工业革命进入一个崭新的阶段。人类开始进入"蒸汽时代"。

这场发自英国的工业革命，很快扩展到欧洲大陆和美国等地，法国就是最早受到工业革命影响的国家之一。早在1789年法国资产阶级大革命爆发前，法国受到本国资本主义经济的发展及英国工业革命的影响，出现了工业革命的萌芽。资本主义的发展使资产阶级在经济上变得富裕，但在政治地位上仍然没有话语权，日益加剧的矛盾最终导致法国大革命爆发。

1789年至1794年的法国大革命，使封建专制制度在法国被彻底瓦解，法兰西第一共和国建立，为资本主义工业化扫除了障碍。然而，作为大革命结束标志的"热月政变"并没有使法国从此走上国富民强的道路，反而使国内物价飞涨，经济陷入混乱，各地叛乱频发。欧洲各国为了对抗大革命后新兴的法国，纷纷结成同盟，进攻法国。法国需要一个强有力的政权来摆脱困局，于是，拿破仑·波拿巴来了，这位传奇帝王在法国甚至世界的历史上留下了浓墨重彩的一笔。

1796年至1797年，作为驻意大利法军司令的拿破仑，率领军队和第一次反法联盟军队作战，取得了辉煌的胜利，成了法国人民心目中的英雄。1799年11月9日，拿破仑发动"雾月政变"，建立了一个新的执政府，并采取一系列措施积极发展工商业和农业。此时的法国仍然面临第二次反法联盟军的威胁，拿破仑原本寄希望于和谈，但联盟国没有同意，英国国王声称实现和平的唯一途径就是让法国王室复位。无数人用鲜血换来的大革命成果，如何能被颠覆？拿破仑勃然大怒，1800年至1802年，他率领军队和第二次反法联盟军队作战，瓦解了第二次反法联盟。

之后，拿破仑借着短暂的和平期迅速展开多项改革，运用多种手段镇压了保王党的复辟运动，为了加强中央集权。他实行铁腕统治，一边扼杀法国大革命的民主成果，一边保护资产阶级的本质利益，最终在1804年建立了法兰西第一帝国，成为资产阶级的帝王。拿破仑的执政为工业革命的继续发展创造了条件。他于1804年颁布的《民法典》（后被称作《拿破仑法典》）第一次确认了资产阶级民法的基本原则，通过立法来保障资产阶级的利益，保护资本主义工商业的发展。

法兰西第一帝国建立不久，拿破仑带领军队和欧洲的反法联盟军重新开战。

1805年至1809年短短5年间，他率领军队先后击溃了第三次、第四次、第五次反法联盟，确立了法国在欧洲的霸主地位，创造了一个辉煌的"拿破仑时代"。通过战争的铁蹄，法国大革命的一些成果推广到被拿破仑征服的欧洲国家，《拿破仑法典》也在一些国家推行开来，欧洲社会从中世纪向近代过渡的进程大大加速。

不断扩张的法国使欧洲的其他国家感到恐慌，更多的国家联合起来，抵抗法国的扩张。1814年，以俄国为首的联盟军攻入法国首都巴黎，拿破仑被迫退位，复辟的波旁王朝与反法联盟签署了《巴黎和约》，欧洲各国终于在第六次反法联盟中取得了对法国的第一次胜利。不过，被流放到厄尔巴岛的拿破仑很快完成他传奇一生中最后的辉煌——"百日崛起"。

1815年3月，拿破仑从厄尔巴岛逃回巴黎并再次登上皇位。欧洲各国大为震惊并迅速组成第七次反法联盟，一时间，近百万名联盟军如潮水般向法国涌来。重掌政权的拿破仑仓促之间只组织起不足20万人的迎战军队，这些军队甚至没有整齐的军装和武器。1815年6月，这两支力量悬殊的部队最终在比利时境内一个叫滑铁卢的地方交会。这一次，这位打了40多次胜仗，创造了无数荣光的帝王没能力挽狂澜。将所有希望都寄托于此战胜利的拿破仑失败了，他传奇式的军事、政治生涯就此画上句号，余生他将在大西洋上的一个荒岛度过。

此后，波旁王朝再次复辟，封建反动势力卷土重来，资产阶级受到了暴力镇压。尽管连年的战争和动荡的局势使工业革命在法国开展得极为缓慢，但是，作为一种拥有旺盛生命力的新事物，资本主义具有极强的力量，这种力量涌动在高压的统治之下，伺机爆发。

时机很快来临。1830年7月，起义的巴黎人民推翻了波旁王朝，大资产阶级借助这次起义，建立起新的王朝——七月王朝。这一时期，大资产阶级兴旺发达，中小资产阶级分化，工人阶级处于极为恶劣的环境中。随着时间流逝，社会矛盾越发激烈，频频发生的社会运动宣告了七月王朝的终结。1848年2月，法兰西第二共和国建立，但这一政权仅存在了4年。

1848年12月当上共和国总统的路易·拿破仑（拿破仑·波拿巴的侄子）一

开始就怀有称帝的野心，经过4年精心筹备，于1852年12月2日正式建立了法兰西第二帝国。这位被称为拿破仑三世的皇帝，以强力的手段稳定了法国国内的形势，又推行种种鼓励工业发展的政策，为工业革命创造了良好的环境。19世纪60年代后期，法国的重工业、机器制造业迅速发展，第一次工业革命基本完成。

迅速发展的资本主义经济需要更加广阔的舞台，机器大工业生产出的大量产品需要更大的市场来消化，工厂也需要更多的原材料进行生产，资产阶级疯狂地在全世界拓展市场，抢占殖民地。

拿破仑三世吸取了法兰西第一帝国的教训，在不触怒英国的前提下进行了扩张。19世纪50年代，拿破仑三世支持建筑苏伊士运河，希望缩短亚洲与欧洲的距离，更好地向东方扩张。1869年正式通航的苏伊士运河，沟通了红海与地中海，成为一条具有重要经济意义和战略意义的国际航运水道，为法国扩张至埃及和亚洲的贸易提供了极大的便利。此外，法国还与英国等国达成联盟，向俄国宣战，引发了克里米亚战争并成功打败俄国，与英国共同获得对中近东的控制权。法国扩张的脚步蔓延至远东地区，如1856年与英国联手发动第二次鸦片战争，取得在中国的特权就是其中的一步。

伴随着不断扩张的资本，一个对大熊猫命运产生至关重要作用的法国传教士——阿尔芒·戴维来到了中国。

动荡的中国时局

1862年2月，36岁的戴维神父受巴黎天主教遣使会派遣，在马赛港登上了前往中国的海船。尽管旅途艰险，前路未知，但终于达成所愿的戴维心情激动，看着一轮红日从茫茫无边的大海上升起，他知道，一段与过去36年完全不同的奇妙旅程将在他的人生中展开。

5个月后，这位来自法国的传教士终于踏上了中国这片古老的土地，经过漫长而又艰辛行程的戴维，丝毫不觉疲惫，他迫切地期望亲手揭开笼罩在这神秘的东方大国之上的面纱。然而，此时的中国并非一片祥和，昔日的繁荣景象已不复存在，战火四起，新旧思想正在激烈地碰撞。

1840年，英国侵略者用炮火强行打开清朝闭关锁国的大门，以天朝上国自居的清政府从美梦中醒来，被迫面对落后于西方的现实。这场由鸦片引发的战争后来被称为第一次鸦片战争，其后果是领土主权遭到破坏的中国被卷进世界资本主义的旋涡之中，成为商品市场和原料产地，沦为半殖民地半封建社会。

阿尔芒·戴维（资料来源：海伦·佛克斯译《戴维日记》）

第一次鸦片战争结束后，西方列强与清政府签订了一系列不平等条约，加快了对中国的掠夺。侵略者的欲望是不可能被满足的，在提出的荒唐要求被清政府拒绝后，列强决心对中国发动一场新的战争。

英国开始寻找借口挑起战争。1856年10月，广东水师千总梁国定在一艘名叫"亚罗号"的走私船只上逮捕了两名海盗和十名涉嫌走私的中国水手。这是中国的内政问题，但英国驻广州代理领事巴夏礼称"亚罗号"是英国船，捏造事实，威胁清政府的两广总督叶名琛答应一些无理要求。叶名琛起初还据理力争，但在咄咄逼人的侵略者面前，怕扩大事态，故而妥协了。此举助长了侵略者的嚣张气焰，英国侵略者按照事先预谋，派军舰闯入中国的海口，发动了战争。

为了使侵略扩大化，攫取更多的利益，1857年，英国向法国提出了联合出兵的要求。此时的法国在远东的影响力还很微弱，主要的侵略目标是越南，为了使英国支持其在越南的行动，同时取得天主教在中国传教不受干涉的保证以便从中获得利益，法国政府接受了英国的建议。此事还需要一个借口，它们很快想到了之前发生的"马神父事件"。

第一次鸦片战争中签订的《中法黄埔条约》使法国能够在中国通商口岸建立教堂、传播天主教，但是法国并不满足，为了使传教变得合法，利用宗教进行侵略活动，他们纵令传教士私自进入中国内地传教，法国天主教神父马赖就是其中之一。1853年，马神父非法潜入广西西林县，以宗教为掩护进行侵略活动。1856年，接到村民举报的知县张鸣凤逮捕了马神父，查实后依法将其处死。法国公使知道这件事后，向清政府进行交涉，但一直没有结果。这一事件被法国政府利用，拿破仑三世很快任命葛罗为法国驻华全权特使，与英国联手侵略中国。1860年，英法联军攻占了北京，洗劫并火烧有"万园之园"之称的圆明园。第二次鸦片战争以一系列屈辱条约的签订告终，这些条约中允许外国人到中国内地游历、通商、传教的条款，为包括戴维在内的传教士打开了方便之门。

第二次鸦片战争结束后，清政府与英法侵略者勾结，雇用了美国人华尔组织"洋枪队"，共同打击太平天国起义军。在上海青浦，太平军与洋枪队相遇，英勇的太平军奋力出击，取得了胜利，缴获了很多洋枪洋炮，壮大了自己的实力。1862年，太平军再次进攻上海，在太仓地区又与洋枪队展开了激烈的战斗，这次战斗攻破了敌军的30多座营垒，还活捉了敌军的副领队。很快，势如破竹的太平军在浙江慈溪的一场战斗中击毙了洋枪队的组织者华尔，取得了大胜。但是，由于农民起义的种种局限性，1864年7月，在清朝统治者与外国侵略者的联合镇压下，太平天国运动最终宣告失败。

初来中国的戴维四处可见燃起的战火，时时听到战乱的消息。太平天国势力瓦解之后，战争造成的毁坏痕迹依旧明显，戴维在1868年前往四川的途中，凭借冒险家的勇气进入被太平军占领的城市，只见到处是倒塌的墙垣。

动荡局面在广大的中国土地上还要持续很久，戴维要想在中国展开冒险之旅，就必将面对。不过，戴维并不畏惧，他将内心的真实想法记录下来："多年以来，清帝国内部到处都有土匪和武装叛乱，如果要等到和平时期来临后才成行，恐怕就得放弃到远处旅行的念头。"① 不过，刚刚踏上中国这片向往已久的土地的戴维，还没有得到合适的时机展开真正意义上的冒险。从1862年来到中国，直到1866年，他都待在北京的一个遣使会里。初到中国，戴维的愿望是："竭尽所能加入过去三个世纪以来努力使远东地区众多人口皈依基督文明的传教士行列，过艰难但有价值的日常传教生活。"②

传教士或冒险家

1826年9月7日，戴维出生在法国巴斯克地区一个叫作埃斯佩莱特的小镇，他是家中的第二个儿子。戴维的父亲是当地一位有很高声望的人，是一位医生，也是一位庄园主，他对医学和各种动植物具有很大的兴趣。天气晴朗的时候，他会领着家人在乡间小路上漫步，假期会带孩子去旅游，以培养他们对自然万物的兴趣。

受到父亲的影响，聪明好学、活泼好动的戴维很快就沉醉在神奇的大自然之中，他时不时带上猎枪去捕猎，捕捉各种昆虫以及采集各种植物，耐心、细致地做成标本。

在自然博物科学领域，戴维具有极高的天赋，他在拉莱索尔修道院中当寄宿学生时，如饥似渴地吸收各种知识，如英语、意大利语等语言，以及植物学、动物学、鸟类学等。1846年，以优异的成绩毕业后，戴维告诉父母，自己想当一名传教士，这一愿望得到了父母的支持。戴维先在巴约纳的大修道院学习有关哲学和神学的课程，两年后进入了由圣文森德·保禄于1625年创建的天主教遣使会圣拉扎尔修道院，接受严格的宗教仪规训练。

受到当时西方社会掀起的"中国热"影响，戴维对中国这一文明古国充满

① ［英］亨利·尼克尔斯.来自中国的礼物［M］.黄建强，译.北京：生活·读书·新知三联书店，2018.
② ［法］阿尔芒·戴维.戴维日记［M］.海伦·佛克斯，译.波士顿：哈佛大学出版社，1949.

了向往，那富饶的土地、多样的物种深深地吸引着年轻的戴维。1850年，戴维提出想要到遥远的东方，尤其是中国传教的请求，但教会认为他在自然科学领域的天赋应该得到更好的锻炼，没有答应他，而是将他送到意大利古里亚的萨沃纳神学院边学习边教授自然科学。

戴维在萨沃纳神学院待了十年，像海绵一样吸收各种知识，包括如何制作动植物标本，对标本进行研究，以及诱捕鸟类、动物的各种绝活等，这些知识为他成为博物学家打下了坚实的基础。到中国传教依旧让他魂牵梦萦，他一有机会就向教会表达这种诉求。

1861年，一个时机悄然降临。当时欧洲学界普遍认为中国没有受到第四纪冰川的过多影响，保存了极为丰富的物种，这些物种对于热爱自然科学的人来说，充满诱惑力，巴黎自然历史博物馆的博物学家亨利·米勒·爱德华就是其中的一员。为了更好地进行科学研究，扩大研究成果，亨利·米勒·爱德华向巴黎天主教遣使会总会长艾蒂安发出请求，期望他能派传教士到中国去帮助研究。艾蒂安同意了这一请求。1861年11月，戴维被大家一致推选出来，他将和其他传教士一起前往中国传教。

经过一系列准备工作，戴维终于来到北京，开始向中国人传播福音，但并没有取得显著成效。在法国，天主教是一种占据统治地位的意识形态，教权与王权共同统治着法国。而中国几千年来一直推行皇权至上，宗教一直居于皇权之下，处于为皇权服务的地位。在中国大地上流传了两千多年的儒家思想，深深地影响着中国各阶层的人民。儒学对封建专制统治的维护，使中国的皇帝拥有至高无上的地位和权威，处于统治阶层的封建士大夫更是深受儒家思想的影响。而且，中国道教和由印度传入、经过吸收儒学精神已本土化的佛教，在中国发展成熟，尽管基督教早在唐朝就已传入中国，但一直没能发展起来。

经过两次鸦片战争后，在不平等条约庇护下的传教士纷纷进入中国大肆传播基督教，他们带着种族、宗教、文化的优越感，不遗余力地批判中国的儒学、佛教、道教及各种民间信仰和传统习俗。基督教文化与中国传统文化产生的冲突、一些传教士的传教方式和行为，激起了中国人民的愤怒和反抗，由民教相争引起的教案频频发生。

戴维的传教事业收获颇微，幸运的是，他的另一个身份——博物学家为他推开了一扇又一扇自然科学领域的大门。戴维还肩负着为巴黎自然历史博物馆收集标本的使命，因而在北京遣使会的4年多里，他在传教之余去北京周边的群山中进行考察。

每当发现一种有研究价值的鸟类、动物或植物，戴维都会心情激动地将它们精心制作成标本，对这些标本进行整理、记录并寄往巴黎自然历史博物馆。亨利·米勒·爱德华收到戴维寄回的标本后，仔细研究，在写给戴维的回信中对这些标本大加赞扬，说这些标本的质量很高，其中一些甚至是从未发现过的新种。

戴维的各种科学发现，使他在欧洲科学界的名气有了进一步提升，也因此收到了更多的资金，帮助他更好地进行科研工作。欧洲的科学家预感戴维将在中国这片古老的具有丰富物种资源的土地上收获更多的成果，纷纷写信鼓励戴维，希望他能够扩大发现。戴维没有辜负大家的期望，在接下来十几年的探险之旅中，他的众多发现将轰动整个世界。

戴维与"戴维鹿"

江苏大丰麋鹿国家级自然保护区坐落于中国四大湿地之一——南黄海湿地，是世界上最大的麋鹿自然保护区。这种俗称"四不像"的动物，有着鹿一样的角，马一样的脸，驴一样的尾巴和牛一样的蹄子，生性温和害羞，喜好群居，擅长游泳。看着可爱的麋鹿于林海之间闲庭信步，你会觉得正在与一个梦寐以求的宁静童话相遇，很难想象这一精灵般的物种有着那么曲折的经历。

1865年，正在北京南部考察的戴维无意间听到一个消息：在北京南海子的皇家猎苑中养着一种奇怪的鹿，当地人把它称作"四不像"。出于一个博物学家的敏锐洞察力，戴维意识到，这或许是一种不存在于欧洲社会的，还未被科学界发现的新物种。但是，皇家猎苑被高墙围绕，门外还有士兵把守，戒备森严，怎样才能见到这种动物，来证明自己的判断呢？戴维苦苦思索，对新事物强烈的求知欲使他冒着被守卫发现的风险，爬上了皇家猎苑的墙头，见到了这种奇异的生物。

戴维确定了他之前的判断，想收集这种动物的标本寄回法国，向科学界公布这一发现。他买通了清朝的军士，得到了麋鹿的皮和骨头，然后将皮骨仔细地做成标本，并附上一些自己的见解，一起寄回了法国。

1866年，经海路运送至巴黎自然历史博物馆的麋鹿标本惊动了馆内的动物学家，他们围绕着这种尚未被西方世界知晓的动物进行了热切的讨论。此时已成为巴黎自然历史博物馆馆长的亨利·米勒·爱德华很快对标本进行鉴定，申明这是一种中国特有的鹿科新种，由于戴维是第一个将这种动物介绍给科学界的人，就将麋鹿称为"戴维鹿"。

这一消息在欧洲引起了轰动，各国都想得到这种生活在神秘东方古国皇家猎苑中的珍稀动物。法国、英国、德国、比利时等国家各施手段，几十只麋鹿陆续背井离乡，去往异国的动物园。很难说这些在异国他乡"安家落户"的麋鹿是幸运还是不幸。当这些分散在陌生环境中的精灵，于夜深人静时向东方静静凝望时，它们的故里——中国北京南海子皇家猎苑中的同伴，正面临着有生以来的最大危机。

1894年，北京城上空连日被阴云笼罩，紧张的时局与恶劣的天气使人心情十分压抑。轰隆隆的雷声从乌黑的云间传出，偶尔出现于天际的闪电给昏沉的大地带来一抹亮色，很快又归于沉寂。大雨如注，永定河中的水线不断上涨，很快接近堤坝上沿，不堪重负的堤坝痛苦地发出了呻吟。雨越下越大，河道中的水越来越急，蜿蜒的堤坝好似上紧的弓弦，在达到一个临界点后，弦，断了。汹涌的洪水争先恐后地越过河岸，如脱缰的马儿一般向四周不受拘束地漫了开去，贪婪地吞噬农田，冲毁坚固的或不那么坚固的房屋，肆无忌惮。

洪水的触角很快到达麋鹿生活的皇家猎苑。在象征性地抵挡了一阵后，皇家猎苑妥协在自然的威力之下，惊慌失措的麋鹿被四面八方袭来的洪水冲散。这群昔日于微风吹拂、水波荡漾的河湖之中自在戏水的麋鹿，在混浊的、具有

御筆

乾隆乙丑暢月望後一日

寧古塔將軍巳靈阿奏
進東海使鹿部所產馴
鹿賭負戴仙牛雄乘馴以
馬依媚扵人乃又遇之其
飲食性則仍廣之犀也
造物神異豈所不育命
繪以圖而繫之詩

我聞方蓬海中央仙人來
往騎白鹿然雪未審乙兄之
馴良迴異膚廣棋隙天巨
浪浩茫茫淙溱載莊排島
鑫魚衣眼比束八化職貢皮
副以馴廉厥角曲招之卵
末廉之古錦鵂屶掇紮可
眼怪店麥宮呼作馬不祛
函谷當乘犢頂闚闕七
星符雪毬毿毿而晴綠詎
奶睪鬢蘭玉翎遣喀逋鹿
飲霜鏤丹青昔漏右相圖
牝壯令豈元龍牧

东海驯鹿图轴｜清｜佚名｜台北故宫博物院藏

极强冲击力的洪流中，向着未知的命运奋力挣扎前行，而等待它们的，并非向往已久的自由。

雨，终于停了，但渐渐露出的大地上满是疮痍。积水未及时消退而形成的涝灾使农作物大量减产甚至绝收，以此为生的百姓不得不四处流浪，挣扎着寻找生的希望。饥民的队伍不断壮大，有的因为涝灾失去了田地，有的因为战乱散了家。当这些饥饿的人与可怜的麋鹿相遇，麋鹿倒下了。这就是残酷的自然法则。

1894年爆发的中日甲午战争，使中国半殖民地化的程度大大加深了，列强盯上了这块甜美的"蛋糕"，希望在瓜分中国的狂潮中得到尽可能多的利益。伴随着枪炮声，越来越多的传教士涌入中国，带着强烈的傲慢与偏见，希图将中国固有的文化根基颠覆，代之以他们认为的世界上最优秀的基督教文化。"传教是伴随着列强侵华同步进行的，而且许多传教士就是武力侵华的鼓吹者、支持者甚至参与者，同时又是炮舰政策的直接受益人"①，这使中国各阶层人民反洋教、反帝的运动结合起来，达到高潮。

清政府为了利用义和团抵抗入侵的列强，承认其合法地位。得到政府支持的义和团捣毁教堂、拆毁铁道、砍断电线，向一切"洋"事物进行攻击。外国侵略者为了镇压义和团，巩固甚至扩大侵略成果，1900年6月，英国、美国、俄国、日本、德国、法国、意大利、奥地利八国组织了2000多名联军，由英国海军司令西摩尔率领，向北京进犯，进一步扩大对中国的侵略战争。8月14日，联军攻陷了北京，疯狂地烧杀抢掠，南海子的皇家猎苑也未能幸免。

仅剩的麋鹿与毫无人性的侵略者相遇了，乱世之中，人尚且不能保全自己，何况动物？最后的麋鹿从中国的土地上消失了，消失在这片它们存在了漫长岁月的土地上。实际上，麋鹿这种出现于更新世时期的种群曾极为庞大，这种发源于中国长江中下游沼泽地带的湿地精灵，在盛极时的领地以长江中下游为中心向周围辐射，北至辽宁康平，南至浙江余姚，西至山西汾河，东至沿海一些

---

① 王超云.基督教在近代中国传教方式的转变［D］.兰州：西北师范大学，2006.

平原及岛屿，都有它们活动的踪迹。然而，与大熊猫的经历类似，受到冰期与间冰期的交替影响和人类活动的干扰，麋鹿的数量逐渐减少。

麋鹿性情极为温驯，从来不主动攻击人类，发情期的雄性麋鹿即使是在争夺配偶的角斗中也十分温和，与其他鹿类在求偶时进行激烈冲撞和大范围移动不同，它们的角斗时间很短，胜利的雄性麋鹿有着王者风度，对失败的雄性麋鹿不会进行追斗，很少会出现伤残。

麋鹿的全身都是宝，鹿茸和鹿角极具药用价值。《本草纲目·兽部》记载，鹿茸主治阴虚劳损和一切血病，以及筋、骨、腰、膝酸痛，能够滋阴益肾；鹿角主治肢体酸痛，止血、益气力、添精益髓，能够滋阴养血。这些极高的价值没能使麋鹿生活得更好，反而因此受到人类残忍的猎杀。

野生的麋鹿大致于清嘉庆年间灭绝，而被圈养在南海子皇家猎苑仅存的麋鹿又湮没于侵略者的手中，那些因戴维科学发现而远渡异国的麋鹿，竟成了世界上仅存的珍宝。但它们的处境并不美妙。分散在不同国家动物园中的麋鹿没有得到很好的照顾，数量越来越少，几乎绝迹。危急之时，一个至关重要的人物出现了，那就是英国乌邦寺的主人——十一世贝福特公爵。

1894年10月至1901年3月，散落在欧洲各国的18只麋鹿被贝福特公爵陆续以高价收购到庄园中喂养，昔日一同在南海子皇家猎苑中生活的伙伴，在饱经磨难后，终于团聚在了一起。稳定的环境让麋鹿的数量得到稳步增长。1944年，乌邦寺种群已繁衍了250余只。此时正值第二次世界大战，贝福特公爵认为麋鹿聚集在一起不够安全，一旦战火蔓延至自己的庄园，这些麋鹿可能会面临种群灭绝的危机。为了更好地保护这些麋鹿，他将麋鹿疏散至世界各地。

1956年，英国伦敦动物园将两对麋鹿赠送给北京动物园。令人遗憾的是，这两对回到祖辈生长的故土上的麋鹿，没有繁育后代。这牵动了无数人的心，难道这些在中国大地上繁衍了200多万年的湿地精灵，就此与故里告别了吗？

1979年，一直密切关注麋鹿问题的动物学家谭邦杰呼吁将流落在异国的麋鹿引种回中国，英国积极响应。1985年，乌邦寺当时的主人塔斯维托克侯爵，将22只麋鹿赠送给中国，2年后又赠送了18只。太久没有听闻鹿鸣呦呦的南海子，再次迎来了珍贵的麋鹿，熟悉的环境唤醒了沉睡在麋鹿体内的基因，在南海子麋鹿苑的半自然环境中，放养的麋鹿终于回到了家。国际动物保护人士评论道："将一个物种如此准确地引回它们原来栖息的地方，这在世界的'重引入'项目中堪称是独一无二的。"[①] 中国为了保护这些失而复得的珍宝，陆续在江苏大丰和湖北石首建立了麋鹿国家级自然保护区，这一命途多舛、濒临灭绝的物种，在许多人的共同努力之下，终于摆脱了绝种之虞，自在地生活在地球之上。

麋鹿这一科学发现使戴维名气大增，越来越多的科学家和博物学家希望通过戴维获得更为丰富的研究素材，他们大方地表示为戴维在中国的探险提供资金支持。此时的戴维充满自信，他相信，在中国这片地大物博的土地上，他将与更多的物种相遇。对于一个拥有旺盛求知欲的博物学家来说，没有比这更美好的事情了。接下来戴维的冒险之旅，也证实了这一点，他在中国西部山区的一项科学发现将使他成为传奇。

---

① 　北京麋鹿生态实验中心，北京南海子麋鹿苑博物馆.灭绝动物挽歌［M］.北京：中国环境出版社，2003.

第二章　大熊猫走向科学界

被打破的平静

　　位于东经102° 29′ ～ 103° 02′ ，北纬30° 09′ ～ 30° 56′ 的宝兴县，是著名的熊猫故里。但在150年前，宝兴还不叫宝兴，而是叫作穆坪。穆坪地处四川盆地西北边缘向青藏高原过渡的地带，高山众多，由于靠近青藏高原，地势高低相差悬殊，所以气候上属于以亚热带为基带的山地气候类型。湿润的亚热带季风受到通向西藏的邛崃山阻挡从而形成降雨，使这里雨水十分充沛。

　　高山林立，峡谷幽深，如果经验丰富，从山底一路往上攀爬，将发现沿途的植物种类陆续发生变化，一开始是亚热带的常绿阔叶丛林，一路向上，渐经温带的落叶阔叶林，而后渐渐看到针叶林于其间交杂生长，再往上，温带的树种渐渐消失，视线所及，到处是耐寒的针叶林，地表则被根茎短小的高寒草甸覆盖。

　　奇妙的气候使穆坪成为各种动植物的天堂，它们经历了千万年地质与气候的变迁，扎根在这钟灵毓秀之处。外界沧桑巨变、风云流转，这里却一片祥和。在穆坪，动植物无拘无束地自由生长，享受着地球的慷慨馈赠。

　　清同治年间（1862—1874年），穆坪仍属嘉绒十八土司中实力最强的穆坪土司管辖，而这种管辖要延续到民国初年，穆坪土司在这里有550多年的世袭统治历史。[①]

穆坪是少数族群聚居区，清乾隆年间（1736—1795年），外地人口涌入。随着时间流逝，本地的少数族群和外来的汉人在生活上渐渐密不可分，他们一同耕作，一同打猎，过着日出而作、日落而息的田园生活。但这种平静并非永恒，无论是已在这里拥有悠长历史的动植物，还是留下较短存在痕迹的本地居民，都不可避免地被卷入全球化的浪潮之中。

成立于1658年的巴黎外方传教会，是法国向海外传教的重要组织，1702年，罗马教廷允许巴黎外方传教会和遣使会在四川等地进行传教活动。两方对传教范围争执不休，都想获得更大的传教空间。巴黎外方传教会最终占据上风，在遣使会主教穆天池逝世后，四川等省的教务由巴黎外方传教会接手。1756年，教皇本笃十四世（1740年至1758年在位）正式授予巴黎外方传教会在四川的传教权力。此后，川西教会的一切大权都由巴黎外方传教会掌控。

第二次鸦片战争后，巴黎外方传教会的传教范围向西南和西藏地区迅速扩展，这让英国和俄国极为不满，他们向清政府施加压力，迫使法国放弃了西藏的教区。法国很不甘心，在西藏周边布置传教场地、修建教堂，希望寻找时机再次进入西藏传教，故而天主教在四川西北部的川藏路沿线活动频繁。穆坪也因此受到影响，经常能看到传教士往来。

1868年6月，戴维从天津乘坐法国军舰出发，越过黄海来到上海。在上海负责为传教士提供资金支持的财务总管勒莫尼耶的家中，戴维听到了一个消息，四川藏区穆坪修道院院长阿尔纳尔通过对当地自然物产进行研究，发现穆坪地区拥有丰富的动植物资源。戴维对此大感兴趣，默默地将穆坪列入了考察名单。

离开上海后，戴维乘坐法国罗素公司的轮船，沿长江向内陆地区进发，经江苏镇江，过南京，一路向西南方向行船，来到江西九江。原本他计划直接前

---

① 彭陟焱，王航.穆坪土司官寨及墓园遗址考察［J］.民族学刊，2018，9（3）：73—79+120—122.

往中国西部的法国传教区，但此时长江连日暴雨，发生洪汛，船只无法通航，他只能暂时停下来。戴维在江西地带展开了为期3个月的科学考察。

忙碌的日子总是过得飞快，眨眼间，空气中弥漫的凉意就驱散了盛夏的酷热。戴维离开江西继续行程。11月，戴维来到武汉汉口，将考察队的收获——30多个包裹搬运到接下来要乘坐的一艘中国帆船上。船很快开了，戴维与目的地越发接近了。经过宜昌一路前行，视线所及之处与之前的风光大为不同，水路蜿蜒曲折，四周高山耸立，峡谷幽深，参天的古树遮住了日光，空气和水中传来阵阵寒意，使人精神为之一振。山间鸟鸣阵阵，仔细观望，还可以看到林间有猿猴的身影，船行其间，仿佛来到一个动植物的王国。12月，戴维到达重庆，拜访了当地主教德弗莱什，短暂停留了一段时间。

1869年1月，戴维改走陆路，湿滑的山路给他带来了极大的困扰，好在丰富的动植物资源使他备受鼓舞。他很快忘记恶劣的环境，投入科学研究之中。

到达成都，戴维拜访了四川西北宗座代牧区的平雄主教，这位主教曾在穆坪有过几年传教经历。在交谈中，戴维得知在穆坪的深山丛林中有一些独特的动物，其中有一种被当地人称作白熊。[①]此时的戴维不会想到，这种初次听闻的动物会在他的生命中占据多么重要的地位，更不会想到他会给这种动物的命运带来什么样的转折。

戴维一边进行科学考察，一边向穆坪前行。离开成都平原后，路越发难走。戴维脚下的临邛古道在历史上是南方丝绸之路的一部分，承担着沟通中国西南地区与周边国家经济、文化往来的重要使命，如今成了他与穆坪、与大熊猫之间的桥梁。

走过雅安的碧峰峡和上里古镇，一路上见到的各种自然和人文景观使戴维深信，在这片民风淳朴、物产丰富的土地上，他将会取得比以往更为丰富的收获。

2月28日，戴维来到了一座大山脚下。这座大山被当地人称作瓮顶山，海拔3000多米，山中树木丛生，道路崎岖，如果外地人没有向导领路，很容易就

---

① 孙前.大熊猫文化笔记［M］.北京：五洲传播出版社，2009.

会迷失在其中。戴维雇了一个熟知地形的当地人为他带路，经过半天艰难的跋涉，他终于到达了夹金山西麓的穆坪天主教堂（后称邓池沟天主教堂）。

这座教堂是巴黎外方传教会在1839年修建的。清政府禁教，所以教堂的传教活动都在暗中进行。为了保持隐秘，这座教堂吸收了当地建筑的风格，从外部来看，就像一座巨大的四川四合院，屋檐内外均雕刻有精湛的垂花柱，整个建筑以木质结构为主。进入教堂，风格转向欧洲哥特式建筑，抬眼可见木质的大圆拱天穹，两边的落地式尖顶木格窗上镶嵌着彩色的玻璃，阳光透过玻璃洒进教堂，使室内显得格外明亮、柔和。来到穆坪天主教堂的戴维很快适应了这里的环境。

戴维很快投入工作，将更多的精力放在野外动植物标本的采集上，经常沿着人迹罕至的山路前行，四处寻找各种珍奇的动植物。戴维很快和当地的猎人熟悉起来。戴维知道，这些猎人在这片孕育了众多珍奇动植物的土地上生活了多年，利用他们的经验，他进行科学研究的效率一定能够大大提升。

3月11日，戴维带着学生格尼·厄塞伯到距教堂不远的红顶山收集标本，丰富的收获使他们忘记了时间的流逝。日光西斜，天将要黑了，在匆匆往教堂赶路的途中，他们遇见了一个姓李的地主，李姓地主在当地有一定的身份，拥有这片山谷中大多数的土地。在简单交谈了一阵后，李姓地主热情地邀请他们去自己家里喝茶，戴维欣然应邀。此时的他并不知道，一种能够轰动世界的动物离他极为接近了。

李姓地主喜欢打猎，家里的墙上挂着很多猎物的皮毛。在与主人喝茶聊天的间隙里，不经意的一瞥使戴维发现了一种神奇的动物毛皮。这种皮毛展开后，与成人的高度相近，很宽，以白色为主，耳部、眼周和四肢为黑色。多么醒目的颜色搭配啊！戴维不由得惊叹造物主的神奇。渊博的知识储备使戴维确信，自己在欧洲众多博物馆中不曾见过这种动物，那么，这极可能是一种科学界尚未发现的新种。

戴维向李姓地主仔细询问这种奇异动物的信息，通过交谈得知，这种动物生活在深山密林之间，以竹为食，当地人叫它们"白熊""竹熊"。戴维迫切希望能够得到这种动物来进行科学研究，于是他雇用猎人帮自己去野外捕捉这种动物。

戴维回到教堂依旧兴奋不已，在当天的日记里写下了这样的一段话："我终于看到了一张久闻的黑白熊皮，而且它相当巨大。它真是个奇妙的生物。当猎人告诉我，我不久就会获得这种动物时，我简直喜出望外。他们说明天就出发到野外去捕捉这种动物，这将会是一件全新而有趣的科学发现。"①

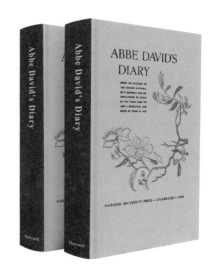

《戴维日记》

夜深了，初春时节的风带着丝丝暖意，包围了怀着喜悦心情入睡的戴维，在这个被大山环绕的教堂中，一切显得那么安详、宁静，山中时不时传来悠长嘹亮的鹤鸣更使这里增加了几分空灵，在万物和谐生长的夜里，在大山深处自在栖息的大熊猫，不会知道接下来它们将有怎样的遭遇。

密林寻踪

第二天一大早，猎人们就出发了。他们为了得到戴维提供的高额酬金，向茫茫大山深处行去。清晨的草地上沾满了露水，行走有些困难，但富有经验的猎人知道，这点困难是微不足道的，这次猎捕行动中，他们将要遇到的阻碍远比这大得多。

一开始，行程是比较轻松的，沉睡了一夜的大山渐渐热闹起来，听着鸟儿

---

① ［法］阿尔芒·戴维.戴维日记［M］.海伦·佛克斯，译.波士顿：哈佛大学出版社，1949.

清脆的鸣叫，在微风吹拂下，猎人们轻快地前行。山底部的温度还比较高，一些地方可见杜鹃花绽放的柔美花瓣。零星点缀着各色小花的山路上，时不时有一些可爱的小松鼠跑过，跃上路旁的大树，消失在参差交错的树枝间。

随着海拔逐渐增高，行程渐渐变得艰难。地理学家按照大气层在垂直方向上温度随高度分布的特性，将其分成对流层、平流层、中间层、热层和散逸层，而人类主要在对流层中活动。生活在陆地上，我们所感受到的温度变化并非太阳的直接影响，因为对流层大气的主要热源是地面长波辐射，大地吸收了太阳的热量，向空气中散发，所以离地面越近温度越高，我们登山时越接近离太阳更近的山顶，反而越感到寒冷。通常情况下，海拔每上升100米，温度约下降0.6℃，猎人们也难以摆脱自然规律的影响。

猎人们一路向上，寒意越发明显，时值初春，日光并不强烈，即便是盛夏，林中依旧阴暗潮湿。但是，想到捕捉到那个外国神父想要的"白熊"就能获得一大笔钱，这些钱在平时要打很多猎物才能换来，猎人们就鼓足了干劲，继续往上攀爬。山势越发陡峭，在被冰雪覆盖的山道上，猎人们几次滑倒，幸而这里灌木丛生，抓着树根与树枝才不至于跌落悬崖。正午时，林间缭绕的云雾消散了，视野变得清晰，猎人们稍微松了口气，有心情欣赏一下周围的景色。融化的积雪汇聚成水流，顺着陡峭的山壁缓缓流淌，这些溪流在石壁间很宽的低洼处汇聚，聚积在一起的溪水渐渐满溢，越过凸起的石壁洒落下来，高悬如瀑，在地面上溅起千万玉珠。阳光透过树隙照射其上，使人仿佛来到了童话中的世界，冰凉的泉水流淌于山间，慷慨地滋润着种类繁多的生灵。

短暂的休息过后，猎人们再次上路了，必须在太阳落山前搜索尽可能大的范围。到了夜晚，他们是不能行动的，夜间的大山中充满种种危险，除了蚀骨的寒意，还有神出鬼没的丛林杀手。

树枝轻轻摆动了一下，一道黑影迅速闪过，如果夜视能力足够出色，可以看出这是一只身手敏捷的云豹。它的前额和头上方长有黑色的斑点，全身呈灰黄色，像云一样的斑纹均匀地分布在体侧，长长的尾巴被黑色的环状花纹分成一截一截的。

经过白天的养精蓄锐，这只云豹开始觅食了。这种凶猛的野兽具有轻盈的步伐，极擅长攀缘。它潜伏在枝叶茂密的阔叶林中观察着，下方山脊处猎物经常出没的道路上，一群水鹿正在经过。作为一个出色的猎手，它极具耐心，盯上了鹿群中一只一岁大小的水鹿，这只水鹿处于队伍的末端，时不时停下来啃食路边树木绽出的嫩芽。

鹿群越来越近了，这只云豹在等待时机。夜间的风完美地为它进行掩护，轻轻地在树丛中跃动，它行止间没有发出一丝声音。这只水鹿完全没有发现危险正在向它靠近，一些长在稍高处树枝的新芽吸引了它的注意力，它停下来努力地采食，丝毫没有察觉到鹿群渐渐远离了它。

这只水鹿是不幸的，大多数情况下，云豹会选择捕食一些野禽和小型兽类，但今天它非常饥饿，而时机又如此完美。像夜空中掠过的一道闪电，这只云豹从树上一跃而下，在水鹿还没有反应过来的时候，云豹锋利的犬齿就贯穿了它的后颈处。云豹不断地摆动头部，鲜血顺着水鹿的伤口喷涌而出，水鹿发出哀哀的鸣叫，渐渐失去了挣扎的力量。

在漆黑的夜里，这样的杀戮在这片山林中并非个例。此时的穆坪还处于与外界相对隔绝的状态，人类文明相对于存在了千百万年的大山来说还很微弱。这里自由生长的植物为各种动物提供了绝佳的生活场地，丰富的植物给草食动物带来充足的食物，而这些草食动物又成为肉食动物的盘中餐。

这是自然界优胜劣汰的残酷法则，尽管准备充分的猎人貌似已站在食物链的顶端，但在夜晚，情况恰恰相反。除了云豹，很多夜行性的丛林杀手都会给猎人带来致命威胁，如金钱豹、老虎、雪豹、金猫等。这些动物的活动区域很广，与大熊猫的生活空间有所重叠，它们行动敏捷，生性凶猛，一些豹类甚至会攻击、捕食亚成体大熊猫，金猫也会袭击大熊猫幼体。

天色渐渐明朗，夜晚回荡在山林中各种兽类的吼叫声渐渐被婉转动听的鸟鸣声取代，猎人们继续前行，希望这一天能够有所收获。在海拔1800米左右的一处常绿阔叶林和落叶阔叶林中，猎人们有了惊喜的发现。在一丛生长在灌木丛中的箭竹林中，他们看到一堆被啃食过的竹子残渣，这一定是"白熊"留下的！从残渣的新鲜程度判断，昨天晚上这里应该有一只"白熊"在此进食。

猎人们抖擞精神，以这片竹林为圆心，四处寻找"白熊"的踪迹。经过一整天的艰苦搜寻，除了在一处山间小径上发现了它们的一堆粪便，猎人们毫无收获。经验告诉猎人们，"白熊"这种动物行踪神秘，很难捕捉，但还是不免有些失望，这种心理在他们与一只刚从冬眠中醒来的黑熊相遇时变成了恐慌。

这是一只刚从树洞中爬出来觅食的黑熊，专注于观察"白熊"踪迹的猎人们一开始并没有发现它，队伍中的一个年轻猎人在抬头间看到了这只体形庞大的动物，慌乱中向它开了一枪，枪声惊动了队伍中的其他猎人，同时也惊动了黑熊。饥饿的黑熊在受惊后向猎人们扑来，事发突然，猎人们一边向黑熊开枪，一边寻找退路。

当终于摆脱了这只愤怒的黑熊后，他们发现所带的子弹不多了。山林中存在种种危险，没有武器是很不安全的，猎人们决定原路返回。回去的路上，猎人们在灌木丛中见到一只正在啃食植物块根的野猪，考虑到这一趟进山没有什么收获，也许那个外国神父会对野猪产生兴趣，他们决定将这只野猪作为猎物带回去。经过一番围捕，猎人们将野猪杀死，把它用绳子绑在两根长竹竿上，抬着往山下走去。果然不出猎人们所料，尽管戴维对没有得到有着黑白色皮毛的"白熊"感到失望，但这只与欧洲野猪存在明显差异的黑色大野猪还是吸引了他的目光。商量一番，戴维花钱买下了这只野猪，并再次表明愿意出高价购买猎人口中的"白熊"。

一只在祖祖辈辈的猎物中经常出现的野猪都卖出了平常得不到的高价，那对戴维来说极为珍贵的"白熊"，又能卖出怎样的价钱？透过戴维对"白熊"势在必得的目光，猎人们仿佛看到了闪闪发光的金钱。很快，他们怀着激动的心情再次向大山进发了，这一次，准备更为充分的他们坚信"白熊"早晚是他们的囊中之物。

高山峡谷，密林幽涧，猎人们在大山中四处寻找"白熊"的踪迹。无数次接近，又无数次远离，这一神秘的动物始终不见踪影。这是大山在保护精灵一般的"白熊"，山高林密，"白熊"能够很好地隐藏自己。

雪豹|德国|约瑟夫·沃尔夫

　　然而，正如人类一步步进逼使自然一步步退让一样，"白熊"最终没能逃脱猎人之手。这是一只幼年"白熊"，体形不够庞大，经验亦不丰富。妈妈离开它去寻找食物了，它独自在竹林中。一开始它还记得妈妈的嘱咐，待在一棵枝叶茂密的树上，天性使它爬下了树，好奇地打量着四周的环境，危险就在此时向它靠近。疲惫跋涉多时的猎人们早就发现了这只幼年"白熊"，当他们看到绿意丛生的树上那一点黑白影子时，差点激动地叫起来。但经验使他们压抑这种喜悦，静待时机，以免被它察觉后逃离到树的更高处。爬下树的幼年"白熊"很快被猎人捕捉到了。猎人们杀死了它，将它带回穆坪天主教堂。

　　等待多时的戴维终于见到了这种奇异的动物，他在当天的日记中写道："3月23日，我的信基督教的猎人外出十天后终于回来了，给我带来了一只白熊幼崽。它是被活捉的，遗憾的是为了便于携带，他们又把它杀死了。他们以十分高昂的价格将这只幼崽卖给我。它的毛色除了四肢、耳朵和眼圈是深黑色的，其余部分都呈白色，和我先前在李姓地主家看到的那只成年白熊的皮毛相同。这一定是熊类中的一个新种。它的奇特之处不仅在于它的毛色，还有它毛茸茸的脚掌以及其他特征。"①

戴维为当地人口中的"白熊"起了一个在他看来更为贴切的名字——"黑白熊"，考虑到单一的标本可能因偶然性而不具有说服力，他请猎人们再为他去捕捉这种"黑白熊"。

4月1日，从大山中返回的猎人们抬着一只成年"黑白熊"来到戴维的面前，这只"黑白熊"再次验证了戴维对其为科学界一个新种的判断。"不能再等了，必须尽快将这一发现向科学界公布！"戴维下定决心。

西方世界的科学命名

戴维把这只来之不易的"黑白熊"关进为它精心打造的一个大木笼中，密切地观察它的一举一动。这只"黑白熊"并不像后来它那些在动物园中生活的晚辈那样适应圈养的生活，而是具有极强的野性，因为没有得到很好的照顾，它不久就离开了人世。一个不屈的灵魂回归了它热爱的大山，在那里，它或许将得到永生。

戴维将经过短暂时间观察得到的记录进行整理，连同制成的标本一起寄往法国巴黎自然历史博物馆。他还写信请馆长亨利·米勒·爱德华公布有关自己对黑白熊的描述，他在信中写道："*Ursus Melanoleucus A.D.*（戴维提出的新种名，拉丁文直译为'黑白熊'）体甚大，据我的猎民所言，耳短，尾甚短。体毛较短。四足掌底多毛。体白色，耳、眼周、尾端并四肢褐黑色。前肢的黑色交于背上呈一纵向条带。我刚刚获得此种之一幼熊并已见过多只成体动物的残损皮张，其色泽均相同且颜色分布无二。我还从未在欧洲的标本收藏中见过此

---

① ［法］阿尔芒·戴维.戴维日记［M］.海伦·佛克斯，译.波士顿：哈佛大学出版社，1949.

种动物。它无疑是我所知道的最靓丽的动物品种，很可能它是科学上的新种！在过去的20天里，我一直在雇请10位猎民去捕捉这种不寻常的熊的年长些的个体。4月4日，又一'黑白熊'雌性成体刚刚纳入我的收藏。它体形适中，毛皮的白色部分泛黄且黑色部分较幼体之色泽更深、更亮。"①

1869年刊载于《巴黎自然历史博物馆之新档案》关于戴维对大熊猫的首次描述和原始记录，被形象地称为大熊猫的"身份证"（引自孙前著《大熊猫文化笔记》，五洲传播出版社，2009年）

远在巴黎的亨利·米勒·爱德华没有想到一个轰动世界的科学发现即将被自己见证，尽管此前戴维已将很多从中国得到的标本寄至自己所在的巴黎自然历史博物馆，其中不乏一些新种，但所有的科学发现都比不上接下来要来到这里的"黑白熊"。如今，巴黎自然历史博物馆中依旧珍藏着戴维当年寄来的"黑白熊"标本，穿过150年的时间隧道，我们依然能感受到当年标本给欧洲生物学界带来的巨大冲击。

这天，亨利·米勒·爱德华接到戴维从中国寄来的信件和包裹，莫名而来的激动心情使他迫不及待地打开了戴维寄来的信件。匆匆读完来信，他又小心翼翼地打开包裹，保存完好的标本映入他的眼帘。亨利·米勒·爱德华相信了戴维的判断，这是科学上的一个新发现。

亨利·米勒·爱德华在1869年《巴黎自然历史博物馆之新档案》第5卷的第13页上公布了戴维的来信，并将戴维寄来的标本整理后在馆内进行展出。②

① 四川省地方志编纂委员会.四川省志·大熊猫志［M］.北京：方志出版社，2018.
② 孙前.大熊猫文化笔记［M］.北京：五洲传播出版社，2009.

人们纷纷前来观看，巴黎自然历史博物馆一时门庭若市。而学者围绕着"黑白熊"进行了热切讨论。他们各抒己见、论辩激烈。不管怎样，这种来自神秘东方古国的稀奇动物是此前科学界未出现过的物种，已是不争的事实。

这种独特的动物要按照戴维的观点来定名为 "*Ursus Melanoleucus A.D.*"吗？博物学家阿尔封斯·米勒·爱德华（亨利·米勒·爱德华之子）对此有不同意见。在对"黑白熊"的毛皮和骨骼进行认真研究后，他认为"黑白熊"并非戴维所说的"熊属"，而是一个新属，以 "*Ursus*"（拉丁文，意为熊属）来作为这种动物的属名，显然不合适。

物种命名有什么规则？为什么要用拉丁文来对物种进行命名？这里就要提及伟大的生物学家——卡尔·林奈。

1707年一个春日，瑞典南部被称作"水晶之乡"的斯莫兰省，一个小乡村中传来阵阵婴儿嘹亮的啼哭声。这个小婴儿，后来以他在世界植物学领域中卓越的成就，被冠以"植物之王"的美誉，他就是卡尔·林奈。

15世纪和16世纪的地理大发现打破了世界各地文明相对孤立、隔绝的状态，将世界联结成一个整体，伴随着殖民主义浪潮，许多鲜为人知的物种开始进入公众视野。人们孜孜不倦地对焕然一新的世界进行探索，无数发现不断涌现，但问题也随之而来。

18世纪以前，人们惊叹于神奇的造物主创造出如此丰富多彩的动植物世界，但自然界的物种分类一片混乱。航海家从各大洲带回此前未被科学界发现的物种，并依照自己的喜好命名，成千上万的动植物被赋予了新的名字。

由于没有统一的命名规则，博物学家按照经验方法来对这些物种进行命名，使一些相同的物种被赋予不同的名字，或不同的物种被赋予相同的名字。此外，有些物种的名字非常长，甚至多达上百个字符，并且受地域影响，命名这些物种的语言也有所不同。混乱无序的自然界让博物学家的科学研究困难重重，博物学家迫切地需要一套适用于所有国家的完善的命名系统来建立秩序。

在这种情况下，林奈提出的双名命名法，解决了众多博物学家的燃眉之急。1758年至1759年出版的第10版《自然系统》中，林奈明确提出了双名命名法的

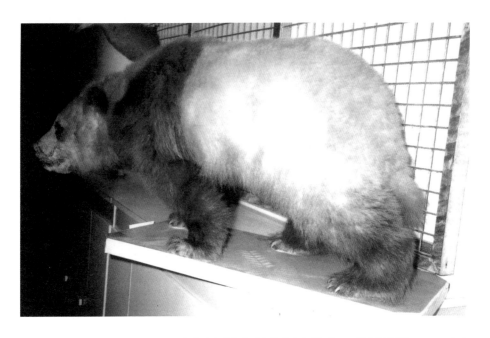

藏于巴黎自然历史博物馆的大熊猫标本（引自孙前著《大熊猫文化笔记》，五洲传播出版社，2009年）

PANDA, AILUROPODA MELANOLEUCUS

阿尔封斯·米勒·爱德华鉴定文件中的大熊猫，是有史以来的第一张大熊猫画（资料来源：海伦·佛克斯译《戴维日记》）

概念，用种名和属名来为动植物命名。双名命名法规定，动植物的学名必须由两个拉丁词或拉丁化形式的词构成，第一个词是属名，用名词表示；第二个词为种名，用形容词表示。

拉丁语原来是意大利中部拉丁姆区（今拉齐奥区）的方言，这一地区后来成为古罗马国家的发源地。随着罗马版图的不断扩张，拉丁语逐渐流传至整个欧洲，众多国家都将其作为官方语言。以罗马教廷为首的天主教会在欧洲社会具有极为重要的地位，教会将拉丁语作为礼仪语言，亦使拉丁语产生了深远的影响。后来，随着罗马帝国衰亡，拉丁语逐渐不再流通，应用范围变得狭窄，成为一种"死语言"。成为"死语言"后的拉丁语变化很少，语义固定，语法不再发生变化，也不会产生政治上的冲突。此外，因受拉丁语影响，西欧多数国家的新兴语言中含有大量拉丁语词汇。18世纪，拉丁语与拉丁语教育成了欧洲社会的一种精英现象。基于以上原因，林奈最终选择以拉丁词来为动植物命名。

现在将目光转回1869年的巴黎自然历史博物。此时的阿尔封斯·米勒·爱德华正埋头于一堆堆文件中苦苦钻研。被戴维科学发现的"黑白熊"究竟应归于哪个属呢？就其外形来看，好像戴维的观点并没有错误，它与熊类的外观非常相似，但它的骨骼和牙齿与熊类有着明显区别。

大熊猫头骨测量一览表

单位：毫米

指标	小种大熊猫 *Ailuropoda microta*		巴氏大熊猫 *A.m.baconi*		现生大熊猫 *A.melanoleuca*	
	n	*x*	*n*	*x*	*n*	*x*
颅基长		—	2	267.5	47	255.5
额宽		—	2	222.5	43	210.9
顶骨部头宽		—	2	113.5	18	99.4
眼眶后前额宽度		—	2	61.5	35	52.5

说明：n，表示标本数；x，表示标本平均值

资料来源：四川省地方志编纂委员会编《四川省志·大熊猫志》，北京：方志出版社，2018年

阿尔封斯·米勒·爱德华将"黑白熊"与此前被巴黎自然历史博物馆首先进行外形描述的"小熊猫"（*Ailurus fulgens*）进行了比较。"小熊猫"这种动物的首次发现地点在中国的西藏，它们外形似猫，头部短而宽，吻部较短，面颊上有白色的斑纹，四肢粗短而呈黑褐色，脚掌多毛，在海拔3000米以下的常绿阔叶林和针阔混交林间活动。在食物方面，小熊猫以竹叶、竹笋为主食，兼食其他植物和鸟类、昆虫等，但所占比例极小。负责对其进行科学描述的动物学家弗雷德里克·居维叶为它创立了一个新的科别，即小熊猫科。

阿尔封斯·米勒·爱德华通过比较后发现，在头骨构造、齿列等方面，"黑白熊"都更像小熊猫，例如它们的臼齿宽度都大于长度，颅骨的面部都较短，额骨都隆起较高。他将自己的研究成果发表在《关于哺乳动物自然历史的研究发现》合刊（1868—1874年）上，在论文《对中国和西藏东部动物的研究》中指出："就其外貌而言，它的确与熊很相似，但其骨骼特征和牙齿的区别十分明显，而是与小熊猫和浣熊相近，这一定是一个新属，我已将它命名为'*Ailuropoda*'（熊猫属）。"[①]

远在中国的戴维得知这一消息，并没有完全放弃自己的观点，但也承认在骨骼特征等方面，"黑白熊"确实与其他熊类有区别。最终，科学界以"*Ailuropoda melanoleuca*"为这种由戴维发现的"黑白熊"定名，一直沿用至今。然而，这种动物究竟在生物系统中处于什么位置，这个问题一直困扰着众多科研人员。这种周身被重重迷雾笼罩的神秘动物，是更像"熊"，还是更像"猫"？

熊？猫？熊猫？

大熊猫被科学发现后，很多科学家都对这一物种产生了极大的兴趣，这种兴趣非但没有随着时间的流逝逐渐变得淡薄，反而因大熊猫自身存在的种种谜

---

① 孙前.大熊猫文化笔记［M］.北京：五洲传播出版社，2009.

团越发浓烈。应将大熊猫置于生物系统中什么位置？争论持续了一个多世纪，学者们纷纷提出自己的观点，并提供佐证其观点的证据。然而，一些似乎确为事实的证据被提供来证明其归属，就会有相反的证据来支持另一种观点。来来往往，科学界始终没能对大熊猫归于何属达成共识。

观点大致可以分成三类，一类认为大熊猫应属于熊科，另一类认为大熊猫应属于浣熊科，还有一类认为大熊猫在食肉目动物家族中相当特殊，尽管与熊类、浣熊类动物有着相似之处，但在下颌骨、颅骨以及牙齿的演化趋势上有着明显差异，故而应为大熊猫单独设立一科，即大熊猫科。

在大熊猫被科学发现后的几十年间，研究者依据能够得到的一些资料来对其归属进行判断。"熊派"学者对大熊猫的颅内型、脑外型、头骨、牙齿等方面进行分析，发现在这些方面大熊猫与熊类更为接近，故而判断大熊猫应归于"熊科"。

"浣熊派"学者并不这样认为。他们同样对大熊猫的颅骨、四肢骨、牙齿等进行了分析，尤其着重将第四上前臼齿的齿型与古熊类进行对比，发现大熊猫该牙齿臼面有两个内尖，这与熊类是不同的，反而与浣熊类相似，所以大熊猫应归于"浣熊科"。然而，"熊派"学者认为"浣熊派"提供的大熊猫与小熊猫更为相似的证据，尤其是齿冠型的相似，是因为小熊猫与大熊猫的食性相似，故而形成了趋同现象。

趋同就是亲缘关系比较远的生物，由于在相同的环境中生活，随着不断进化，它们的某些特征会出现惊人的相似。例如，在水里生活的鱼类和两栖类动物青蛙的水生幼体蝌蚪，尽管并不处于同一生物系统，却都会用鳃来呼吸，又如能够在空中活动的鸟类和身为哺乳动物的蝙蝠都具有翅膀，等等。

对于同一种特征，为什么能够得出不同的结论呢？这是因为各派依据的分类特征都会往自己的研究方向靠拢。比如，针对大熊猫的第四上前臼齿，"熊派"学者看到其只有一个内根的特征与熊类相似，而对其齿冠型相似，就归于趋同现象。"浣熊派"学者则相反，认为其齿冠型与浣熊类动物相似正是两者同源的体现。[①]学者的研究受到主观因素的影响，自然而然就会产生不同的结论。这一现象被一位芝加哥的解剖学家德怀特·戴维斯敏锐地觉察到了。

20世纪60年代，戴维斯发现，在此之前，尽管研究者采用的数据是相同的，但他们的结论大为不同。这表明如果只依靠骨骼、牙齿等资料进行判断，永远也无法得出一致的结论。他依据自己多年的研究，对造成熊猫属亲缘性分歧的原因进行了判断，他认为由于地理和语言上存在界限，"英语系国家的研究者都只阅读英语写成的出版物，非英语系国家的研究人员也仅浏览非英语写成的出版物，而且双方阵营都只是改头换面地重述了他们所读过的材料"[②]。

戴维斯从解剖学领域来解决这一问题，他通过第一只被带到国外的活体大熊猫"苏琳"的遗体，得到了一些新的数据。由于此前没有人对此进行研究，戴维斯得出了不被其他书面文件影响的结论：大熊猫应归属于熊科。但是，尽管戴维斯取得的大熊猫解剖数据使争辩的天平向"熊派"学者倾斜，但他没能终结这场有关大熊猫在生物系统中地位的争论。

这场争论随着新兴的分子生物方法的出现有了更为深入的发展。20世纪，正如其他政治、经济等领域发生的巨变一样，科学领域同样也发生了日新月异的变化，新技术不断出现，给科研工作提供强有力的支持。对大熊猫分类至关重要的一项技术——DNA-DNA杂交比对法就出现在20世纪80年代。

在DNA-DNA杂交比对法出现之前，分子生物学家已对大熊猫进行了研究，主要研究的是DNA的下游产品蛋白质。由于在真核生物的细胞核中，基因的载体即染色体是由DNA和蛋白质共同构成的，在没有新技术能够对DNA进行研究时，通过蛋白质的差异，也可以反映DNA的差异。生物学家将大熊猫血清中的蛋白质提取出来，与采自熊科动物与浣熊科动物体内的蛋白质进行结合实验，结果发现其更易与熊科动物的蛋白质结合，故而大熊猫与熊科的亲缘关系更近似乎

---

①　朱靖.关于大熊猫分类地位的讨论［J］.动物学报，1974，20（2）：175.

②　［英］亨利·尼克尔斯.来自中国的礼物［M］.黄建强，译.北京：生活·读书·新知三
　　联书店，2018.

已成事实。但是，来自伦敦国王学院医学院的科研人员发现，大熊猫只有21对染色体，真正的熊科动物有37对染色体。这似乎又为"浣熊派"学者提供了依据——小熊猫具有18对染色体。

DNA-DN杂交比对法出现后，美国斯蒂芬·奥布赖恩博士的研究团队运用此方法对大熊猫的蛋白质分子与DNA进行研究。通过分析大熊猫与熊科动物体内相似的染色体片段，他们惊喜地发现，尽管大熊猫的染色体数量要少于熊科动物，但大部分染色体与熊科动物类似，它们看起来更大一些，可能是在漫长的演化过程中，染色体发生了融合。

大熊猫分类系统表

始熊猫属	*Ailurarctos*	
禄丰始熊猫	*A.lufengensis*	化石
元谋始熊猫	*A.yuanmouensis*	化石
郊熊猫属	*Agriarctos*	分类尚有争议
葛氏郊熊猫	*Agriarcos goaci*	欧洲化石
大熊猫属	*Ailuropoda*	
大熊猫小种	*A.microta*	化石
大熊猫	*A.melanoleuca*	化石和现生种
武陵山亚种	*A.m.wulingshanensis*	武陵山发现的化石，较其他的大熊猫小种化石大，是从大熊猫小种到大熊猫巴氏亚种的过渡类型
大熊猫巴氏亚种	*A.m.baconi*	大熊猫化石亚种。分布于中国东南，南抵越南、泰国和缅甸北部
大熊猫指名亚种	*A.m.melanoleluca*	又称四川亚种。头骨偏大，臼齿小，胸斑黑色，腹部多为白色。分布在中国四川和甘肃
大熊猫秦岭亚种	*A.m.qinlingensis*	于2005年发表的新亚种。头骨偏小，臼齿较大，胸部为深棕色，腹部多为棕色。仅分布于中国陕西秦岭山脉

资料来源：赵学敏编《大熊猫——人类共有的自然遗产》，北京：中国林业出版社，2006年

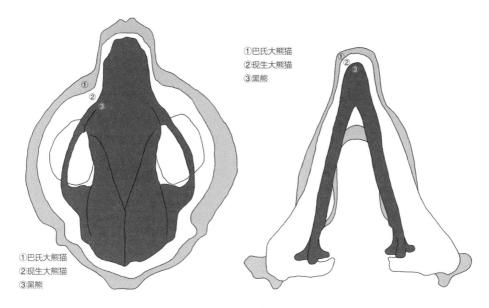

①巴氏大熊猫
②现生大熊猫
③黑熊

①巴氏大熊猫
②现生大熊猫
③黑熊

熊猫类和黑熊颧宽与颅长比较图　　　　　**熊猫类和黑熊下颌骨形态比较图**

20世纪90年代，多数西方国家的科学家都认可了大熊猫应归属于熊科的观点，认为"浣熊科是从熊科的共同祖先第一次分离出的类群；之后不久，小熊猫又从浣熊科主支中分出，而大熊猫更接近熊而远离浣熊"①。

然而，在大熊猫的故乡——中国，多数学者仍然坚持应为大熊猫独立一科。多数中国学者认为，仅从一个方面来判断大熊猫在生物系统中的地位难免会有误差，故而从生物学的各分支学科对这一问题进行论证。

科研工作者研究了大熊猫与棕熊、浣熊的生理特征，发现在成长速度方面，"大熊猫幼崽胎后期的生长时期延续较长，独立生活的时间较晚，要5至6个月后才能自由活动，视觉发育等都比较晚，而棕熊和白熊幼崽生后2个月就能自由活动……这种幼体生长特征的差异，是种系发生差异的反映，也足以说明大熊猫与熊类和浣熊等在种系演化过程中不是同源的"②。

---

① 胡锦矗.大熊猫的系统地位与种群生态学的研究与进展［J］.动物学研究，2000，21（1）：28.

② 朱靖.关于大熊猫分类地位的讨论［J］.动物学报，1974，20（2）：182.

在古生物学领域，古生物学家研究了在云南发现的禄丰始熊猫与元谋始熊猫的化石，将其与熊类祖先——祖熊的化石进行比较，结果发现，始熊猫的臼齿已经具有祖熊臼齿的原始特征。这一结果表明早在中新世晚期，大熊猫类与熊类就已"分道扬镳"，开始平行发展。

黄万波、魏光飚编撰的《大熊猫的起源》一书中，有熊猫类和黑熊、小熊猫在颅骨、下颌骨、牙齿形态等方面差异的详细论述。他们运用一系列解剖学领域的知识，对熊猫类与黑熊的颅骨进行研究，发现尽管熊猫类与熊类动物有着一定的相似性，却存在熊类动物不具备的解剖学特征。此外，在下颌骨的形态特征上，熊猫类与熊类也有着区别。

有关熊猫与小熊猫的差异，从宏观上来看，它们的大小有很明显的区别；体现在微观上，则有牙齿形态等的差别。《大熊猫的起源》一书中这样说："熊猫的诞生与熊相关，但不是熊，故不能置于熊科；与小熊猫相关，但不是猫，故不能置于浣熊科，而是从食肉目里分化出来的一个独立的系统，我们赞成设一熊猫科。"[1] "熊猫教父"胡锦矗通过多年来对大熊猫的研究，发现"大熊猫初生幼崽特别小，仅为母兽的1/933，而熊类初生幼崽体重为母兽的1/193至1/297。幼崽这些不同的发育特征，反映出两者系统发生渊源不同"[2]。此外，刚出生的大熊猫幼崽尾巴长度与后肢差不多相等，这一点与熊类有所差别。

除了这些，大熊猫与熊类存在的差异还有很多。如经过科研人员研究，一般认为大熊猫属于南方动物区系，而熊类属于北方动物区系，两者在起源、演化上存在着地理差异。种种差异使"大熊猫派"学者坚持他们的观点：大熊猫应独立为一科。

大熊猫的生物系统地位究竟是什么？或许随着科学技术的发展，未来能够得出一个统一的结论。正是这些与熊类、浣熊类不同的独特性，使大熊猫具有无与伦比的魅力，吸引着无数人的目光。

---

[1] 黄万波，魏光飚.大熊猫的起源［M］.北京：科学出版社，2010.
[2] 胡锦矗.大熊猫的起源与演化［J］.中国林业，2008，59（22）：35.

第三章　非常追逐

欲望的旋涡

19世纪，清朝逐渐沦为列强竞相掠夺的猎物。侵略者纷纷踏上中国这片满布"黄金"的土地，通过掠夺来满足日益膨胀的欲望。在各方势力的围攻之下，清政府摇摇欲坠。

列强加快步伐促使清政府崩溃的同时，大熊猫的故事也在向前推进。戴维将大熊猫介绍到西方国家后，掀起了一股"大熊猫热"，各国的探险家纷纷前往中国，希望得到这种珍奇的动物，而处于中国西部群山中的戴维，依旧在雇用猎人为他继续寻找大熊猫。

大山的平静被打破了，猎犬的吠叫声处处可闻，荷枪实弹的猎人在人迹罕至的原始森林里穿梭着，他们被雇用来捕捉大熊猫，以及一些其他的珍奇动物。在大山里世代绵延的动物敏锐地发现了这种紧张的气氛，行动越发谨慎了。但是，一些大熊猫没能逃脱死亡的命运。猎人们将它们杀死，剥下毛皮卖给冒险家，将它们的尸体带给生物学家制成标本。

中国西部的大山里枪声阵阵，外界的局势也日渐紧张，统治中国两个多世纪的清帝国即将落下帷幕。孙中山领导的同盟会崛起，民主革命活跃。1912年1月1日，中华民国成立。2月12日，清朝最后一位皇帝溥仪发布退位诏书，清王朝至此终结。统治中国两千多年的封建帝制被推翻，中国赶上了世界资产阶级革命的浪潮。

此时，植物学家欧内斯特·亨利·威尔逊在《一位博物学家的华西游记》一书中，对大熊猫这种奇特的动物进行了描述，他认为"这是中国西部最值得狩猎家去追寻的猎物"。威尔逊公然列出两项挑战："谁可以成为第一个看到野生大熊猫的人？谁又可以成为第一个成功猎杀这种动物的人？"[①]这一行为激发了冒险家的探索欲望，也加深了大熊猫的灾难。

威尔逊的一生颇具传奇色彩，这个来自英国的博物学家，在1899年至1918年先后五次到中国采集植物标本，足迹遍及华中、华西和台湾的偏远山区。在这片地大物博的土地上，他成功采集到6万多件标本寄回欧洲。他被西方国家称为"打开中国西部花园的人"。

威尔逊的第一次中国之行，与一种罕见而美丽的物种——珙桐相关，这一物种也是被戴维介绍到西方世界的。

发现大熊猫后不久，戴维在穆坪的林区惊喜地见到了这一"林海中的珍珠"。珙桐被当地人称为"水梨子"树，能开出形似白鸽两翼的花。花开时节，远远望去，犹如群群白鸽栖息枝上，在清风温柔吹拂下，"白鸽"展翅欲飞，如诗如画。

这种新生代第三纪遗留下来的有"植物活化石"之称的珍贵物种，也是西方国家迫切想要得到的。当时欧洲最大的植物种苗公司就希望在当地引种珙桐，因而雇用威尔逊去中国帮忙采集珙桐种子。威尔逊成功地在宜昌西南的山区得到了上万颗珙桐种子并寄回英国。

威尔逊在中国西部进行植物采集工作，难免会与大熊猫的栖息地产生交集。

---

① ［英］亨利·尼克尔斯.来自中国的礼物［M］.黄建强，译.北京：生活·读书·新知三联书店，2018.

但是，尽管他在山中见到很多种类稀奇的动植物，却从来没有见过大熊猫那黑白分明的身影。这也是他在书中提出两项挑战的原因。

如果当时中华民国能够迅速稳定局势，建立强有力的政权，或许这些外国的"不速之客"不能在中国的土地上肆无忌惮。然而，令人遗憾的是，资产阶级在中国的势力毕竟弱小，其软弱性和妥协性注定了他们不能带领中国走上国富民强的道路。

辛亥革命成功推翻了清王朝的统治，胜利果实却被袁世凯窃取了。西方列强选中袁世凯作为新的代理人，作为他们统治中国、保障在华利益的工具。得到列强支持的袁世凯迫使孙中山妥协，辞去了中华民国临时大总统的职位。袁世凯担任临时大总统不久，南京临时政府就夭折了。

袁世凯复辟帝制的逆流随着1916年出笼的"洪宪帝制"达到高潮。孙中山以《讨袁宣言》号召中国人民维护共和制度，各界爱国人士纷纷响应，蔡锷等人策划、领导的护国运动更是成为冲垮袁世凯势力的一股洪流。但是，中央集权的衰弱难免给地方势力以可乘之机，各成派系的军事集团在权力欲望的支配下，运用军事手段控制一方地域，与中央分庭抗礼。

北洋军阀分裂成皖系、直系、奉系三大派系，相互厮杀。美国、英国、日本等国为了各自的利益，在中国扶植军阀作为"傀儡"，这些行为使局势更加混乱。由滇系、桂系等派系组成的西南军阀，时而响应孙中山的号召对试图颠覆民主共和制度的北洋军阀进行讨伐，时而出于自身利益考虑与北洋军阀言和。战战停停之下，中国陷入了南北分裂的局面。此外，还有其他军阀势力为争夺地盘不断发动战争。十多年军阀混战，烽烟在中华大地上四处可见，生活在底层的百姓饱受战争之苦。

欲望的旋涡不断吞噬着人们的理智，西方的资本主义国家也迎来了一场波及较广的战争，这就是第一次世界大战。随着亚洲、非洲、拉丁美洲等地的殖民地或半殖民地被列强逐渐瓜分完毕，各种矛盾日益尖锐，暗流开始在帝国主义国家间涌动。为了争夺世界霸权，占有更多的殖民地，帝国主义国家展开了激烈竞争。

德国在瓜分世界的狂潮中起步较晚，尽管已成为欧洲的头等强国，工业发展水平名列前茅，但其地位远远不如英、法等老牌资本主义国家。为了扩大自身影响力，抵御法、俄等国的扩张，德国四处寻找同盟，先后与奥匈帝国、意大利形成三国同盟，这一行为使法、俄警惕并联合签订了针对德、奥的军事协定。在日渐紧张的局面下，英国也放弃了"光荣孤立"政策，与法、俄缔约，三国协约形成。军备竞赛在这两大军事集团之间疯狂展开，冲突不断爆发，很快有更多的国家卷进来。1914年，一场世界级的帝国主义战争爆发了。

战争给世界人民带来了深重的苦难，处于弱势地位的民众尚可拿起武器反抗压迫，但居于山林间"与世无争"的大熊猫，在面对疯狂的捕猎者时，只能不断退让，将自己隐藏进更深的山、更密的林。一旦行踪暴露，等待它们的，将是残酷血腥的子弹。

第一颗子弹

中华大地上混乱的局面和欧洲紧张的局势没有使冒险家对大熊猫的欲望消退，各国的探险队不惜花费重金，纷纷前往中国西部猎取大熊猫。对于威尔逊提出的两项挑战，冒险家们跃跃欲试，但这并不像他们想象中那样轻而易举。

大熊猫行踪神秘，卓越的爬树本领使它们在林间自如穿梭，完美地隐藏自己，它们需要花费很大一部分时间在觅食上，但食竹的特性帮助它们在觅食时能较好地躲避伤害。茂密生长的竹子阻隔了冒险家的视线，地面上杂乱生长的灌木也使他们步履艰难。在当地生活的经验丰富的猎人尚不能轻易猎取大熊猫，这些来自远方的异国人更不可能快速达成目的。不同国家的探险队在大熊猫出没的山区寻觅，十几年过去了，大熊猫依然是一个谜一样的存在。

其间，少数外国人见过疑似大熊猫的动物。澳大利亚传教士詹姆斯·休斯顿·埃德加声称他于旅途中见到一只在一棵栎树上睡觉的动物，它的样子很像大熊猫，为此他向《中国杂志》投稿，讲述他与这只疑似大熊猫的动物相遇的过程，还写了《等待熊猫》一诗来纪念此事。

山区崎岖不平的道路上遍布探险家的足迹，为了成为第一个猎杀大熊猫的人，他们四处寻觅，在恶劣的自然环境里艰难跋涉。今天的我们无法理解，为什么这些人会花费时间与金钱来猎杀大熊猫，为什么会将枪口对准大熊猫这种可爱的精灵。

或许这与当时的环境有关。在世界被卷入工业革命的浪潮之前，社会还是以农业文明为主，尽管也对自然产生了破坏，但远没有工业文明具有侵略性，人与自然仍保持平衡。今天，只有进入人迹罕至的深山、森林，才会与野生动物遭遇。对于绝大多数的人来说，除了在动物园里见到一些在圈养环境中失去野性的动物，基本上不会与野生动物发生交集。

工业文明的崛起使人类社会发生了天翻地覆的变化，人类对自然的依赖性大为减弱，原来靠天吃饭的人类，现在为战胜自然而感到骄傲。冰冷的建筑森林取代了绿意盎然的原始植被，沼泽干涸，河流改道，栖息地遭到破坏的野生动物四处流浪，成千上万的物种以极快的速度从地球上消失。而迅速称霸全球的人类具有极强的扩张性，残酷的竞争关系注定了物种间的争斗不可能没有硝烟。人类独特的进化方式使其摆脱了作为凶猛掠食者食物的命运，逐渐凌驾于其他物种之上，对掠食者进行了反掠食，工业文明的出现加速了这种进程。

19世纪，欧洲的博物馆为了丰富馆内的藏品，竞相雇用探险家收集各种动植物标本。受到丰富酬金的诱惑，当然，也有一些博物学家以帮助进行科学研究为目的，总之他们行动了，于是，博物馆得到了数量繁多的收藏品。

博物馆不是动物园，不需要活着的动物，冰冷的标本对他们来说更具有研究价值，这也是大熊猫被做成标本运往博物馆的原因。博物馆的这种行为客观上有助于环保观念的形成，很多被博物馆雇用的探险家见证了物种的迅速灭亡，一些环境保护方面的言论随之产生。

野生动物数量急速锐减的主要原因，是猎杀行动更能体现男性的气概。在人类漫长的进化过程中，暴力因子被镌刻在基因片段之上，人类的双手可以用来创造，也可以用来毁灭彼此。战争无时无刻不在进行。两次世界大战的参与者德国作家恩斯特·荣格尔在日记体小说《钢铁风暴》中写道："战争在我们眼里是一件非常有男子气概的事：狙击手在草丛中兴高采烈地战斗，在那里，他们的鲜血如同露珠般坠落在花瓣上。世上再没有比这更美妙的死亡方式了。"①

但战争意味着流血、牺牲，从长远来看，这对人类的发展并非益事。一个物种内部的争斗尽管能够使有限的资源从失败方转向胜利方，但资源总量并无变化，甚至有所损耗，故而人类将战争扩大到其他物种。野生动物的狩猎行动能够在获得外界资源的同时，释放被压抑的暴力因子，彰显男性气概。人类对此总是乐此不疲。

工业化的急速推进使人与自然的矛盾越加凸显，枪支的出现及使用让人类在面对野生动物时有了碾压的优势，大规模的猎杀行动使工业化程度极高的西方资本主义国家境内的一些大型野生动物濒临灭绝。但是，狩猎行动不会就此终止，这些国家还存在着广阔的殖民地和半殖民地，在那里，由于经济落后，人类还不能"征服自然"。

20世纪20年代，西奥多·罗斯福（美国第二十六届总统）的两个儿子小西奥多·罗斯福与克米特·罗斯福做出一个决定——到中国去，加入猎杀大熊猫的竞赛。此前有太多的探险队在进行这件事，但都铩羽而归。大熊猫在人们的认知中变得越发神秘，以至于小西奥多与克米特对成功猎杀大熊猫并不抱有太大的希望。

在得到芝加哥菲尔德博物馆的资金支持后，小西奥多与克米特带领菲尔德博物馆华南远征队出发了。为了使这次探险有所收获，他们需要做好充分的准备。首先是来自官方的许可，这能使他们在中国的探险更为顺利。经过交涉，小西奥多与克米特一行于1928年取得了民国政府颁发的"游猎"护照。合法身份有了，语言不通却是个大问题，他们还需要向导。最终，他们选择了云南丽江的第一位牧师宣明德。这里要提及约瑟夫·洛克此人。

---

① ［法］马克思·加罗.欧洲的陨落：第一次世界大战简史［M］.闫文昌，罗然，黄林，译.北京：民主与建设出版社，2017.

洛克是美籍奥地利人，热爱探险，在植物学上有很深的造诣，对纳西学也进行了深入研究。自1922年起，他6次来中国考察。1922年至1924年，他经泰国曼谷进入中国云南丽江，后又进入四川，一路考察，得到了大量的植物标本和有价值的资料。

第一次中国之旅结束后，洛克回到美国，与小西奥多、克米特相遇，谈起了生活在中国西部的大熊猫。这次交集对两兄弟影响颇深，所以当他们按护照上允许的路线经缅甸进入中国时，先去云南丽江寻找此时正在进行第二次中国之旅的洛克。这一年，是1929年。洛克得知小西奥多与克米特一行在寻找向导，就将好友宣明德推荐给他们。

就这样，在宣明德的带领下，菲尔德博物馆华南远征队从丽江起程，向着大熊猫的故乡前行。一路前行，经木里、九龙、康定、泸定、天全，远征队来到了当年戴维科学发现大熊猫之地——宝兴县。远征队在这里雇了13个猎人，一起去猎杀大熊猫。

但是，他们在茫茫无边的林海中穿梭了十几天，一无所获。失望之下，他们离开宝兴，扩大搜索范围。他们在芦山、汉源等地也一无所获，于是来到石棉与冕宁交界处的拖乌山。在这里，他们惊喜地发现了大熊猫留下的痕迹，他们确定这只大熊猫刚刚离开不久。

一场紧张兴奋的猎杀行动展开了。远征队跟随大熊猫留下的痕迹一路向前，在一棵树的树洞中见到了这只大熊猫。这是一只行动迟缓的老年大熊猫，个头很大。当那独特的黑白皮毛进入远征队员的视线之时，他们认为自己正身处梦境，无数次的失望已经使他们以为此行依旧会一无所获。

这只不幸的大熊猫摇摇摆摆地向不远处的竹林行去，对于聚焦在它身上的危险视线毫无所觉。眼见大熊猫快进入竹林，小西奥多与克米特着急了，一旦大熊猫进入竹林，他们将很难杀死它。轰隆一声，两发子弹同时射中了这只大熊猫，残留的火药味从小西奥多与克米特手持的手枪枪口散发开来，原本被虫鸣鸟啼充斥的大山瞬间陷入了死寂，这时，远征队成员急促的呼吸声变得格外清晰起来。

中弹的大熊猫没有发现敌人来自何方，响彻耳畔的轰鸣声和身体的剧痛使它挣扎着想要逃离这里，凭着本能，它一头扎进竹林，希望茂密的竹林能帮它阻拦敌人、摆脱追捕。但受伤而流出的鲜血暴露了它的行踪，使它变得越发衰弱，它听到了死亡的脚步声，但已无力摆脱。这只大熊猫视野中最后的景象，是透过竹林缝隙流泻下来的一片蓝天。

小西奥多与克米特将这只大熊猫剥了皮，带出了中国。在发往菲尔德博物馆的电报中，他们写道："运气极好，我们共同替贵馆射杀到一只漂亮的老年公熊猫。相信官方会同意这是首只被白人射杀的大熊猫。"其他人也许曾捷足先登，不过历史不会记得他们。[①]

小西奥多与克米特返回美国当年，就将这段在中国猎杀大熊猫的经历写成《追踪大熊猫》（*Trailing The Giant Panda*）一书。这本书出版后，由于作者身上附带的名人效应以及猎杀珍奇动物大熊猫的细节记录，一时风行，此前因无数人无功而返而有所降温的猎杀大熊猫竞赛，再次展开，并且变得更为激烈。

狩猎进行时

1930年，菲尔德博物馆展出了小西奥多与克米特取得的大熊猫标本，这一行为使当时众多博物馆陷入了疯狂，他们为了扩大博物馆的名气，纷纷组织远征队扑向中国这片神秘的土地，希望能得到更多、更完美的大熊猫标本。

这一时期，中国社会从混乱的军阀战争中摆脱出来，中国国民党成为掌握国家政权的政党。而对中国命运起到至关重要作用的一股力量也悄然崛起，这就是中国共产党。《共产党宣言》开头有这样一句话："一个幽灵，共产主义的幽灵，在欧洲徘徊。"20世纪20年代，这个"幽灵"来到了中国。

---

① ［英］亨利·尼克尔斯.来自中国的礼物［M］.黄建强，译.北京：生活·读书·新知三联书店，2018.

1923年，中国共产党在共产国际的指导下，决定同孙中山领导的中国国民党合作，建立革命统一战线。1924年，由孙中山主持的中国国民党第一次全国代表大会召开，国共两党正式合作，这是国共第一次合作，轰轰烈烈的国民革命就此展开。

在国共两党齐心协力之下，北伐军势如破竹，北洋军阀的统治被逐步推翻。然而，以燎原之势不断壮大的中国共产党使反动势力大为恐慌，蒋介石、汪精卫等国民党右派先后背叛革命。国共关系破裂，国民革命就此失败。蒋介石在南京建立了"国民政府"，一边镇压共产党等无产阶级革命力量，一边继续北伐。1928年，南京国民政府在名义上统一了全国。

为了在国际社会上站稳脚跟，稳定在国内的统治，南京国民政府积极争取列强对其地位的认可。国民政府先后得到美国、德国等多个大国的支持，在国际上有了合法地位。美国是最先在法律上承认国民政府国际地位的国家，在与国民政府的谈判中获得了满意的利益，所以，来自美国的远征队在中国西部猎取大熊猫占据了优势。

1931年，受雇于美国费城自然科学博物馆的布鲁克·多兰、胡戈·魏戈尔德、恩斯特·舍费尔等人来到中国，射杀了一只大熊猫幼崽，并从当地人那里购买了几只大熊猫，做成标本后运回费城自然科学博物馆。

1934年，受雇于美国自然博物馆的迪安·塞奇、威廉·谢尔登一同射杀了一只大熊猫。

1929年至1934年，戴维·克罗克特·格雷厄姆将超过20只大熊猫标本交给其雇主——美国国家自然博物馆。

此外，还有一些来自外国民间的猎杀大熊猫行动。如1935年，英国的考特尼·布罗克赫斯特在夹金山地区用来复枪射杀了一只大熊猫。他是一名上尉，具有丰富的狩猎经验，这次行动完全由他本人承担费用，没有任何官方机构给他提供帮助。

来自不同国家的远征队在中国西部的大山中行进，打破了这片土地的宁静。这些昔日充斥空灵之音的动植物王国里，如今四处可见贪婪的猎手，他们携带着足以碾压凶猛猎物的枪械，无数的猎犬用灵敏的鼻子为他们带路。各种野生动物倒下前的哀鸣，在山间回荡，大山也为此发出了无力的叹息。

如今，在一些西方国家的博物馆中依然能看到那时候被猎杀的大熊猫标本，透过百年多的苍茫岁月，我们依旧能够看到它们那不甘的灵魂。

越来越多的大熊猫死于外国人之手，猎杀大熊猫已不再是一种困难，人们开始将目光转向一种全新的挑战——将活着的大熊猫带往西方世界。谁能成为第一个完成这项挑战的人，将收获无与伦比的名气与金钱奖励。一些具有敏锐眼光的人看到了这一趋势，在《华盛顿邮报》上发表文章，预测一场新的淘金热潮即将来临。

不过，将一只活生生的大熊猫从深山密林中带出来，一路细心照顾，直至抵达西方国家，远比杀死它们，把它们的尸体制作成标本，然后寄往西方国家要难得多。

大熊猫这种行踪神秘的物种，拥有八百多万年的进化历史，在漫长的时间之河里，它们成功躲避了无数次足以使种族灭绝的危险而延续至今。中国西部蜿蜒起伏的崇山峻岭作为它们挑选的最后大本营，为它们提供了很好的庇护。仅容一人通过的小径上长满湿滑的青苔，四周是陡峭的石壁，稍不留意，就会面临危险。在密不透风的竹林间行进，露出地面的交错缠绕的竹根阻碍着探险队员的脚步，他们在大山中跌跌撞撞地前行，从大熊猫遗留下来的蛛丝马迹判断它们的行踪。

见到大熊猫的"真容"很难，成功射杀一只大熊猫更难，而将一只凶猛的、野性十足的大熊猫活捉更是难上加难。大熊猫在视觉上不是那么敏锐，但嗅觉和听觉十分出色。通常情况下，隔着很远，大熊猫就会发现敌人的行踪，然后以超乎想象的速度隐匿自己。猎人要想活捉大熊猫，只能通过设置陷阱，这样才能尽可能避免使大熊猫受到伤害，活着到达距离故乡千里之外的西方。

大熊猫惊人的食量与挑剔的食性也是一项巨大的阻碍。大熊猫并非天生的"食竹者"，在漫长的演化过程中，它们放弃了原本的肉食性而转向食竹，但其肠道并没有同步演化，仍保留着食肉动物肠胃的特性，这使它们总在吃竹子与排便中度日。一只成年大熊猫一天能够将20千克左右的竹子吃进腹中，但不是所有的竹子都能得到它们的喜爱。

这一问题长期困扰着想要将这一自然之灵据为己有的人类。在将大熊猫活着带出中国成为现实之后，无数的大熊猫仍因这一问题死在从故乡到异国的路上。被欲望驱使的疯狂的冒险家们，将大熊猫从食物储备丰富的家园中运出，关进狭窄的笼子，任由烈日灼晒，不给它们提供新鲜可口的竹子。无数灵魂因此而湮灭，这是大熊猫的悲哀，又何尝不是人类的悲哀？

女服装设计师与大熊猫

战争、劫掠、杀戮、冒险……这些词语构成的世界，似乎是纯男性的。一位女性服装设计师跻身其间，在这场男性的角逐中脱颖而出，第一个将活体大熊猫带出中国。冥冥之中，仿佛有一双看不见的手，一直牵引着她向着东方，向着大熊猫的故乡前行。她，就是露丝·哈根纳斯。

1900年，露丝出生在美国的宾夕法尼亚州。如果对这一年足够敏感，我们能够发现一些奇妙的联系。这一年，大熊猫的科学发现者——阿尔芒·戴维在法国巴黎一座教堂里与世长辞。这位声名显赫的博物学家，使大熊猫开始走入西方世界，使它们的命运轨迹向着未知的方向延伸。命运在时光交错间不停地将露丝推向大熊猫这一可爱的精灵，尤其是在她与威廉·哈根纳斯结识之后。

露丝所在的麦库姆斯家族位于泰特斯维尔，这一家族有着坚韧不拔和清心寡欲的传统，这两点对露丝影响颇深。她的家庭并不富裕，小镇上的一些依靠石油发家致富、跻身上流社会的家庭才是真正的富裕者，而她的家庭秉承勤劳工作、诚实守信的信条，每天过着按部就班的安稳生活。根深蒂固的家族力量，使他们似乎与日新月异的时代脱离开来，"在露丝看来，父母的这种生活方式表明，他们固守着19世纪的生活传统，不愿意做任何改变"①。

威廉·哈根纳斯的家族在纽约城上流社会的圈子里有着广泛的名气，威廉的父亲是纽约的一位大律师，威廉本人也是上流社会的精英人士。他毕业于哈佛大学，精通希腊语、拉丁语、法语等多种语言，有着渊博的知识，爱好广泛，性格张扬。优越、富裕的生活条件使威廉不用像大多数人一样为生计奔波，得以将更多的精力放在各种冒险上。在威廉生活的时代，世界正展现出与以往认知中截然不同的面貌，世界地图上无数的留白区域深深地吸引着这个年轻人躁动的心。

小镇工人家庭出身的露丝，好像很难与威廉这样的大城市富家子弟产生过于深入的牵绊，事实恰恰相反。

1923年，23岁的露丝来到了纽约。如今，纽约这座世界级的城市会集了众多人口，成为美国人口最多的城市，在经济、金融、政治、娱乐等领域发挥着巨大的、足以影响世界的能量。早在露丝生活的那个年代，纽约就是时尚、潮流的风向标。初到纽约的露丝很快适应了这座城市的脉搏。她在曼哈顿找到了一份服装设计师的工作，与她来往的客户都是上流社会的有钱人。

在纽约，她过上了与过去迥然不同的生活。过去的她内敛、忧郁、自闭，现在的她时尚、前卫，时时处于人们视线汇集之处。她常常一手拿着香烟，一手端着酒杯，酒杯里经年被不同种类的酒水填满。她在各种酒会上悠然穿梭，恣意纵情。

此时的美国，正处于第一次世界大战结束后的"繁荣"时期。美国由战前的债务国一跃成为债权国，经济得到飞速发展。时任美国总统的约翰·卡尔文·柯立芝（任期为1923年至1928年）以古典自由派保守主义闻名，他任由美国的市场自由发展，并不试图干预。

经济的自由延伸到社会各个领域，也塑造了张扬的性格。在一次酒会上，露丝和威廉相遇了。尽管在外人看来，这两人的人生轨迹应该是平行的，但两

---

① ［美］维基·康斯坦丁·克鲁克.淑女与熊猫［M］.苗华建，译.北京：新星出版社，2007.

颗年轻的心一经碰撞，就产生了火花，他们很快坠入爱河。威廉对冒险生活的热情感染了露丝，她从威廉丰富的游历经历中看到了一种生活的激情。两人确定恋爱关系后，威廉经常离开露丝去世界各地进行冒险活动，他们的感情没有因此而疏远，反而更加亲密。在无数次信件往来中，他们的灵魂愈加契合。

1933年，一个对威廉与露丝的人生起到至关重要作用的人，来到了两人的家中。他叫劳伦斯·格里斯沃尔德，是威廉在哈佛大学时的同学，他计划进行一场冒险，来这里邀请威廉加入他的探险行动。充足的金钱与充沛的精力，使威廉对这场冒险有着迫切的渴望。两人联手的第一次冒险行动很快展开，这一次，他们的目标是一种位于印度尼西亚的世界上最大的蜥蜴——科莫多巨蜥。

在这次探险行动中，威廉与格里斯沃尔德拥有了很深的默契，他们互相依靠，成为很好的搭档。最终，他们成功地将几只活着的科莫多巨蜥带回美国。这并不容易，因为这种有"科莫多龙"别称的稀奇物种，体长2米至3米，生性凶猛，成体会吃同类的幼体，还会对人类发动攻击。

这次探险行动使他们名利双收，并刺激他们展开另一场冒险。在遥远东方的神秘大山中，一种有着黑白毛皮的、名为"大熊猫"的动物，紧紧地抓住了他们的心。为在将活体大熊猫运出中国的这场竞赛中抢占先机，威廉与格里斯沃尔德两人紧张地筹备着。

出发之前，威廉还有一项神圣的使命需要完成，就是与露丝步入婚姻的殿堂。1934年9月9日，两人在纽约一所市政大厅里举行了婚礼，在法律上，他们有了婚姻关系。两个星期后，由威廉与格里斯沃尔德联合组建的格里斯沃尔德—哈根纳斯亚洲探险队就踏上了征程。露丝留了下来，守在新婚的家中，等候探险行动中丈夫传回的音信。

1935年1月，探险队抵达了上海。但事情的进展并不顺利。威廉预想中在追踪大熊猫的路上因恶劣的自然环境带来的阻碍还没有成为现实，一系列糟糕的事情就接踵而来。

首先是探险队内部的瓦解。探险队的成员纷纷离开，最后只剩下莱格兰德·格里斯沃尔德继续坚守，他是劳伦斯·格里斯沃尔德的表亲。不过这并非什么大事，充足的资金使威廉随时都能再次组织一支人员齐备的队伍，最大的问题是他们没有获得能够在中国土地上自由行动的签证。他们陷入了泥淖，步履艰难。大熊猫的故乡近在咫尺，可他们被拦在了门外。当时的科学管理机构中央研究院阻拦他们，紧张的时局也让他们迟迟无法获得旅行许可。

威廉等人远渡重洋、历经艰辛，踏上中国这片土地时，正面对着中国当时动荡的时局。国民党政府出于对中国共产党的忌惮，迟迟不批准威廉一行人的旅行申请。威廉的行动还受到国民党政府的严密监视。他被困在上海，没有签证，猎捕大熊猫的梦想将成为泡影。

尽管为猎捕大熊猫所做的努力一直在持续，但威廉并没有实现这一愿望，他与梦想最为接近的时刻，是他终于在1935年夏天抵达了大熊猫故乡的入口——四川乐山。但是很快，由于签证问题，他又不得不再次返回上海。

在等待下发签证的漫长时间里，威廉被发现患上了喉癌，经过几次手术后，他元气大伤。1936年2月，在这个寒冷的冬季，这个肆意挥霍青春、吸烟酗酒的，有着运动员体魄的男子，带着对大熊猫深深的遗憾，结束了34年短暂的人生旅程。

远在美国的露丝获知这一消息后大为悲恸，不能相信不久前还通过电报给自己报平安的丈夫离开了自己。昔日与威廉相处的画面时时于眼前浮现，露丝陷入了深深的痛苦之中。

失去了威廉，露丝的人生陷入了黑暗，在度过一段浑浑噩噩的日子后，一个疯狂的想法像一道闪电击中了她：为什么不到中国去，完成威廉生前未竟的愿望？这一想法一经出现，就以无法遏止的速度蔓延，迅速攻占了露丝全部的灵魂，她身体里的每个细胞都躁动起来，叫嚣着、催促着她展开行动。

一个发生在露丝与大熊猫之间的传奇故事，开始酝酿。

"苏琳"出国

一旦下定决心，一切就开始有条不紊地运转起来。威廉离世后，露丝分到了2万美元的遗产，这在当时的美国绝非一笔小钱。

20世纪20年代，美国经济飞速发展，成为世界上最富裕的国家，财富和机遇将自己各啬的大门向所有美国人敞开，贫困似乎成为存在于旧时代的噩梦。然而，在繁荣的景象下，一个可怕的魔鬼正在酝酿着一场风暴。

1929年10月24日，这个魔鬼初次展露了它狰狞的面目。这一天，纽约证券交易所里充斥着人们绝望的歇斯底里的咆哮声。此前为了一夜暴富，着魔般将全部身家砸在股票投机上的人们尝到了恶果，雪崩般下跌的股价表明他们的财富在无形中被蒸发殆尽。

这只是灾难的开始。此后，经济危机蔓延至社会的各个领域，并从美国扩张至整个资本主义世界。1933年，资本主义世界各国的工业产量倒退到19世纪末的水平，美国、德国、法国、英国的29万家企业宣告破产。整个资本主义世界有3000多万名工人失业，几百万名小农破产，没有了收入来源的人们过上了饥寒交迫、颠沛流离的生活。

在大萧条的背景之下，露丝得到的2万美元遗产，无疑可以帮助她在实现梦想的道路上前进一大步。当然，如果她选择过节俭、朴素的生活，这笔钱也可以维持她相当长时间的生活。然而，露丝不愿庸碌度日，她将所有的资产投入了探险事业中，为了将威廉的骨灰撒在他未曾踏足的大熊猫故乡，并且捕捉到一只大熊猫，她倾尽了所有。

1936年4月17日，一艘名为"美国商人号"的海船载着露丝出发了。夕阳斜照，远望遥远的天际，云层与水面被镀上一层金红色的光芒，前方等待露丝的是什么，她还无从得知。

对于露丝的这场冒险，几乎没有人持以乐观的看法。绝大多数人认为这就是一个笑话。在露丝的哥哥吉姆看来，"妹妹把数额不大的遗产用来捕捉活的大熊猫，真是一个极其荒谬的做法。那些外出捕捉大熊猫的男人，没有一个能够接近活的大熊猫。另外，大熊猫到底是一种什么玩意儿？"[①]

----

① ［美］维基·康斯坦丁·克鲁克.淑女与熊猫［M］.苗华建，译.北京：新星出版社，2007.

面对人们质疑的目光，露丝对这次探险行动毫不动摇。几经辗转，怀着坚定信念的露丝终于来到了她朝思暮想的中国。在香港，她见到数百条中国式小舢板聚集在一起捕捉鱼虾，船上燃烧着的火把充当了照明灯的角色，为辛勤劳作着的渔民提供方便。抬头望去，天空中是亿万年来流转不停的星海；低头俯瞰，海面上是由火光汇聚而成的涌动不息的灯河。此情此景深深地打动了露丝，在这犹如神境的土地上，她奇异地感受到一种归属感，好像此前的她一直于异乡漂泊，来到这里才是回了家。这种感觉在接下来的行程中越发明显，露丝深深地迷恋上了这个古老、神秘的东方国家。

1936年7月，露丝抵达上海，住进了此前威廉住过的汇中饭店，这也是当时美国人最喜欢的旅馆，尽管与周围一些更为壮观的旅馆相比，它已显得有些落伍。

被闷热而潮湿的空气包围着，露丝开始对这座东方与西方文化合力打造的城市进行探索。这座城市具有使人深深沉醉在它燥热脉动之中的魔力。露丝一时成为鸡尾酒会上的风云人物，人们的目光聚焦在她的身上。但她清醒地意识到，此行的目的远非如此，中国西部大山中行踪神秘的大熊猫才是她最渴望得到的。露丝开始通过交际获得大量消息，并从中筛选出有用的信息来帮助她制订探险计划。

露丝希望为"将活体大熊猫带出中国"这一看起来异想天开的想法，制订了周密的计划。为此，她调动所有能量，上下奔走，将她认为的所有能够为实现梦想提供帮助的力量纳入计划中。尽管仍然没有取得中国政府的旅行许可，但露丝独辟蹊径，得到了当时驻扎在北平（今北京）的美国大使尼尔森·特拉斯勒·约翰逊的支持。

此后，一个关键人物进入了露丝的视线，这就是中美混血探险家杨杰克。杨杰克此前参加过罗斯福兄弟在四川猎杀大熊猫的探险行动，还与两个美国探险家一起登上过位于四川境内的贡嘎山，他还有自己的探险队，经常在中国西部一带探险，在探险行业里名气很大。

在与杨杰克的交流中，露丝获知了大量与探险行动有关的细节，杨杰克丰富的探险经验使露丝确信，如果他能成为自己这次行动的搭档，那么获得一只活体大熊猫将不再是镜花水月、空中楼阁。然而，事情总不会一帆风顺地朝着露丝期望的方向发展，此时的杨杰克有了另一个探险计划，不能加入露丝的探险队。但值得庆幸的是，他将自己的弟弟杨昆廷介绍给露丝，并促成杨昆廷加入猎捕大熊猫的行动。

尽管与哥哥杨杰克相比，杨昆廷并没有统领一支探险队的经验，但他依然具有丰富的野外探险技能。他枪法精准，打猎经验丰富，还能通过布控陷阱获取猎物；在沟通方面，他既能讲一口流利的英语，还能用标准的四川方言与当地人交流。对于露丝来说，杨昆廷毫无疑问是一位极为优秀的合作伙伴。

事实证明，杨昆廷在猎捕大熊猫的行动中发挥着极为重要的作用，可以这样说，如果没有他，露丝的这次中国之旅很可能会以两手空空、打道回府而告终。

1936年9月27日，在充分做好前期准备工作后，露丝与杨昆廷离开上海，搭乘"黄埔号"蒸汽船一路沿长江向西行进。到达宜昌后，他们换乘"美陵号"继续前行，于10月11日到达重庆，改由陆路向目的地成都进发。到达成都后，一切与此次行动有关的细则都被提上日程。杨昆廷雇用了十几个苦力来运输他们携带的几十件行李，为了提高探险过程中的生活质量，他还聘用了一位厨师。

原本，露丝一行计划向西南方向进发，到达罗斯福兄弟猎杀大熊猫的地区，但受战争影响，这一路线面临物资运送困难，他们决定前往西北方向的邛崃山一带，开始他们在熊猫国度的探险。

10月20日，探险队穿过人潮涌动的成都西门，向着人烟稀少、白雪皑皑的群山出发了。此行的艰难是露丝这个一直生活在城市中的女性难以想象的，严酷的自然环境和当时混乱的社会环境使他们的行动困难重重。湿滑的山路、陡峭的石壁、蚀骨的寒冷以及随时可能出现的匪盗，种种困难几乎是整个探险过程中不得不面对的，但露丝并不畏惧。经历了这一切，露丝更加确信，这种生活才是她向往的。

但是，猎捕大熊猫的困难并不会因露丝的坚持而减少，在这片动植物的王国中，人类的力量显得那么渺小。身处群山怀抱之中，露丝面对着所有将大熊猫作为目标的同类一样的困境：她很难发现大熊猫的踪迹。但也许一份礼物注定要被送到露丝的手中，这从她众多行李中的几件特殊物品可见端倪。这些特殊的物品是什么，与露丝将中国的大熊猫带到国外有什么关联呢？

这要从露丝正式启动这次探险行动前的一个夜晚说起。这天晚上，露丝迟迟无法入眠，尽管杨昆廷的加入为她解决了很多实际操作上的困难，但对于大熊猫，人类依然知之甚少。先不考虑他们可能无法得到一只体重在100千克左右的成年大熊猫，假设他们能够成功实现这一目标，那如何让一只被关在笼子中的食竹动物生存下去，平安到达国外呢？离开了盛产竹子的熊猫故乡，他们又该怎样维持食量惊人的大熊猫的生命？一系列的问题使露丝焦躁不安，辗转反侧。

正当露丝苦苦思索的时候，一个前所未有的想法击中了她：为什么不捕捉一只大熊猫宝宝？露丝突然兴奋起来，各种捕捉大熊猫宝宝的好处在她的脑海中快速翻涌，她清晰地意识到，一旦目标确定为熊猫宝宝，那么，它的食物问题将得到解决，而且在运输上也远比一只成年大熊猫更为方便。即便是露丝自己，也认为"这是一种真正的、彻头彻尾的疯狂"，但她还是感受到"内心深处有一个细小的声音在告诉她做好准备，让这个想象最终变成现实"，为此，她列出了一生当中最有灵感的购物清单——"护理用的瓶子，奶嘴，还有奶粉"[①]。

11月9日一大早，露丝和杨昆廷就带领着其他探险队成员出发了。这一天看起来和他们之前在茫茫大山中穿梭的其他时候没什么不同，以至于当他们从一棵古老而有些腐烂的云杉树树洞中抱出一只毛茸茸的黑白相间的大熊猫幼崽时，每个人都仿佛身处梦境。

幸运就这样降临了。露丝和杨昆廷看着这只可爱的、自然赐予的精灵，激

---

① ［美］维基·康斯坦丁·克鲁克.淑女与熊猫［M］.苗华建，译.北京：新星出版社，2007.

动的心跳声久久无法平静下来。回到营地后，此前精心保存的一个玻璃奶瓶被小心翼翼地取出来，这只奶瓶成了这次探险行动中最大的法宝。

当熊猫宝宝成功地通过奶瓶吸吮进第一口奶粉配餐时，每个人都安静了下来，若干年后，人们通过科学研究确定："即便是成年的熊猫，也是对人很亲近的。它们拥有一种明显的特征，能够引发人类的怜爱之心，对它们做出友善的表示。"①现在，这种魔力第一次展现在这些围观熊猫宝宝喝奶的人类面前，而这种魔力将在不久后发挥出更大的影响力。

露丝以杨杰克妻子的名字"苏琳"为这只熊猫宝宝命名，并凭借本能照顾这只美丽而又脆弱的宝贝。在露丝与杨昆廷细致入微的照顾下，"苏琳"成功存活下来。在离开熊猫国度前，露丝将丈夫的骨灰埋葬在山顶杜鹃花交错缠绕的根茎之下，埋葬在这片威廉尽管竭尽全力，依旧未曾踏足的土地上。

从莽莽苍苍的西部群山回到熙熙攘攘的热闹都市，尽管露丝极力避免暴露在大众视线之中，以免为"苏琳"的出国行动带来麻烦，但事与愿违，"苏琳"的出现还是难以避免地引起了轰动。新闻记者追寻着露丝的踪迹，希望了解她获得"苏琳"的细节，而露丝尽量躲避着他们。狂欢在私底下悄悄地进行着，露丝带着"苏琳"在一个又一个宴会上穿梭，接受朋友们的祝贺，每到一处，这只可爱的熊猫宝宝都会赢得人们的赞叹。

尽管露丝对这一切感到自豪，但这丝毫没有缓解她的焦虑：在成功将"苏琳"带出中国之前，她始终不能松一口气。由于没有获得官方颁发的旅行许可，她在中国的行动都是非法的，一旦被海关拦截，一切都将竹篮打水——一场空。

露丝的担心很快变成现实。11月27日夜，在露丝即将带着"苏琳"登上"俄罗斯女皇号"航船离开中国时，她被海关拦截了下来。灯光映照下的"俄罗斯女皇号"已然在望，这时功亏一篑，露丝的失望像四周暗沉沉的夜幕一样深重。

这时，露丝强大的人脉关系的重要性被凸显出来。各行各界的或明或暗的势力纷纷行动起来，极力帮助露丝摆脱困局，一场"西方人的权势与正在崛起

---

① ［美］维基·康斯坦丁·克鲁克.淑女与熊猫［M］.苗华建，译.北京：新星出版社，2007.

的中国民族尊严之间的较量"^①发生了，而最终的结局对中国显然不利。

12月2日，露丝带着"苏琳"登上了一艘经日本前往旧金山的汽船——"麦金利总统号"，随身携带着一张"狗一只，20美元"的出口许可。^②这一许可被作为"苏琳"的身份证明，帮助露丝通过了中国海关的检查。

"麦金利总统号"起航了，海岸渐渐被抛在身后，露丝一直紧绷的心弦终于得以放松，她可以预想到，当她带着传奇宝贝"苏琳"回到美国时，将面对何以盛大的场面。

情况和露丝预料的一样，甚至有过之无不及。蜂拥而至的记者挤满了旧金山码头，密切关注着露丝的一举一动。从旧金山到芝加哥，再到纽约，露丝和"苏琳"始终处于新闻记者的镜头之下，"苏琳"得到的关注甚至超过了露丝。当露丝最终将"苏琳"转交给芝加哥的布鲁克菲尔德动物园后，这种情况变得更加明显。1937年4月20日，"苏琳"第一次在布鲁克菲尔德动物园公开亮相，"在最初的几天里，数以千计的观众涌入动物园。头三个月的观众数量高达325000人"^③。

"苏琳"是第一只活着到达国外的大熊猫，在大熊猫家族中是极为特殊的。远离故土，在异国陌生的环境中生活，对于"苏琳"来说是极为不幸的。不过，与其他被残忍杀死、制成标本，在博物馆冰冷的玻璃展厅中经年矗立的同类相比，它又是幸运的。

历史上，从没有动物像"苏琳"那样获得人类密切的关注，可以说，"苏琳"开启了一个时代。或许在"苏琳"之前，对科学界采用无生命的大熊猫标本进行研究就存在异议，但"苏琳"出现在公众视野之后，这种观点得到了更为直观的展现，滥杀大熊猫的时代就此终结。

---

① ［美］维基·康斯坦丁·克鲁克.淑女与熊猫［M］.苗华建，译.北京：新星出版社，2007.
② ［英］亨利·尼克尔斯.来自中国的礼物［M］.黄建强，译.北京：生活·读书·新知三联书店，2018.
③ ［美］维基·康斯坦丁·克鲁克.淑女与熊猫［M］.苗华建，译.北京：新星出版社，2007.

第四章　跨国猎捕

战云笼罩下的土地

　　将大熊猫"苏琳"成功从中国运出并带回美国，露丝获得了"熊猫夫人"的美誉，得到了金钱与名誉的巨大收获。她和"苏琳"的故事被人们津津乐道，广泛传播。

　　布鲁克菲尔德动物园通过售卖参观"苏琳"的门票取得了巨额收益。其他动物园管理者坐不住了，纷纷雇用探险者前往中国，希望能为动物园带回这一"摇钱树"。露丝得到了布鲁克菲尔德动物园的资金支持，将再次起程前往中国，为摇钱树"苏琳"寻找一个伴侣。在这场猎捕大熊猫的竞赛中，作为第一个成功者，露丝无疑占有先机。但此时的中国时局有了很大变化。

　　"苏琳"在美国芝加哥布鲁克菲尔德动物园中频频亮相，如明星般受到众多观众喜爱之时，日本正对中国步步进逼。

　　1937年7月7日夜，日军以军事演习中一名士兵失踪为借口，悍然炮轰宛平城，七七事变(亦称"卢沟桥事变")爆发。日本全面的侵华战争拉开序幕。"卢沟桥抗战的枪声，进一步激起中华民族的义愤。全国人民同仇敌忾，不分前后方，不分各行各业，争取中华民族的独立解放和基本的生存权利"①，在这样的背景下，以国共为主导的抗日民族统一战线正式建立，中华全民族抗战的局面开始形成。

战火由华北波及华中。1937年8月11日，当露丝怀着激动的心情再次来到上海，面临的就是这种局面。8月的上海，被潮湿而闷热的空气包围着，整个城市充斥着一种压抑、躁动的气息，种种迹象表明，战争即将降临这片土地。

露丝在乘坐"胡佛总统号"前往上海的路上就听说了上海即将爆发战争的消息。即将抵达公共租界时，露丝站在甲板上亲眼看到日本一艘名为"出云号"的军舰盘踞在海面上，不远处就是她曾经居住的汇中饭店。

1937年8月13日，日本将魔爪伸向了上海。日军以一名军官在上海虹桥机场被中国守军击毙为借口，挑起事端。中国军队奋力反击，一场大战在上海展开。

露丝对身处战争中心并不畏惧，她无疑有着极强的冒险精神，这种精神使她在直面死亡时仍然没有放弃对大熊猫的梦想。8月14日，淞沪会战爆发一天后，有炸弹落入租界，其中有一枚甚至直接炸毁了露丝暂住的汇中饭店。数枚炸弹在公共租界和法租界爆炸，一切都陷入混乱。无数平民死于这次爆炸，"统计数字很快表明，一共有1740人死亡，1431人受伤"②。

在这次爆炸中，露丝与死神擦肩而过。战争爆发前，一位消息灵通的朋友告知露丝，为了避免在即将到来的战争中遭遇不测，她最好待在饭店，哪里都不要去。但炸弹在汇中饭店爆炸时，她正在日本租界吃午饭，避开了这次危机。几分钟后，她回到饭店，看到了爆炸导致的惨烈场景，心中留下了难以磨灭的印记。

战争的惨烈是生活在和平年代的人们难以想象的，乱世之中，人命如草芥。

---

① 李蓉，叶成林.大江南北：抗日战争十四年全纪录［M］.北京：人民日报出版社，2015.
② ［美］维基·康斯坦丁·克鲁克.淑女与熊猫［M］.苗华建，译.北京：新星出版社，2007.

昔日繁华热闹的上海失去了活力，陷入死寂。这种死寂不是物理层面的，而是精神上的，在不停歇的枪炮声中，哭泣已变得麻木。

战争限制了扬子江的通航，露丝不得不重新规划前往熊猫国度的路线。她将乘坐一艘法国轮船，沿航道抵达香港，然后到西贡，接着乘坐火车从陆路前往昆明，在那里乘坐飞机到达重庆，进而前往成都。这条路线对露丝来说是陌生的，此前的探险经验不能为她提供帮助。但出于对中国的喜爱以及再次得到一只熊猫宝宝的渴望，露丝还是义无反顾地踏上了旅程，尽管她已经预感到，这一次的探险难度将远远超过上一次。

再临熊猫国度

战争带来的阴暗情绪时时跳出来影响露丝，以致她陷入了一种焦躁不安的境况之中。

露丝在西贡搭乘了一辆前往昆明的火车，白天，她透过火车车窗向外望去，一望无际的田野缓缓流过；到了夜晚，一切都安静下来，火车发出的轰隆声在寂静的夜里显得格外清晰。一路前行，火车穿过连绵不绝的群山以及茂密的丛林，露丝开始做梦。尽管梦境并不连贯，但都与远在美国的"苏琳"相关，而且绝非美梦。

露丝时时从梦中惊醒，恐惧像一双手牢牢地攥紧她的心脏。被各种令人绝望的想法湮没，露丝的情绪变得难以控制，她想，远在西半球的"苏琳"一定是发生了什么不测，有可能它已经死了。身在中国，信息传递在战乱频发的年代里极为困难，露丝不能立即为心中的疑虑找到答案。但还没等她到达昆明，事情就变得更加糟糕了。

乌云汇集，一场暴雨倾盆而下，被植被覆盖的山坡喝饱了雨水，变得摇摇欲坠，随着雨势进一步加大，一处山体终于脱离了原本所在的位置，随着山间倾泻的雨水滚滚而下，直冲露丝乘坐的火车。受到这次泥石流的影响，火车被

损，无法前行。露丝被困住了，饥肠辘辘的她越发焦躁不安。一切不顺使她对"苏琳"的担心达到了顶点，但毫无办法。在当地一家旅馆度过一个忧郁的夜晚后，事情有了转机，一辆米什兰公司的火车抵达了这里，露丝改乘这辆火车，最终到达了昆明。

在昆明的一家旅馆里，露丝在尼古丁与酒精的作用下，给她远在美国的好友黑兹尔·帕基写了一封信。这封信流露出浓浓的阴郁气息。"苏琳"究竟怎么样了，那个幼小、脆弱的被露丝视为自己孩子的精灵，是否还存在于世？露丝不敢去想，却又不得不想。"露丝希望朋友帕基收到信后，尽快给她发一封电报"，在信中，她语气生硬地表示"你只要说苏琳是死是活就可以了"①。

---

① ［美］维基·康斯坦丁·克鲁克.淑女与熊猫［M］.苗华建，译.北京：新星出版社，2007.

写下这封信的露丝是绝望的，她不知道将收到什么样的消息，但探险依旧要继续进行。在飞往重庆的飞机上，露丝俯瞰下方广阔的中国大地，随着高度的上升，田地的轮廓反而渐渐清晰。这些位于中国南方的农田与高度工业化的美国耕田形状完全不同，它们形状各异，与周围的山川和谐地融为一体，仿佛出自神奇的大自然之力，而非农民之手。看到这些景象，露丝烦乱的心绪奇迹般平复下来。

抵达重庆不久，露丝收到了帕基发来的电报，得知"苏琳"一切安好，甚至长大了一些，露丝的心情终于彻底放松下来。不再为"苏琳"担忧的露丝，迅速将精力投入接下来的探险行动中，在乘坐小型飞机抵达成都后，露丝开始为探险的各项事宜做准备。

对于这次探险行动，露丝显得有些无助，在第一次探险行动中与她配合默契的搭档杨昆廷没有参与这次行动。不过，露丝可以慢慢准备，这一次，她依旧把熊猫宝宝视为目标。

一次偶然的机会，露丝遇到了第一次探险行动中充当厨师的王海兴，经过认真考虑，她决定与王海兴一起完成这次探险。这一次的探险规模远远比不上第一次，探险装备也不够齐全，整个行动显得有些凌乱。

1937年10月9日，露丝的第二次探险行动正式展开，一场大雨似乎为这次行动奠定了一种凄凉的基调，冥冥之中仿佛预示着这次探险行动将发生令人不愉快的事情。

没有了杨昆廷这个优秀的搭档，露丝在探险行动中感受到如影随形的孤独，这种感受在她亲自跟随猎手进入深山寻找大熊猫的踪迹时变得越发明显。除了心理层面的压抑，外在恶劣的自然环境也给这次行动带来了极大阻碍。

时值深秋，在平原上可能还感受不到那种蚀骨的寒意，但身处山区，这种感觉无处不在。寒风呼啸，从四面八方包围探险队，露丝将自己包裹得紧紧实实，但风魔还是从令人意想不到的地方钻进来，侵蚀着肌肤，将身体散发的微薄热气洗劫一空。露丝瑟瑟发抖，探险行动开始没多久，一场感冒击倒了她。长达几个星期，她都没能摆脱这种无力感。

露丝在当地一座早已废弃的喇嘛庙住了下来，遥控指挥一百多个猎手为她捕捉大熊猫。这是露丝最为反感的猎捕大熊猫的方式，但现在她不得不这样做。在等待猎人带回消息的漫长时光里，露丝越发怀念和杨昆廷一起在密林中追踪大熊猫的岁月。那段日子尽管艰难，却充满刺激与惊喜感，现在的日子尽管安全，却多么平淡无味呀！露丝陷入了深深的煎熬。

　　日子一天天过去，寒冷的程度在不断加深，猎人在大熊猫的国度里穿梭，一寸寸地搜寻着大熊猫的踪迹。在与露丝交换消息的日子，猎人为她带来了从熊猫国度捕获的猎物——松鼠、狐狸、羚羊、野猪、白腹锦鸡等。然而，在这些或珍稀或常见的猎物中，丝毫没有与大熊猫相关的消息。

　　上一次探险行动，露丝的目标仅为少数人所知，而这一次，新闻媒体对她的行动大肆报道，布鲁克菲尔德动物园以及关注这次行动的人们对露丝抱以极大的希望。在种种压力之下，露丝第一次对成功获得大熊猫产生了怀疑，她不知道是否还有足够的幸运再一次得到这一天赐的礼物。

　　转机出现在11月中旬，在深山丛林中搜寻多日的猎人们，发现了一团大熊猫留下的新鲜粪便，经过更加细致的追踪，他们得到了一只亚成年大熊猫。对于这次收获，露丝完全没有感受到当初获得"苏琳"时那种发自灵魂的令人震颤的喜悦。看着被绳索牢牢捆住、惊慌失措的大熊猫，露丝流下了伤心的泪水。原本她想捕捉两只熊猫，分别以"阴"和"阳"为它们命名，但现在，露丝难过地想，如果这只熊猫能够成功活下去，她将不再捕捉下一只熊猫。

　　为了使大熊猫"阴"从绳索的束缚中摆脱出来，露丝让人制作了一个木笼。但在笼中的"阴"没有感到轻松，从广阔的熊猫国度到狭窄的小木笼，自由成了"阴"遥不可及的奢望。面对露丝的安抚，"阴"表现出与"苏琳"截然相反的态度，不断地抓挠、嘶吼。"阴"本能地排斥着人类世界的一切。

　　"苏琳"对人类的亲近与"阴"对人类的厌恶，让露丝意识到，并非所有的大熊猫都适合人类社会，但她下意识地不去思考这个问题，对成功的渴望使她在"阴"愤怒而又绝望的视线下退缩了。

"阴"的状况不是很好，猎人粗暴的捕捉方式使它受了伤，人类社会的一切使它惶恐不安，一直不能得到很好的休养。白天，"阴"蜷缩在笼子的一角一动不动，到了夜深人静之时，它好像才寻找到一丝安全感，开始吃放在笼子里的新鲜竹子，但对于其中放置的蔬菜等食物不闻不问。

　　露丝大伤脑筋，如果"阴"只吃竹子，将它带离森林后，它将很难生存下去。露丝不断地尝试，希望"阴"能接受除竹子之外的其他食物。此时，外界的局势越发严峻。

　　1937年11月13日，上海失陷，淞沪会战落下帷幕。日军趁势西进，南京也很快失陷。12月13日，日军开始对南京城内的士兵和百姓进行血腥屠杀。"世界历史上极少有什么暴行可以在强度和规模上与第二次世界大战期间日军进行的南京大屠杀相比"①。短短6周之内，日军以令人发指的手段屠杀了30多万名中国人民。日军将成千上万的尸体抛入长江，江水被鲜血染红。

　　这一消息给露丝的成功蒙上了阴影。此前，经过不懈努力，"阴"终于能够吃竹子以外的食物。但情况并没有好转，"阴"没能成功地与它远在美国的同胞"苏琳"会面，甚至它都没有活着离开自己的故乡。又一个不屈的灵魂回到了大熊猫祖祖辈辈生活的家园，尽管这一家园已经处于风雨飘摇之中。

　　"阴"的死使露丝万分难过，这是第一只经过她亲自照料而死去的熊猫，但她没有过多的时间为此哀伤，因为在"阴"离开她之前，12月18日，猎人们在野外追踪时又一次将一只大熊猫宝宝收入囊中。与"苏琳"的经历不同，这一次猎人是将这只大熊猫宝宝从大熊猫妈妈的身边生生夺走的，他们用猎狗驱赶大熊猫妈妈，轻而易举地抓住了这只幼小的大熊猫。

　　由于受到惊吓，这只被露丝命名为"戴安娜"的大熊猫宝宝，一个星期里什么东西都吃不下。看到因缺乏营养而迅速衰弱的"戴安娜"，露丝心痛极了，这个看起来比"苏琳"还要强壮的大熊猫宝宝，如今奄奄一息。她一定要想方设法使它活下去。经过露丝不懈的努力，"戴安娜"终于开始喝奶，并恢复

---

① ［美］张纯如.南京大屠杀［M］.谭春霞，焦国林，译.北京：中信出版社，2013.

了健康。

露丝开始准备回国事宜，在这一过程中，她向媒体隐瞒了"阴"死亡的消息，只有极少数的人知道这一消息，媒体上充斥着对露丝获得"戴安娜"的报道，欢呼和掌声向露丝涌来。露丝再一次回到了城市，回到了她所钟爱的热闹生活中，孤独似乎被她留在了大熊猫的国度，抑或是潜藏进她的灵魂深处，暗暗地寻找一个再次爆发的时机。

露丝与"戴安娜"在战火四起的中国大地上穿行，她的目的地是位于长江中游地区的武汉汉口，此时从南京撤离的中国政府已将这里作为临时办公地点，露丝将在这里办理旅行许可，以将"戴安娜"带出中国。

"戴安娜"的出国一事进行得十分顺利，这超出了露丝的预料，政府部门很快办理好相关文件，并保证露丝能够自由地搭乘前往香港的飞机。这一切可能要归因于当时中国政府与美国关系的转变。

在中国全面抗战初期，美国政府受"孤立主义"影响，对日本侵华战争采取了中立政策。"孤立主义"是美国建国初期开始奉行的一种外交政策，实际上早在美国"独立战争爆发前，北美殖民地的不少人就普遍存在着一种切断与英国及欧洲的联系、实行'孤立'政策的思想"[1]，但直到1796年华盛顿在其总统任期满后发表《告别词》，"孤立主义"外交的基本原则才第一次明确。这一政策对美国产生了深远的影响，此后100多年，"孤立主义"在美国的对外交往中发挥了重要作用。

七七事变发生后，美国决策者一开始严格遵循这一政策，在外交上保持中立，避免卷入战争。但随着日本侵华势力蔓延，其"在华以及在东亚的安全和经济利益受到直接威胁和损害"，加之日军在攻打南京的同时，"有意炸沉停泊在南京附近江面的美国'帕尼号'炮艇，这一挑衅行径使美国有识之士开始认识到，帮助中国抗日将有利于美国"[2]。此后，美国对中国抗战的中立态度开始

---

① 赵学功.美国历史上的孤立主义：一种深厚文化传统［J］.人民论坛·学术前沿，2017，6（16）：14.

② 任东来.美援与中美抗日同盟［M］.北京：社会科学文献出版社，2018.

转变，"经济援华"的大门逐渐开启。

有了官方的许可文件，露丝返回美国之路变得顺畅无比。1938年1月8日，露丝到达香港。1月13日，她回到了上海。在上海，露丝举办了一场规模宏大的集资活动，看到战争给中国人民带来的伤痛，露丝想为他们做点儿什么。露丝将通过展出"戴安娜"得到的800美元全部捐赠给难民儿童医院。

1月28日，露丝与"戴安娜"一起乘坐"俄罗斯女王号"，离开了中国。在广阔而平静的海面上航行，露丝有充足的时间来回顾这次中国之行。她发现，尽管取得了最终的胜利，但在整个探险过程中，她从没感受到真正的快乐。

震耳欲聋的爆炸声、冲天而起的火光、伤者痛苦的呻吟、"阴"悲戚的注视……种种画面汇集、纠缠，演变成一条阴冷狡诈的毒蛇，在露丝的灵魂深处暗暗地盘踞，一旦时机成熟，它将毫不留情地展露出狰狞的面目。

"熊猫猎人"史密斯

1938年2月18日，露丝和大熊猫成功回到了美国芝加哥。在这一次猎捕大熊猫的竞赛中，桂冠再一次落在了她的头上。

众多与露丝展开活捉大熊猫竞赛的竞争者中，最出名的是一个出生在日本的美国人——弗洛德·坦吉尔·史密斯。史密斯早年在金融行业发展，后来出于对冒险生活的渴望放弃了金融业，转而期望在探险领域闯出一片天地。

1930年，芝加哥菲尔德自然博物馆发布了一项委托，这成为史密斯加入猎捕大熊猫竞赛行列的一个契机。菲尔德自然博物馆希望有人为他们搜集处于中国西部鲜为人知的物种标本。计划中，这一项行动要持续10年。

菲尔德自然博物馆选中史密斯作为这次行动的领队，并为这次行动提供资金援助。史密斯在一年多时间里为菲尔德自然博物馆收集到7000件样本，但他并不满足。在史密斯看来，尽管收获颇丰，但付出的艰辛一点儿也不少，这也并不能使他出名。怀着对大熊猫的野心，史密斯渴望加入猎捕大熊猫的热潮中，尽管其雇主菲尔德自然博物馆曾严令他放弃这一想法。

一切都在暗中进行。史密斯不想像其他猎捕大熊猫的同行那样亲自带队进入丛林，搜寻大熊猫的踪迹，他在熊猫的国度建立了很多营地，雇用当地的猎人驻守在此，为他捕捉大熊猫。这种方式使他能够处于中心位置，遥控指挥猎捕大熊猫的行动，而又不必亲历深山密林追捕的艰难。

在史密斯看来，"这是在中国搜集野生动物样本唯一明智的方法"，但运气似乎总是在巧妙地避开这个倒霉的探险家。在提交给菲尔德自然博物馆的很多份报告中，史密斯不断地抱怨探险行动中遇到的种种困难，"频繁的大雨、出没的匪徒、无能或背叛的狩猎者、政治的动乱"。史密斯还患上了多种疾病，为他的探险行动带来了极大阻碍，"他熟悉上海各家医院，有如熟悉向中国西部进发的各条路径"①。

或许是由于经济大萧条的影响，又或许是史密斯糟糕的表现使菲尔德自然博物馆不再信任他，雇佣关系维持了不到两年，史密斯与菲尔德自然博物馆的协议就被终止了。失去资金支持的史密斯陷入了窘迫之境，在相当长一段时间里，他都在为探险行动的经费来源而愁苦不堪。这种情况直到他与露丝的丈夫威廉结识并达成猎捕大熊猫的协议才得以缓解。

1935年，格里斯沃尔德一哈根纳斯亚洲探险队抵达上海后不久，作为探险队组织者之一的劳伦斯·格里斯沃尔德就退出了这次行动，整个探险队只剩下威廉和劳伦斯的表亲莱格兰德·格里斯沃尔德两个人。好在威廉有着充足的资金，在认识史密斯之后，两人基于各自的需求达成合作。之后，毕业于剑桥大学的英国人杰拉德·拉塞尔又加入进来，三人重新组织了一支探险队，打算前往四川捕捉大熊猫。

这次探险行动久久没能得到旅行许可，加上威廉逝世，探险队始终没能进入熊猫的国度，更不要说得到一只大熊猫。当露丝在美国为丈夫的逝世难过万分之时，拉塞尔拜访了她，此前露丝已有前往中国完成丈夫未竟之志的想法，

---

① ［美］维基·康斯坦丁·克鲁克.淑女与熊猫［M］.苗华建，译.北京：新星出版社，2007.

拉塞尔的鼓励使这种想法更加坚定且有了实际操作的可能。

拉塞尔将合作伙伴史密斯大力向露丝推荐，他认为史密斯对中国事务的熟悉能够使整个探险行动的成功概率大大增加。露丝对此持保留态度，虽然在与丈夫的通信过程中，她已知道史密斯的存在，但对史密斯的了解仍停留在表面，更加深入的判断必须在与史密斯本人见面后才能得出，过于草率地做出决定与她谨慎的性格不符。

1936年7月，史密斯在人潮涌动的上海码头耐心地等待着露丝的到来。天气闷热，汗水顺着鬓角往下爬行，很快打湿了史密斯的衣衫，但他不在意，他的全部精力都用来思考接下来的会面他如何尽可能完美地展露自己的优势，以说服露丝为他的探险大业提供财务支持。

与露丝见面后，史密斯对这位掌握巨额财富的威廉遗孀大献殷勤，像推销商品一样大力推销自己，不知疲倦、不分昼夜地围绕在露丝身边。原本在史密斯看来，说服露丝加入他的探险计划是十拿九稳的，但事情渐渐脱离了他的掌控。随着谈话逐渐深入，两人的分歧越发明显。

在史密斯看来，只要露丝为他猎捕大熊猫的计划注入资金，他们二人完全可以在上海坐享其成，等待雇用的猎人带来好消息。这一计划离开大量的资金是绝无可能成功的，因而尽管史密斯极力掩饰他对露丝手中大量金钱的渴望，但难免露出了端倪。露丝对史密斯大为不满，她认为史密斯获得了丈夫的大量资金，却什么都没有做，甚至没有努力争取猎捕大熊猫的许可。他没有杰出的领导能力，却又将一切事务都交给别人，不亲自动手。

通过审核丈夫留下来的文件，露丝下定决心："看到乱七八糟的清单，让我对整个事情有了清楚的认识。仅仅基于本能的判断，我已经做出明确的决定，坚决将史密斯排除在探险队伍之外。现在我知道，这样的决定是正确的。我认为，史密斯缺乏组织能力，不能确定工作方向，也无法全神贯注地完成指定的任务。"①

---

① ［美］维基·康斯坦丁·克鲁克.淑女与熊猫［M］.苗华建，译.北京：新星出版社，2007.

露丝的决定给了史密斯沉重一击，他将一切希望都寄托在露丝身上，希望落空，史密斯陷入了绝望。史密斯原本就对由一个女性来领导猎捕大熊猫的行动大为不满，但出于讨好露丝以获得金钱的目的，他还是将一切不满掩盖起来，与露丝虚与委蛇。露丝的决定使两人原本就紧张的关系彻底破裂，他们由可能达成合作的朋友变成了互相敌对的竞争对手。

在史密斯被排除在露丝的探险计划之外不久，拉塞尔也很快因杨昆廷的加入与露丝产生了分歧，最终，露丝强硬地将他从自己的队伍中剔除。拉塞尔做出了一个看起来有些阴险的决定，在与露丝分开后，他没有返回美国，而是暗中筹备，赶在露丝之前到达成都，开始猎捕大熊猫。他窥探露丝的行进路线，将得到的消息反馈给远在上海的史密斯。

史密斯没有想到事情会越发糟糕。他认为一个女性不适合参与猎捕动物这样的事情，更不可能在这场竞赛中取得成功。事实是露丝成功地捕捉到了一只大熊猫宝宝，在探险领域获得了极高的声望。这一切使得史密斯大为恼火。

失去理智的史密斯开始在新闻媒体上诋毁露丝。露丝随身携带的照相机发生了故障，导致其"在大山里拍摄的七百张照片都无法冲印，有关捕获'苏琳'的场面已经没有照片可以佐证"，史密斯得以在这场探险行动中增加自己的存在感。他时而声称"他在潮坡的猎手就要捉到'苏琳'的时候，这个消息被露丝打听到了，她马上赶到现场，夺走了原本属于他的宝物"，时而表示"很长时间以来，他雇用的猎手一直跟踪一只怀孕的熊猫母亲，并且发现它很快要临产了。他们打算等待熊猫宝宝的分娩，然后再把这个消息告诉史密斯。就在这个时候，露丝绑架了史密斯"[①]。

在对大熊猫这一神秘种群有了深入研究的今天，我们能够轻易揭穿这一谎言，但在当时，即便是第一个将活体大熊猫带出中国的露丝，也没能对"苏琳"的真实年龄做出准确判断。

---

① ［美］维基·康斯坦丁·克鲁克.淑女与熊猫［M］.苗华建，译.北京：新星出版社，2007.

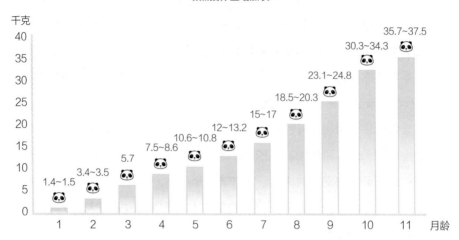

幼熊猫体重增加表

资料来源：四川省地方志编纂委员会编《四川省志·大熊猫志》，方志出版社，2018年

事实上，大熊猫属于较为原始的哺乳动物，幼崽刚刚出生时，还处于不完全发育状态，体重在140克左右，但它们体重增加迅速，一个月就能长到初生时的7倍。大熊猫幼崽体表长着白色的短胎毛，整体呈肉红色，一个多月后才能睁开眼睛，80天至100天时，才开始长牙，并勉强能够站立，长到4个月的时候才能够走动。

一般情况下，雌性大熊猫在7月至9月产崽，露丝捕获"苏琳"的时间是11月初，当时"苏琳"的体重大概为3磅①，已经长出了黑白相间的绒毛，眼睛也已睁开。由此可以判断，"苏琳"应该是一只一个多月的大熊猫宝宝，这明显与史密斯的描述不符。

史密斯向媒体编造了一系列谎言，这些谎言被他任意修改，以至于"他的不实指控持续上演几周之后，不一致的地方——浮现"②，人们不相信他对露丝的指控。史密斯陷入了一种病态的焦虑之中，他将露丝视为敌人，无法承受失

---

① 1磅约为454克，3磅约为1360克。

② ［美］维基·康斯坦丁·克鲁克.淑女与熊猫［M］.苗华建，译.北京：新星出版社，2007.

败的结局,而没有财力的支持,他甚至不能通过展开新一轮探险来证明自己的实力。外界对露丝的赞誉更使他大受打击、精神崩溃。

长期以来受到的压抑成为史密斯后来肆意追捕熊猫,并使十几只熊猫凄惨死去的根源。或者是,他所有的行动本身就处于冰冷欲望的支配之下,所以当他面对足以使人产生怜爱之心的熊猫时,仍旧冷酷对待。

在第二次猎捕大熊猫的竞赛中,史密斯变得极为疯狂,对于将第二只大熊猫成功带回西方世界,他志在必得。此前,史密斯的妹妹在美国帮他做了担保,缓解了他紧张的财务状况,并使他加入这场竞赛成为可能。史密斯的对手除了露丝,还有很多,比如一些居住在中国西部的传教士,他们往往被西方动物园视为经纪人,所以史密斯要加快猎捕大熊猫行动的节奏。

一开始,史密斯占据先机,在1937年6月,也就是露丝再次来到上海的两个月前,被史密斯雇用的猎人终于在无数次失败后为他捕获了两只大熊猫。不幸的是,其中一只因脚部感染死在了离开故乡的路上,另一只尽管成功离开了中国,但是因恶劣的饲养环境死在了去新加坡的路上。两只无辜的大熊猫成为人类欲望的牺牲品,而这样的牺牲还在继续。在露丝成功捕获大熊猫"阴"之后,史密斯再次回到野外,继续开展他的猎捕行动。

这一次,史密斯取得了巨大的"成功",在近乎疯狂的猎捕行动中,无数熊猫的尸骨铺满了史密斯脚下那条通向"成功"的道路。据露丝所言,"这些人简直就是在犯罪。他把手下的人派到山里,告诉当地的猎手,说他需要20只熊猫,于是,当地猎手就变得疯狂起来","他只是批发性地猎取熊猫,然后就让它们死去","他把熊猫关在狭小肮脏的笼子里,让炽热的阳光直晒着,没有任何遮荫措施,也不给它们以自由活动的空间。它们当然会死去"①。

史密斯造成大量熊猫死亡已成事实,除了在猎捕过程中死在猎人枪下的大熊猫,在从山林到城市的运输过程中,在等待出国的漫长时光里,在波涛汹涌的海面航行时,大熊猫陆续死去,最终只有5只活体大熊猫成功到达了国外,

---

① [美]维基·康斯坦丁·克鲁克.淑女与熊猫[M].苗华建,译.北京:新星出版社,2007.

成为西方动物园的摇钱树。

这5只大熊猫被史密斯起名为"老奶奶""开心果""爱生气""糊涂蛋""宝宝"。其中，"开心果""爱生气""糊涂蛋"这三个听起来有些奇怪的名字来源于当年（1938年）票房火爆的电影——《白雪公主与七个小矮人》。这部电影是美国迪士尼公司制作的第一部动画长片，于1937年年底在美国上映，半年后登陆中国上海大戏院和南京大戏院，迅速风靡，一票难求，成为年度最卖座的电影之一。史密斯将影片中3个小矮人的名字为自己得到的3只大熊猫命名，希望能够为他的事业带来好运。

被史密斯成功带到国外的5只大熊猫中，"老奶奶"因为年龄太大，旅途中环境又十分恶劣，活了不到两个星期；"'开心果'被卖给了德国动物商，开始旋风似的巡回德国各地，最后逃出欧洲，前往美国，与一只名为'宝贝'的大熊猫，在圣路易斯动物园度过了大战时光"[①]；"爱生气""糊涂蛋""宝宝"这3只大熊猫，被英国伦敦动物园接收，后改名为"唐""宋""明"，开始了在国外的生活。

好景不长，在第二次世界大战的战火蔓延至英国后不久，"唐"与"宋"就不幸死去，伦敦动物园中只剩下了"明"这只孤零零的大熊猫。

大熊猫"明"的历险

从祖祖辈辈自由自在生活的熊猫国度远渡重洋，来到西方现代化的大都市，大熊猫"明"的经历可谓曲折。回顾"明"的一生，除了短暂的幼年时光，它一直都在"历险"。

1937年，当外界战火四起、硝烟弥漫之时，位于中国西部大山深处的一处

---

① ［英］亨利·尼克尔斯.来自中国的礼物［M］.黄建强，译.北京：生活·读书·新知三联书店，2018.

树洞中传来了一阵阵"婴儿"的啼哭声，声音稚嫩而惹人怜爱。这是一只刚刚出生的大熊猫宝宝，此时的它在全心全意地吮吸着妈妈的乳汁，完全不能预料在不远的未来将面临怎样的遭遇。

大熊猫妈妈经过约5个月的妊娠期，一朝分娩。"明"得到了大熊猫妈妈全心的呵护，一天天健康地成长着。一个半月后，"明"第一次看到了妈妈的面容，看到了它身处的环境。树洞里十分黑暗，光线很难到达，刚刚睁开双眼，"明"的视力还较弱，对周围的物体反应较为迟钝，但好奇心大增的"明"跃跃欲试，希望能探索更加广阔的世界，但它的四肢还很无力，没有办法支撑相对沉重的身躯。

日子一天天过去，"明"眼中的世界变得清晰，它的四肢渐渐有力，能四处走动了，但是妈妈不放心幼小的孩子，经常在"明"远离自己的保护范围后，用嘴轻柔地叼起它，放回自己的怀中。"明"5个多月的时候，妈妈终于怀着担心又欣慰的心情，让它探索外面的世界。得到妈妈许可的"明"激动极了，整天活跃在山林间，时而爬上笔直的云杉树，时而蹿进茂密的竹林。"明"看到妈妈吃竹子，也学着用稚嫩的牙齿啃咬竹叶，但这只是玩耍，它的肠胃还不能消化竹叶，还需要妈妈用乳汁喂养它。半岁的时候，它才能吃竹叶，渐渐断奶，度过婴儿期，迈向儿童期。

春回大地，万物复苏，山间泉水解冻，鸟鸣清脆。"明"在和煦的阳光中无拘无束、自由嬉戏。此时的"明"牙齿渐渐长全，能够吃竹笋和竹竿了。天气一天天变暖，它和妈妈搬出了一直居住的树洞，开始在大山中露宿。

妈妈告诉"明"，等它一岁的时候，天气就会渐渐转冷，到了冬季，雪花精灵会从天而降，覆盖大地，不过不用担心，厚密而富有光泽的皮毛能够帮助它们抵御严寒。在漫长而食物匮乏的冬天，"明"需要在妈妈的带领下学会如何寻找食物，等到经过完整的四季轮回，"明"就会成长为一个少年，可以离开妈妈去独自闯荡世界。

"明"像所有想长大的孩子一样，渴望独立。它向往盛夏万物勃发、食物充沛的植物王国，向往秋天红橙黄绿、参差娟秀的绮丽景色，向往冬天冰天雪地、冷然澄澈的童话世界。它还想在生长着珙桐、连香、水青的丛林间自由穿梭，在高山河谷、平塘窝凼嬉戏游玩，在品种丰富、茂密生长的竹林里自在觅食……然而，这些想法注定不能实现了，几声枪响，一阵犬吠，"明"短暂的童年时光被迫终结。

史密斯雇用的猎人发现了"明"，在他们的眼中，"明"不是一个脆弱的、需要呵护的幼小生命，而是能够为他们换来金钱的猎物。猎人抓住了"明"，把它用绳子牢牢绑住，放在简易的木架上，马不停蹄地赶往山外，那里，他们的雇主史密斯正焦急地等待着。

不到一岁的"明"就这样离开了它的故乡，在此之前，它始终处于母亲的保护之下，还没有面对这个世界的残酷，大山以外的世界对它来说一片空白。在惊慌、迷茫、难过中，无忧无虑的生活渐渐被无情地抛在了身后，"明"被迫闯入了一场又一场的惊险之中。

在获得数量不菲的金钱后，猎人们将"明"交给了史密斯。在"明"的眼中，这个长着大胡子的男人脾气暴躁，总是做出一些使它感到困惑的举动，它不知道史密斯为什么要把它和它的伙伴一起关进狭窄、闷热、肮脏的笼子里，不停地流浪，从一个地方到另一个地方。

从熟悉的丛林来到陌生的人类世界，"明"很不适应，它很想摆脱困境，回到妈妈身边。"明"悲伤地想：如果找不到自己，妈妈一定会很担心。但它的力量实在是太弱小了，它不能从人类的"魔掌"中逃脱。

在狭窄的空间里，"明"见到了很多以前从未见过的同伴，要知道，以前"明"的世界里几乎只有妈妈。作为"独行侠"，"明"在家园里自由游荡时，很少看到自己的同类，即便见到，也只是微微示意，便各自分开。天性喜好自由的熊猫家族，成员个个是喜好独处的隐士，只有在春季需要繁衍后代时，才会打破鸿沟，互相追逐，一旦过了这段时间，它们便又恢复了"孤僻"的习性。

能够在人类社会里同时见到这么多同伴，"明"有些兴奋，它用熊猫家族的语言向伙伴们打了招呼，但回应它的寥寥无几。它仔细观察了伙伴的情况，发现它们的状况实在糟糕。史密斯没有给捕获的熊猫提供赖以维持生命的竹子，而是用面包、米饭、水果等食物替代，一些大熊猫在被猎捕的过程中本来就受了伤，又被关进狭窄的笼子中，没有得到好的照顾，很快奄奄一息。

"明"一开始也不想吃竹子以外的食物，人类社会的一切都让它不知所措，但最终活下去的欲望战胜了一切，它开始强迫自己吃史密斯提供的食物。"明"坚强地活着，和其他伙伴一起被史密斯运到一个又一个陌生的地方，一些伙伴在这种颠沛流离的生活中渐渐停止了呼吸。"明"为同伴的离去感到难过，但它始终坚信，这样的日子终有尽头。

"明"身不由己地随着史密斯，时而在颠簸的山路上磕磕绊绊地缓缓前进，时而从平坦开阔的大道上飞速而过，但更长的时间里，它和同伴被困在一个叫成都的城市里。从离开大山的时间来看，这里离家并不远，"明"安慰自己。它侧起脑袋，仔细聆听，试图感受大山的声音，但它什么也没有听到。

日子一天天过去，"明"不知道史密斯有什么打算。难道要把它们一直关在笼子中吗？"明"仔细观察，从史密斯和周围的人时不时的抱怨中，了解到人类社会正在进行一场规模巨大的战争。知道得越多，"明"的心情就越发沉重，原来这个戴着眼镜的外国高个子要将它们带到西方世界去为他赚钱！西方世界是什么地方，"明"没有清晰的概念，它只知道，那是一个很远很远的地方，远到这辈子它都不可能再回到大山了，"明"伤心极了。

外界的战争还在继续，空气里弥漫着硝烟的气息。"明"不知道人类为什么要互相残杀，"明"困惑极了，越发怀念大山里宁静的生活。

1938年10月，经过几个月的焦急等待，史密斯终于找到时机将包括"明"在内的6只大熊猫运出来，一路颠簸，经陆路，转水路，到达香港。在这一过程中，"明"的又一个伙伴死在了旅途中。"明"和剩下的4个伙伴一起，等待命运为它们做出的安排。

英国伦敦动物园对熊猫表现出了极大的兴趣，史密斯在和园方接洽之后，决定找一条安全的路径，将这些"摇钱树"带往英国。"明"和伙伴们第一次登上了巨大的海轮，在波涛汹涌的海面上向着未知前行。

1938年12月24日，西方的平安夜，大雪纷飞，"明"和伙伴们终于到达了伦敦。鹅毛般的雪花飘飘洒洒，在高耸的建筑森林间轻轻舞动，地面上的积雪在灯光的照射下泛着柔和的黄色微光。"明"见到了妈妈对它描述过的雪花，在远离故乡的异国。"明"想："真冷啊！"

到达伦敦后不久，伙伴中年龄最大的"老奶奶"不幸死去，另一个叫"开心果"的被迫与"明"等伙伴分开，前往德国。"明"心里难过，却无能为力。"明"和剩下的两个伙伴住进了伦敦动物园，结束了颠沛流离的生活。它们的到来受到英国人民的热烈欢迎，每天都有成百上千的观众从各地赶来观看它们。"明"能感受到这些人释放的善意，心情终于放松下来。

"明"与它的伙伴"唐""宋"是首次出现在英国的大熊猫，点燃了英国人民极大的热情。在众多的观众中间，有两位身份特殊，她们就是英国皇室的伊丽莎白公主和玛格丽特公主。伊丽莎白公主后来于1952年登基，1953年加冕为英国女王，成为英国历史上在位时间最长的君主。

夜深人静的时候，"明"会思念遥远的故乡和妈妈，它想告诉妈妈不要为它担心，它已经长大了，可以面对生活中的风风雨雨，已经成长得足够坚强。"明"还想念它的另一个伙伴，有"唐""宋"陪伴，它不那么孤独，但"开心果"独自在人类社会中生活，一定比它更难过。

"开心果"此时被改名为"乐乐"，在近4个月的时间里，辗转于德国多家动物园"巡演"，之后离开德国，于1939年5月24日在法国巴黎樊尚动物园展出12天。同年6月24日，"乐乐"于美国密苏里州圣路易斯动物园落户，在这里度过了余生。

"乐乐"离开德国后不久，一场大战在西方世界爆发了，人类社会面临着一场极为严重的危机。1939年9月1日凌晨，德国突袭波兰，发动"闪电战"，当时英国和法国是波兰的盟国，被迫向德国宣战，第二次世界大战全面爆发。战争很快蔓延，形成了欧洲西线、北非、苏德及太平洋等主要战场，波及范围之广前所未有。

自人类诞生以来，或大或小，正义抑或是非正义的战争，就一直接连不断。

但爆发于20世纪30年代的这场战争，是迄今为止规模最大的一次，据统计，"在这次大战中，先后参战的国家多达61个，占当时世界总人口的80%"[①]。

第二次世界大战虽然和第一次世界大战一样，都是由帝国主义的侵略扩张政策导致，但是因为在这次战争中兴起的法西斯主义，以及各国人民共同掀起的抵抗斗争，赋予了这场战争特殊的"反法西斯"色彩。为了捍卫国家尊严与民族独立，世界各国爱好和平的人民联合起来，与法西斯势力展开了殊死搏斗。

1942年1月，以美国、英国、苏联、中国为首的26个国家的代表在美国华盛顿签署《联合国家宣言》，后来又有21个国家加入进来。《联合国家宣言》的发表，成为世界反法西斯联盟正式形成的标志，世界反法西斯力量联合起来，相互支援、协同作战，逐渐扭转了战争的形势。

1940年7月16日，时任德国元首希特勒批准实施"海狮计划"，德军入侵英国，法西斯邪恶的爪牙伸向英国本土。为了减轻地面作战的压力，德军需要占据空中优势，德方的空军成为这场战争的"先锋官"。英国皇家空军当时约有620架战斗机，而德方战斗机的数量多达1137架。前期德军确实占据优势，战争开始一个多月后发生的一次意外，成为英军以弱胜强的转折点。

8月24日，一架德国轰炸机意外将炸弹投向了英国伦敦的非军事目标，英国首相丘吉尔派遣英国空军对德国首都柏林进行轰炸。希特勒随即于9月7日开始对伦敦实施恐怖轰炸，"330吨炸弹被投向伦敦"。"德国空军目标的转移给了英国空军喘息的空间"，随着时间流逝，英方"击落敌方轰炸机的速度超过了德国工厂生产轰炸机的速度"[②]。

胜利的天平开始向英方倾斜，但这一过程并不轻松，德军对英国非军事区的轰炸使英国人民吃尽了苦头。一开始，德军对英国城市的轰炸在白天进行，到了10月初，轰炸改在夜间进行。轰炸持续了几个月，时而放松，时而密集，

---

① 金永华.第二次世界大战［M］.西宁：宁夏人民出版社，2017.
② ［英］奈杰尔·考索恩.极简二战史［M］.钱峰，译.杭州：浙江人民出版社，2018.

作为英国首都的伦敦是轰炸的重点目标。轰炸使英国民众陷入水深火热之中，但德军企图以巨大的财产损失和人员伤亡迫使英国屈服的目的没有实现。在漫天的硝烟中，在轰鸣的爆炸声中，对纳粹暴政的仇恨和战斗的决心使英国人民更加紧密地团结在一起。

身在伦敦动物园，"明"对这场人类社会爆发的战争有了更为直观的认识。德军的轰炸机无数次在"明"的头顶飞过，刺耳的警报声不时打破宁静的空气，炸弹在或远或近的地方轰然作响……这是一个充斥轰鸣声与火光的城市，与安详、和平的大山截然不同，但是，"明"淡定地面对这一切，对于死亡，它已不再感到恐惧。大战爆发后不久，它的两个伙伴"唐"与"宋"相继死去，现在它要孤身作战了。

德军的轰炸使英国损失惨重，成千上万的建筑物倒塌，成为废墟，轰炸中幸存下来的人们流离失所，狼狈不堪。面对没日没夜的轰炸，尽管英国民众对胜利怀有极大的信心，但难免存在脆弱的时刻，他们迫切希望阳光能够驱散上方笼罩的阴霾，给他们带来力量，而"明"就成了这样的一束光。

在震耳欲聋的轰炸声中，"明"丝毫没有惊慌，它始终镇定自若地生活着，这种平和的态度使饱受战争之苦的英国民众受到极大鼓舞，他们从四面八方来到伦敦动物园，丝毫不顾随时可能投下的会给他们的生命带来威胁的炸弹。看到"明"，他们就有了极大的勇气。

各国的记者也来了，他们对"明"大肆宣传，"明"成了一位乐观坚定的反法西斯战士。时光渐渐流逝，"明"给无数人带来了欢乐，在伦敦动物园里，战争的硝烟渐渐远去，人们在这里感受到和平给他们带来的祥和。

1945年5月8日，德国正式签署无条件投降书，欧洲战事结束。9月2日，日本正式签署投降书，"明"的故国赢得了胜利，第二次世界大战至此结束。然而这一切，"明"已经看不到了，1944年圣诞节过后，曾给无数人带来欢乐的"明"永远离开了这个它无比热爱的世界。

"明"来到伦敦，在这里度过了6年时光，于战争胜利的前夕抛下了无数热爱它的英国人民。但我们有理由相信，"明"一定预见了这场战争的胜利，这个热爱和平、坚强勇敢的生灵，在战火四起的年代里经历了一场又一场冒险，却始终保持乐观。

"明"的离去使无数人陷入哀伤、难过落泪，作为支撑热爱和平的人们破开重重黑暗的一束光，"明"早已成为他们的精神偶像。英国最大的主流报纸《泰晤士报》甚至因"明"的死发表讣告，其中有这样一句话："她曾为那么多心灵带来快乐，她若有知，一定也走得快快乐乐。即便战火纷飞，她的离去依然值得我们铭记。"①

2015年10月，在世界反法西斯战争胜利70周年之际，中国将高1.6米，重约170千克的"明"的雕像赠送给伦敦动物园，以纪念这位在二战中做出特殊贡献的和平使者。时隔70多年，"明"的笑容再次浮现于英国人民的眼前。

不一样的声音

"明"传奇的一生结束了，从一个战场到另一个战场，它见证了人们对战争的厌恶、对和平的渴望，它的笑容带领人们穿过战争岁月，迎来和平的阳光。从"明"的身上，我们看到了光明、希望和未来，它的存在时时提醒人类，要珍惜来之不易的和平生活。

目光转回1938年的美国芝加哥，聚焦到露丝和她的熊猫身上。这一年，露丝这位传奇女性将迎来又一个传奇。

当露丝带着"戴安娜"，不，现在它有了新的名字——"梅梅"，这个新名字成为新闻媒体大肆报道的对象，露丝作为它的主人又一次大出风头。"梅梅"在新闻媒体上频繁出现，受到人们的热烈欢迎，但是它的最终归宿一直没有得到确认。还记得此前露丝前往中国的目的吗？那就是为在布鲁克菲尔德动物园中生活的"苏琳"找一个伴侣，而"苏琳"被误认为是一只雌性大熊猫，不巧

---

① 蒋林.熊猫明历险记［M］.成都：四川人民出版社，2018.

的是，"梅梅"也被误认为是雌性。事实上，它们都是真正的男子汉。

为什么会产生这样的乌龙？这就要从大熊猫"雌雄莫辨"的生理特征说起。我们判断一个哺乳动物是雌性还是雄性，最直接的方法就是观察它的生殖器官，通常情况下，雄性和雌性的生殖器官有着极为明显的差别，但大熊猫不同。幼年期时，大熊猫"肛门外缘皮肤发达，常常掩盖其隐私部位，故而在外形上不像其他兽类易于分辨雌、雄"[①]，即便是成年大熊猫，外形上也极为相似，如果不是经验丰富的人，很难判断它们的雌雄。这种情况随着人类对大熊猫认知的逐渐深入和科技水平的不断攀升而得以改变，但在当时，这样的乌龙事件并不少见。

"梅梅"被认为是一只雌性大熊猫，所以它不能成为"苏琳"的"丈夫"，这使布鲁克菲尔德动物园产生了迟疑：他们还有必要为购买"梅梅"花费巨额金钱吗？露丝十分焦急，但还没等她说服园方接受"梅梅"，另一个消息使她坠入痛苦的深渊："苏琳"死了。

1938年4月1日，这一天成了露丝一生中最为黑暗的日子，在这个西方传统的愚人节，命运仿佛和她开了一个玩笑，带走了她视为珍宝的"苏琳"。这个女服装设计师陷入了深深的自责，她无数次问自己，如果不是自己将"苏琳"从中国西部的大山中强行带出，被迫面对人类社会，是不是"苏琳"就不会死，而会在熊猫的国度中平安成长，自由生活？

时光是无情的，1869年4月1日戴维的科学发现打开了"潘多拉的魔盒"，使大熊猫进入无数或猎奇或贪婪的人的视线之中，经过了69次完整的时光轮回，大熊猫的命运轨迹将走向何方？"苏琳"的死已不可逆转，露丝什么都不能改变，但是一颗种子悄悄潜伏下来，时机一到，将开出绚烂的花。

"苏琳"的死使动物园方再次陷入迟疑，此时他们从新闻报道中得知史密斯大获成功的消息。根据消息，史密斯捕获的熊猫是目前人们得到的仅有的雄性熊猫，即便能够向史密斯购买到雄性熊猫，他们也不能仅靠一只雄性进行繁

---

① 胡锦矗.大熊猫传奇［M］.北京：科学出版社，2016.

衍，经过反复考虑，园方接受了"梅梅"。史密斯和他捕获的熊猫被困在成都迟迟不能行动，园方决定再次雇用露丝为他们找到一只雄性熊猫，与"梅梅"凑成一对。他们提供了8500美元作为露丝的探险经费。

"苏琳"的离开使动物园里的"梅梅"形单影只，露丝想让"梅梅"从这种孤单的状况中解脱出来，她答应了布鲁克菲尔德动物园的请求，开始了她人生中的第三次探险行动。

一切都在有条不紊地进行着，让露丝感到安慰的是，与她配合默契的老搭档杨昆廷会加入这次探险行动。经验丰富的杨昆廷甚至在露丝还没重新踏上中国这片土地的时候，就再次得到了两只大熊猫。得知这一消息，露丝激动极了，恨不能立刻踏上她所热爱的土地，为此她放弃了需要耗费过多时间的海路、陆路交通方式，一路搭乘航班，飞往成都。

在混乱的战争年代里，消息的传递具有不准确性。1938年6月上旬，当露丝再次来到成都这座古老而充满魅力的城市时，仅仅见到了一只大熊猫，另一只据说是雄性的熊猫，可能在一场意外中死去了。

幸存的那只熊猫被露丝起名为"美龄"，与蒋介石的夫人宋美龄同名，在露丝看来，这是一种示好。但宋美龄并不这样认为，甚至大为生气。这件事使露丝感到难过，但她能够理解宋美龄的想法："一个疯狂的美国人，利用中国的自然资源，中国为此而受到伤害。她的人民正在成百上千地遭到他人的屠宰，而美国甚至还在继续向日本提供装备，可是，他们还在声称，美国与中国的友好关系永恒不灭。"①

最终，"苏森"替代"美龄"，成为这只大熊猫的新名字。"苏森"是一只精力旺盛的大熊猫，露丝没有将它关进笼子里，而是让它在院子里自由地活动。"苏森"经常爬上高高的大树，无论露丝怎样呼唤都不从树上下来，或许只有这样，它才能在远离大山的城市里获得一丝安全感。

---

① ［美］维基·康斯坦丁·克鲁克.淑女与熊猫［M］.苗华建，译.北京：新星出版社，2007.

在露丝和杨昆廷为这只调皮的熊猫大伤脑筋的时候，在野外猎捕大熊猫的猎人传来消息：他们又发现了一只熊猫的行踪。于是，杨昆廷离开营地，前往野外为露丝捕捉这只大熊猫。几天后，他成功带回了一只体重大约为45千克的雄性大熊猫。

大熊猫已经捕获，现在露丝陷入了与史密斯一样的困局，那就是无法将大熊猫从中国运出。在成都，露丝与史密斯见了面，此时史密斯被困在这里有几个月了，而他捕获的熊猫，因为粗暴的饲养方式，已经死去了一部分。对于这种状况，史密斯选择强化猎捕行动来捕捉更多的熊猫。像史密斯一样的人并非少数。针对这一现象的研究表明，大熊猫正处于"批发式的商业性掠夺中"，"很多熊猫，不管是年迈的，还是年轻的，被当地猎手活捉后运抵成都，在运出中国之前已经死去。在成都，很多死熊猫的皮毛上市出售，表明一场大规模捕捉熊猫的浪潮正方兴未艾。作为一种稀有、数量不会很多的动物，熊猫不能承受这样大规模的迫害，它们将无法继续生存下去"，而"在中国搜罗并出口数量如此多的珍稀动物，从科学角度看是没有任何道理的"[①]。

面对这一切，露丝动摇了，她不断地思考，在这场猎捕大熊猫的狂潮之中，她究竟扮演了一个什么样的角色？她厌恶史密斯对大熊猫的虐待，但自己又能好到哪里去？她将大自然钟爱的精灵带入人类社会，将更多贪婪的目光吸引到这一珍稀物种的身上，给它们造成更深重的灾难……可是，她是如此热爱这些精灵，如此热爱这片精灵所在的土地啊！

6月下旬的一个暴雨之夜，一场突然发生的事故使露丝痛苦而坚定地做出了抉择。

雨，放眼望去，四面八方都是倾泻而下的雨，大雨使原本漆黑的夜黑得更加浓重，吞噬着从房屋中透出的微弱的光。轰隆隆，轰隆隆……这是雷神震怒的咆哮声，大自然在这一刻肆无忌惮地彰显威严。一道闪电破开浓重的夜幕，给这黑沉沉的世界带来一道刺目的光，然而很快，这道光就湮灭在更深的黑里，

---

① ［美］维基·康斯坦丁·克鲁克.淑女与熊猫［M］.苗华建，译.北京：新星出版社，2007.

伴随而来的是更为沉重的雨幕。

露丝从一个宴会上出来，一路前行，雨越下越大，树枝在暴雨的冲刷下变得歪歪斜斜，四处都是水流的声音，黑暗中，露丝仿佛看到了一双双冰冷而邪恶的眼睛注视着她。露丝有些不安，她加快了回家的步伐。终于回到暂住的卡瓦利尔官邸后，安全感并没有包裹露丝，相反，这座宅子将她拖入了痛苦的深渊。

一进门，露丝就看到了杨昆廷，在掠过天际的一道闪电中，他手中紧攥的一把左轮手枪清晰可见，随着闪电的熄灭，杨昆廷的身影隐入了黑暗。院子里时不时传来一些巨大的撞击声，在雨水的浇洒之下显得有些沉闷、压抑。在一声声痛苦的嘶吼声中，杨昆廷语气低沉地告诉露丝，他带回来的那只强壮的大熊猫发狂了，如果让它闯出院子，对生活在城市里的人来说，将是一场灾难。

在我们的印象中，大熊猫似乎不具有攻击性，它们圆滚滚的身体具有极强的欺骗性，似乎拥有这样的体形，它们就会反应迟钝、脆弱柔软，但事实并非如此。尽管大熊猫"爱好和平"，从不主动攻击周围的动物，但其他动物也不敢来招惹它们，咬合力惊人的牙齿和强健的四肢使它们具有极强的杀伤力。

在倾泻的雨幕中，杨昆廷低哑的声音是那么微弱，但在露丝的耳中清晰可闻，她过去有多为这只大熊猫强壮的身体感到自豪，现在就有多痛苦。如果这只大熊猫身体虚弱，就不会对人类造成威胁，杨昆廷也不用开枪打死它，但一切都晚了。

几声沉闷的枪声响起，暴雨冲刷大地，完美掩盖了这可能给人们造成恐慌的声音，然而在露丝的耳中，这声响超出了天际间歇响起的雷鸣。大熊猫的血水消失在雨中，露丝的泪水融进了雨里，大雨抹去了现实世界的伤痛，却抹不去她心中的伤痛。压抑已久的情感在这个雷雨之夜爆发了，露丝做出了一个决定，这个想法早已酝酿，眼前发生的一切催促着她不再犹豫。"苏森"是属于野外的，人类社会不能使它幸福，现在，它该回到属于它的世界去了。

尽管中国仍然处于战争的伤痛之中，但一些人显然已意识到西方人对大熊猫的伤害，中国政府部门"已经严令限制熊猫的出口，所有出境的熊猫都必须经过教育部的严格审查"，露丝对此已不再担心。相反，她对中国政府的这一行为感到喜悦，"她希望这个消息表明，中国政府开始严肃地关注熊猫的保护问题。更为重要的是，中国政府态度上的这一变化，就像一根定海神针，像一盏明亮而闪烁的霓虹灯，照亮了方向，而这正是她决心要向前迈进的方向"①。

7月初，让"苏森"重返大山的计划正式提上了日程，露丝还有最后的时间与这个自然之灵相处。露丝注视"苏森"的目光温柔而缱绻，像一位母亲注视着她即将远行的孩子。

由于这次旅行的目的并非捕捉大熊猫，所以一切装备都很简单。几天之内，他们就可以带着"苏森"走上回家的路了，露丝有种预感，这将是她最后一次光临熊猫国度。

露丝一行在崎岖陡峭的山路上缓慢行进，一路向上，行程越发艰难，夏季的大山充满勃勃生机，但也存在致命危险。幸运的是，经历了艰辛的跋涉，他们终于平安到达捕获"苏森"的地方，这里的海拔已接近3000米，是人类行为很少涉及的地方，却是熊猫的天堂。露丝决定在这里放归"苏森"，或许这能给它带来回家的感觉，为了确保这个在人类社会中生活了一段时间的小家伙能够适应野外的环境，露丝决定在此地停留一段时间。

摆脱束缚的"苏森"向着自由大步迈进，头也不回，完全不顾露丝的留恋。这个野性十足的小家伙天生属于大自然，人类社会的短暂停留对它来说只是一场意外。"苏森"很快消失在杂草丛生的树林里，看到这一切，露丝的心情是甜苦交织的。但不管怎样，优柔寡断绝非露丝的性格，她很快从失落的情绪中摆脱出来，一心祝福这个自由的精灵能在山神的庇佑下健康成长。

露丝一行在附近的一处山洞驻扎下来，在等待"苏森"出现的时间里，一场山洪使他们被迫向更高处转移。在潮湿的空气中，人心变得浮躁，夏季多暴

---

① ［美］维基·康斯坦丁·克鲁克.淑女与熊猫［M］.苗华建，译.北京：新星出版社，2007.

雨，山间充满种种危险，很明显不适合过久停留，而"苏森"什么时候出现，大家都不知道。

日子一天天过去，在一个暴雨骤起的日子里，露丝在距洞口不远的山坡上再次见到了这只淘气的小家伙。但它不是来找露丝"叙旧"的，因为它一发现这个曾经"囚禁"自己的人，就立刻跑进了能够给它带来安全感的竹林。

这个小淘气完全适应了野外生活，露丝可以放心地离开了。下山的路被洪水冲刷得面目全非，在满布青苔的山路上行走，在齐腰深的湍急水流中穿行，在遮天蔽日的丛林里跌跌撞撞，离开熊猫国度的难度远远超过了光临它的时候，幸运的是，他们并没有迷失道路。经过几天的艰难跋涉，露丝终于告别了熊猫国度。有生之年，她再也没有踏上这片见证了她最为璀璨时刻的土地。

第一次踏上这片土地，露丝将一只属于大山的精灵带入人类世界，最后一次踏上这片土地，露丝将另一只精灵归还给大山。开始于此，结束亦于此，看似矛盾对立的举动，奇异而和谐地融为一体，一种意识的转变在露丝的行为中显现。这种转变，是经历阵痛之后的产物，人类的复杂性在此展露无遗。千百万年来，人类出于各种目的摧毁地球上的其他物种，但他们也会有目的地保护这些野生动物，这或许正是人之所以为人的特性所在。

呼吁停止无休止猎捕大熊猫行为的声音越来越多，英国博物学家苏柯仁对日益猖獗的熊猫走私行为，疾声反对："大熊猫是稀有动物，不堪长期遭受这种虐待。因此，我们恳求中国政府介入，在还来得及的时候，尽快挽救大熊猫，不要让它们灭绝。"[①]

1939年4月，中国政府对猎捕熊猫进行了局部限制，尽管猎捕大熊猫的行动仍在继续，但情况有所好转。

1949年10月1日，中华人民共和国成立，中国从此真正成为独立自主的国

---

① ［英］亨利·尼克尔斯.来自中国的礼物［M］.黄建强，译.北京：生活·读书·新知三联书店，2018.

家，强大的中国政府"坚决表示其他任何国家对熊猫事务的参与，都必须严格遵守他们的条件"①。

　　"经统计，1869年至1946年，国外曾有200多人次前来我国大熊猫分布区调查、收集、捕捉大熊猫。仅1936年至1946年的10年间，从我国运出的活体大熊猫共计16只，另外至少有70具大熊猫标本进入外国的博物馆"②，这些猖獗的猎杀、猎捕行为使拥有800万年繁衍历史的大熊猫数量锐减、濒临灭绝。危急关头，很多像露丝一样热爱大熊猫的人行动起来，加入对大熊猫的保护行动之中。经过人们的不懈努力，大熊猫绝处逢生，有了光明的未来。

　　这一切露丝没能见证，1947年7月20日，她被发现死于暂居饭店的浴室，死因是剧烈的酒精性肠胃炎。长期以来吸烟、酗酒的生活使露丝的健康状况极为糟糕，拮据的经济状况和无法排遣的孤独更使她想放弃这个世界。在悲剧发生的几个星期前，5月3日，露丝吃下过量的安眠药，试图结束生命，但没有成功。最终，她没能摆脱死神的诱惑，将生命定格在47岁。

　　2002年秋，露丝的外甥女玛丽·罗比斯科远渡重洋，来到熊猫国度，在一棵粗大的中国古榆树前，打开了一个画有熊猫图案的陶瓷容器，"容器里面，是取自泰特斯维尔的露丝·哈根纳斯墓地的骨灰和泥土"③。时隔60多年，露丝回到了这片她生前热爱的土地，与她的丈夫一起，在熊猫的王国团聚了。

---

① ［英］亨利·尼克尔斯.来自中国的礼物［M］.黄建强，译.北京：生活·读书·新知三联书店，2018.
② 孙欣.历史时期川渝鄂地区大熊猫的分布及其变迁［D］.西安：陕西师范大学，2008.
③ ［美］维基·康斯坦丁·克鲁克.淑女与熊猫［M］.苗华建，译.北京：新星出版社，2007.

第三篇

自 由

之 歌

第一章　风雨飘摇的自由身

意识的转变

大熊猫是中国的"土著居民"，但在相当长一段时间内，中国几乎没有了解它们身世的人。大熊猫凭借其俘获人心的外表，在外交舞台上取得辉煌的成绩，但随着大熊猫作为"国礼"不断被赠送给他国，人们开始担心这一物种在中国的延续性。改革开放之后，西方成熟且体系化的动物保护思想传入中国，唤起中国传统文化中的动物保护理念，整个中国关于大熊猫保护的思想由此发生转变。

野生动物与人类共同生活在一个家园，人类却独断专行地霸占所有自然资源，不仅侵占了野生动物的领地，甚至威胁它们的生命安全。动物保护这一话题的热度经久不衰，无论是西方的哲学家，还是古代中国的儒、释、道，都对人与动物的关系进行了深入的探讨。

西方的动物保护思想最先出现在17世纪，一批反对动物虐待，主张动物生命自由的哲学家开展了仁慈主义运动，呼吁人们关心、重视动物的生命，从动物的角度出发，去审视人类对动物做出的一系列行为。纳萨尼尔·华德在1641

年编纂的《自由法典》中提出："对那些通常对人有用的动物，任何人不得行使专制或酷刑。"①这一运动仅停留在保护动物生命的表面。

18世纪和19世纪，人们开始正式关注动物应享有的权利，亨利·赛尔特在《动物权利与社会进步》一书中明确提到，伦理中的道德共同体应当扩展到动物身上，动物与人一样享有生存权与自由权。这一主张的公开深化了西方的动物保护思想，将动物的权利提升至与人类等同的水平。20世纪提出的动物权利论吸收了这一观点并加以丰富，更具说服力，引导人们重视动物保护。

自工业革命在西方世界率先开展后，人类大量侵占动物的生存环境，建立的机器工厂比比皆是，砍伐后的山林满目疮痍，再不见野生动物的身影。人类进入工业社会以来，野生动物的灭绝率比从前的自然灭绝率要高出许多，这是一场全球性的革命，对野生动物造成的打击自然也波及世界各地，动物保护思想便在世界各地发展并成熟起来，相关的动物保护组织与法律也应运而生。

世界动物保护协会由成立于1953年的动物保护联盟与成立于1959年的动物保护国际联合会合并而来，其动物保护专家分驻各地，促使欧盟议会通过一系列动物保护法律。

古老的中国人针对人与动物的关系早在千年前就提出了自己的见解。古代中国那些零散分布的部落，都有各自崇拜的图腾，居住在水边的部落图腾可能是鱼的象征，居住山林的部落图腾可能是凶猛的虎形，居住在草原的部落可能崇拜充满灵性的狼等。此时的人们将美好的愿望寄托在动物身上，与野生动物平等地生存在同一片土地上。

中国出现完整的国家体系之后，狩猎活动则是人类单方面的屠杀，针对这一现象，儒、释、道三家都表达了对动物的爱护之意。孟子继承孔子的"仁爱"思想，在《孟子·梁惠王上》中进一步指出："君子之于禽兽也，见其生，不忍见其死；闻其声，不忍食其肉。"道家同样强调应该以仁慈的态度与动物和谐共处，《感应篇图说》指出："慈者，万善之根本。人欲积德累功，不独爱人，兼

---

① ［美］纳什.大自然的权力［M］.杨通进，译.青岛：青岛出版社，1999.

当爱物，物虽至微，亦系生命。"佛教更是主张众生平等，反对肆意杀生。

动物保护思想深植于中国传统文化之中，中国早有动物保护思想的雏形，只是未成体系。改革开放后，西方日益成熟的动物保护思想随着其他信息一同进入中国。可以说，中国的动物保护实践起步于对野生大熊猫的保护。

自从戴维将大熊猫这一物种介绍给世界以来，整个西方掀起一股"大熊猫热"。随着大熊猫这一物种的公布，许多国家的探险家与猎人将难得一见的大熊猫作为自己来中国的目标，纷纷表示要带活体大熊猫回国，各国博物馆也开始了搜集大熊猫标本的激烈竞争。他们先后来到中国，雇用当地的猎人当向导，驯养猎狗，追捕大熊猫。野生大熊猫的平静生活被枪声打破，开始了四处逃窜的日子。

中华人民共和国成立后，曾将大熊猫送往国外。出国的大熊猫同样来自地方捕捉，经简单的身体检查后被送往北京动物园。当野生大熊猫的生存一次又一次受到威胁时，有识之士开始呼吁保护野生大熊猫，杜绝私自捕捉、狩猎大熊猫。

大熊猫岌岌可危的生存状况同样得到中央的关注。1974年6月至1977年10月，林业部组织了全国第一次大熊猫资源调查，结果显示，全国有野生大熊猫2459只，其中四川1915只，占全国的77.8%。这个结果表明了大熊猫濒危动物的身份，也提醒人们重视对野生动物生存环境的保护。

全国第一次大熊猫资源调查的结果使中国领导人意识到，大熊猫数量稀少，不宜赠送他国。中国此前赠送了17只大熊猫给友国，10多年间，这些大熊猫在国外饮食不愁，却始终没有后代存活。可见，大熊猫的繁衍比想象的要难得多，再不加以保护，仅剩的这2000多只大熊猫必将在中国的土地上绝迹。20世纪80年代初，中国政府为了保护大熊猫这一珍稀物种，决定不再向其他国家赠送大熊猫。

大熊猫岌岌可危的生存状况，刺激着中国意识的转变。中国人开始重视保护野生动物，又因受到成熟的西方动物保护思想影响，开始进行动物保护体系的建设。要进行专业的保护，一定需要一个专业的动物保护组织。1983年12月，中国野生动物保护协会成立，并要求各省尽快成立相关的组织。这是中国历史上第一次正式成立动物保护组织，在此之前，野生动物资源的保护管理由林业部与各省林业厅负责，但过程总是捉襟见肘。并且，中国野生动物协会于1984年加入世界自然保护联盟，与其他国家的动物保护机构开展国际合作交流，推动我国野生动物保护事业的发展。

只有专业的野生动物保护组织显然不能满足我国动物保护事业的需求，还需制定相关的野生动物保护法。1950年，中央人民政府颁布《稀有生物保护办法》。改革开放后，因受到西方动物保护思想的影响，中国制定了相关法律法规。1979年2月，《中华人民共和国森林法（试行）》规定国务院有关部门与地方各级人民政府应加强野生动物保护。1984年9月，《中华人民共和国森林法》正式通过。1988年11月，第七届全国人大常委会第四次会议正式通过了《中华人民共和国野生动物保护法》。这些法律都是专门为保护、拯救濒危野生动物制定。

保护野生动物的根本措施就是还原它们的原有栖息地，让工业文明退出它们的生活。还原栖息地的主要途径便是设立自然保护区，防止工业文明的入侵，给予被破坏的生态系统恢复时间。来自国家层面的号召得到了快速响应，截至1990年6月，中国正式建立自然保护区共471处。[①]中国从保护大熊猫入手，建立了动物保护体系，逐渐增强了动物保护意识。

被圈养的大熊猫

中国本土的动物保护意识转变之后，人们不再肆意捕捉野生大熊猫。为了促进大熊猫种群数量的增加，人们开始着手人工授精、人工繁育大熊猫幼崽等一系列壮举。大熊猫被圈养会遇到许多问题，毕竟大熊猫并非群体生活的动物，为了避免类似日本朱鹮灭绝悲剧的发生，人们开始思索被圈养大熊猫的新出

---

① 李文华，赵献英.中国的自然保护区［M］.北京：商务印书馆，1996：10.

路——野化放归。

大熊猫在中国大地上度过了漫长的岁月，憨厚可爱的外表不能掩盖它凶猛野生动物的身份。大熊猫的圈养历史悠久，但真正圈养是在近代。不同阶段圈养大熊猫，目的不同。

《史记·五帝本纪》记载："轩辕乃修德振兵……教熊罴貔貅䝙虎，以与炎帝战于阪泉之野。"其中的"貔貅"可能就是大熊猫。还有传说认为蚩尤的坐骑"食铁兽"也是大熊猫，可见大熊猫的战斗力非凡。

最早记载的大熊猫与外国的友好交流发生在唐朝。685年，女皇武则天将一对白熊赠送给日本天皇，白熊就是大熊猫。按照当时中国与日本的关系，这对大熊猫应当被圈养在日本的皇室林园。近代国外最早饲养大熊猫的是美国芝加哥布鲁克菲尔德动物园，动物园圈养的是由露丝带回美国的"苏琳"。我国最早饲养大熊猫的是重庆北碚平民公园和上海兆丰公园，它们曾于1939年各自饲养了一只大熊猫，但时间都较为短暂。

无论是国外还是国内，最开始圈养大熊猫几乎都是以营利为目的。露丝是第一个将活体大熊猫带出中国的外国人，被命名为"苏琳"的大熊猫为她带来了不菲的收入，还使她在美国上层社会大出风头。"苏琳"被布鲁克菲尔德动物园圈养后，大量美国人来到芝加哥只为看一眼传说中的大熊猫，动物园很快收回购买"苏琳"的8000美元成本。

动物园将大熊猫作为猎奇的对象、揽钱的工具，意识不到对动物的保护。戴维的科学发现使西方世界掀起一股"大熊猫热"，但随着大量大熊猫被追捕、杀害、制成标本，西方世界的动物保护思想逐渐成熟，开始意识到随意杀害野生动物侵犯了野生动物的权利，同生活在地球上，人类无权决定动物的生死。英国的动物保护思想最先成熟。当时，大熊猫"姬姬"正好来到英国，举国上下都有着大熊猫情结的英国却不接受"姬姬"，因为英国已认识到动物保护的必要性，决定不再将野生动物关进狭小的动物园。但英国并未对其他国家买卖、赠送、圈养大熊猫的行为进行指责。

20世纪50年代到80年代，中国赠送了24只大熊猫给他国，表示中国人民

的友好结交之意，其中有不少国家是主动索要大熊猫。很多国家想要大熊猫，但没有外国人再来中国捕捉大熊猫。中华人民共和国是一个主权完整的国家，没有国家的允许，任何人都不能随意进入中国。这一时期，世界范围内的动物保护理论正逐渐发展成熟，并被应用到各项动物保护运动中。许多人都开始意识到对大熊猫的捕杀是一种残忍、不人道的行为，数量稀少的野生动物需要人类的保护，而不是猎杀。

1977年，中国完成了第一次全国大熊猫资源调查，经过慎重考虑，决定不再外送大熊猫，并对圈养的大熊猫科学饲养，促进它们的繁殖。这一阶段的大熊猫圈养主要是为了保护大熊猫，而不是利用大熊猫获得利益。此时，国内的动物保护声音也越来越响，中国开始设立自然保护区，用于对大熊猫的保护。

1980年是特殊的一年，中国的大熊猫保护事业加入了一个新的合作伙

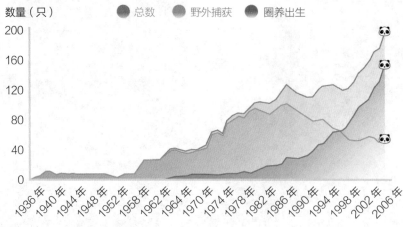

数量（只）   ● 总数   ● 野外捕获   ● 圈养出生

资料来源：赵学敏编《大熊猫——人类共有的自然遗产》，北京：中国林业出版社，2006年

大熊猫圈养种群个体数量统计

伴——世界野生动植物基金会（WWF）。在WWF的支持下，中国保护大熊猫研究中心于1983年在卧龙国家级自然保护区成立。中外专家通力合作，深入山林，研究大熊猫的行为、生态、饲养、繁殖、育幼等。

1984年发生的一件事情让研究者开始怀疑圈养大熊猫的科学性，意识到将大熊猫圈养起来，可能会给它们造成伤害。

1984年，雌性大熊猫"贝贝"因长期与人相处并得到投喂，对人工饲料产生依赖，被放养后一星期就回到圈养场。研究人员再次将它放归山林，49天后，"贝贝"仍回到"五一棚"寻找食物。美国博物学家乔治·夏勒不给它食物，把它赶回了野外。三个月后，研究人员发现了"贝贝"的尸体。这是中国最早的放归尝试，结果是令人悲伤的。

人们由此开始思考，作为野生动物的大熊猫被圈养后有没有可能重新野化，即使放归山林也能继续存活。这个问题在次年日本的朱鹮灭绝时显得更为突出。

朱鹮是日本的圣鸟，但数量一度锐减，且多次繁衍失败。1965年，为了防止野外朱鹮雏鸟受到稻田农药的毒害，佐渡朱鹮保护中心将6只幼鸟捕捉进行人工饲养。刚开始，饲养人员给朱鹮投喂泥鳅，后改喂海鱼，没想到海鱼是朱鹮寄生线虫的中间寄主，其中5只朱鹮因线虫而一病不起。日本鸟类学家不甘心朱鹮就此灭绝，仍然采用人工饲养的方式进行繁衍，1985年，偌大的笼舍只剩下一只朱鹮。

日本朱鹮的生存情况给中国保护大熊猫的事业敲响了警钟。朱鹮繁衍困难，坚持人工饲养并未使朱鹮的种群数量增加，反而使它们走向灭绝的死胡同。大熊猫与朱鹮同样繁衍困难，若是一直坚持圈养大熊猫，将来有一天，大熊猫会不会面临相同的命运？

由此，中国圈养大熊猫事业开始进入一个新的阶段——野化放归。在此之前，国内没有野化放归的概念，通常称为"野生大熊猫放归"。20世纪80年代初，中国大熊猫研究队伍深入卧龙国家级自然保护区，遇到了受伤、饥饿的大熊猫，研究人员对它们展开救助，将它们放归野外。但无线电的追踪结果显示，它们或是死亡了，或是由于习惯人工饲料，不吃野外食物而暴瘦。这些放归都不是有目的、有计划的放归，也没有对放归后的大熊猫进行系统跟踪监测与研究，是不科学的放归。[①]

大熊猫作为野生动物，必将回到它们世代生活的家园。但圈养大熊猫与野生大熊猫在诸多方面都存在差异，如野外觅食能力、疾病抵抗能力、自我防御能力等。随后，研究人员总结过去野化放归的教训，整理出圈养大熊猫野化放归的三个必经阶段。

一是前期准备，主要是对放归个体的早期选择、行为学习和种内种外竞争关系的初步认识等；二是野化培训，培养大熊猫的野外生存能力，包括野外觅食与取食能力、疾病抵抗能力、面临天敌时的自我防御能力等；三是对具备野外生存能力的个体进行放归，使其建立自己的巢域，参与野生种群的繁殖。令人欣慰的是，大熊猫的野化放归从20世纪80年代一直延续至今，已经有许多成功的例子。

---

① 四川省地方志编纂委员会.四川省志·大熊猫志 ［M］.北京：方志出版社，2018：317—319.

国宝的地位

国宝是能代表一个国家历史、文化、政治的宝物。"国宝"一词最早见于《左传》："子得其国宝，我亦得地，而纾于难，其荣多矣。"许多国家都有独一无二的国宝，如尼泊尔的独角犀牛，柬埔寨驰名世界的文化古城吴哥古迹，日本的鉴真大和尚塑像，埃及神秘的金字塔等。华夏文明拥有源远流长的历史文化，也积累了不少国宝，如新旧石器时代人类发明的石器工具、经过精致雕刻的玉器、经过高温烧制的陶器与精美绝伦的瓷器等。这些国宝都是尘封百年甚至万年的物件，珍贵异常却不具生命。除了这些文物，中国还有一种活的国宝——大熊猫。

当今世界，只要提到中国，外国友人总是不自觉地想起可爱的大熊猫。大熊猫能成为代表中国的形象，有政治、生物、文化等多方面原因。

从政治方面来看，大熊猫俨然成了中国的"外交官"，为中国与世界的沟通立下汗马功劳，没人能说清大熊猫从何时开始成为中国的国宝。"知网"上最早称呼大熊猫为国宝的文章是发表于1984年的《捐款护国宝，抢救大熊猫》一文。中华人民共和国成立初期，大熊猫则是很好的外交使者，促进了中华人民共和国与其他国家的交流。大熊猫逐渐成为中国的名片，全世界人民都知道只有中国才有大熊猫，大熊猫是中国的国宝。

物以稀为贵，但大熊猫作为中国的国宝，不仅是因为数量稀少，更因为它只生长在中国的土地上。大熊猫这一物种在地球上生活了上百万年，但为了适应环境，已经进行了某些改变。中国的东部与南部、越南的北部以及缅甸北部森林都曾发现大熊猫留下的印记，但随着气候的变化与人类文明入侵造成的栖息地破碎化，大熊猫的生活范围逐渐缩小，种群数量也不断减少。全国第四次大熊猫资源调查显示，我国野生大熊猫目前主要分布在岷山、邛崃山、凉山等地，大熊猫的栖息地在逐渐缩小，中国的陕、甘、川三省是大熊猫仅存的家园。

因此，大熊猫成为中国国宝，是因为数量稀少，更因为它们是中国独有的"黑白精灵"。

从生物研究的角度出发，大熊猫是难能可贵的"活化石"，是科学家研究古生物不可多得的"活教材"。大熊猫生活在现代，身上仍然保留着古生物的特征，根据消化系统来看，它是食肉动物，但它以吃竹子为生。这些奇妙的反差，使大熊猫不同于其他同样濒临灭绝的珍稀动物，让它们成为需要保护的稀有生物，探索远古生物秘密的钥匙。

大熊猫独特的配色与饮食习性，符合中国的文化传统，能代表中国文化。大多数大熊猫的毛色由黑、白两色构成，与中国传统的水墨画相呼应，中国人民欣赏大熊猫和欣赏水墨画是基于同样的审美标准。大熊猫以竹为食，颇具中国"隐士"风格。苏轼说"宁可食无肉，不可居无竹"，竹子经冬不凋，自有一股不卑不亢的风骨。在中国文化传统中，高洁之士拥有很高的社会地位，受人敬仰，世代与竹为伴、以竹为食的大熊猫"隐士"更是如此。

大熊猫成为中国国宝，还因为它与人类的和谐关系。首先，大熊猫99%的食物是竹茎与竹叶，不主动攻击其他动物，性情温驯。大熊猫在山间与人类相遇时，从未发生过伤人事件，大都主动回避冲突。其次，大熊猫有着长长的皮毛，整个身子圆滚滚的，毛茸茸的视觉效应会让人不自觉喜爱。虽然大熊猫的外形酷似熊，但它的吻部更短，脸颊由于长期嚼食竹茎而圆鼓鼓的，看起来没有强烈的攻击性。

大熊猫的"国宝"之名不知从何而起，但其国宝地位是一步一步确立起来的。早在1956年，林业部就在《关于天然森林禁伐区（自然保护区）划定方案》中指出，大熊猫是世界罕见的动物，应当加以保护。这是中华人民共和国成立以来第一次由官方文件指出大熊猫的珍贵。1959年，林业部发布《关于积极开展狩猎事业的指示》，指出中国有许多珍贵野生动物生存状况堪忧，必须重视它们的种群保护，这些动物中就有大熊猫。

为开展大熊猫保护工作，国家还设立了面积约70万公顷的自然保护区。1963年4月2日，四川省人民委员会批准建立了汶川卧龙、平武王朗、天全喇叭河等自然保护区，用以保护大熊猫、金丝猴、羚牛等珍稀野生动物的生态系统，从栖息地入手，保护大熊猫免受人类文明的威胁。

1973年，四川省委革命委员会批转全省重点地、州、县珍贵动物保护座谈会纪要，指出大熊猫的"国宝"地位，大熊猫成为中国对外友好交往的象征。随后，大熊猫的地位逐渐上升，被列为珍稀动物保护之首，并走出国门，成为全世界呼吁保护的动物。1981年，四川省政府发布《关于加强野生动物资源保护和狩猎管理的布告》，将大熊猫列为国家重点保护野生动物中的一类。1985年，世界野生生物基金会发表报告，把大熊猫列为世界10种濒危动物之首。1988年，大熊猫被列为我国国家一级重点保护动物。1992年，我国实施"中国保护大熊猫及其栖息地工程"。2002年，我国启动"全国野生动植物保护及自然保护区建设工程"，大熊猫又在重点保护动物行列中排名第一。

"熊猫计划"

中国首次开展野外大熊猫调查是1968年至1969年，以中国科学院动物研究所为主组成的王朗自然保护区大熊猫调查组，对四川省平武县王朗自然保护区的大熊猫进行种群调查，调查内容包括大熊猫的濒危程度、野外大熊猫的存活数量、分布地点以及生存状况等。[①]第二次大规模野外大熊猫调查，是1974年至1977年的全国第一次大熊猫资源调查，由胡锦矗任四川珍稀动物调查研究队队长，历时4年，行程45000千米，得到的调查结果是野生大熊猫的数量仅剩2000多只。这两次野外调查分别采用了不同的调查方法，取得了一定的成果，为日后大熊猫的调查活动奠定了基础。

20世纪80年代，中国的大熊猫保护事业处于起步阶段，WWF的加入迅速推动了中国的大熊猫保护进程。1980年之前，WWF的研究重心并不在大熊猫身上，

---

① 刘国强.野外大熊猫种群数量调查［J］.中国林业，2008（22）：52—55.

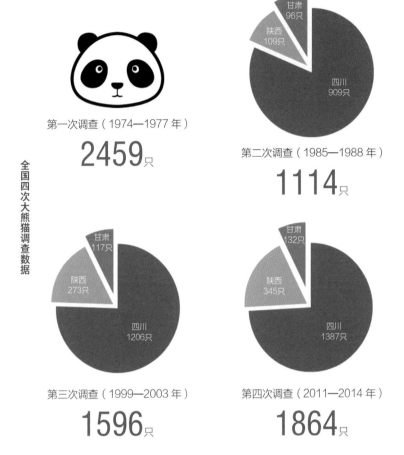

第一次调查（1974—1977 年）
2459只

第二次调查（1985—1988 年）
1114只

甘肃 96只
陕西 109只
四川 909只

全国四次大熊猫调查数据

第三次调查（1999—2003 年）
1596只

甘肃 117只
陕西 273只
四川 1206只

第四次调查（2011—2014 年）
1864只

甘肃 132只
陕西 345只
四川 1387只

资料来源：四川省地方志编纂委员会编《四川省志·大熊猫志》，方志出版社，2018年

美国驻港记者南希·纳什不断与各方接洽，使中国能够与 WWF 进行合作，共同开展"熊猫计划"。野外调查期间，"熊猫小姐"南希·纳什接待与"熊猫计划"相关的路经香港的人士，寄送中外研究者急需的设备并担任卧龙研究人员与北京之间的沟通桥梁，为大熊猫保护事业做出了突出贡献。

1980 年 5 月 14 日，第一个受 WWF 委托在中国开展工作的西方科学家乔治·夏勒博士来到卧龙国家级自然保护区，胡锦矗教授陪同他进行了一番实地考察。在自然保护区，夏勒见到了大熊猫的新鲜粪便，惊喜不已，认为自己走进了熊猫王国。这一次实地考察之后，WWF与中国的合作正式展开。WWF派出以夏勒为代表的专家组，配合胡锦矗、潘文石、朱靖等专家参与的中国研究队伍，驻扎在简陋的"五一棚"，开展大熊猫研究项目。

在简陋的野外观察站中，诞生了不少震惊世界的研究报告。卧龙的"熊猫计划"开展之初，中外研究者依然以"五一棚"为基地，利用胡锦矗团队之前探索出的七条观察线路，辅以外国专家的新科技、观念以及技巧，进行野外大熊猫调查。

这项计划经历了不少波折。1979年，WWF在宣传"熊猫计划"时，并未知会新华社，喧宾夺主。并且，"熊猫计划"还未正式开始，WWF一再坚持拍摄一部熊猫影片。当时至少有三个机构在熊猫研究上互相竞争，WWF获得中国官方的认可，宣传自己开展"熊猫计划"，却又不愿意与中国分享公众的赞誉，造成中国对这项计划的不信任。

此外，中方要求在"熊猫计划"开始前便拟定所需器材并进行签字确认，防止WWF临时变卦中止项目。WWF认为器材应当根据实际研究需要供应，而不是研究尚未开始就拟定清单，并且对中国所拟清单中的部分器材用途表示怀疑。双方就器材一事无法达成共识，前后开会多次都未商讨出结果。

中国研究团队与外国研究团队在动物保护方面也存在着理念之差。乔治·夏勒在前往"五一棚"的途中，被邀请去探视一只老年大熊猫。这只老年大熊猫因被四只豺追赶，被迫渡河，当地人收留救助并送到总部。乔治·夏勒的意见是放归山林，但中方人员要将这只大熊猫带回英雄沟繁殖场。

中外双方沟通不良，也造成了一些问题。乔治·夏勒建议英雄沟繁殖场采用舒适的木质箱巢，中方人员照做了，但在箱内铺了一层铁皮。乔治·夏勒建议做些防风措施，中方人员为大熊猫装了铁卷门，但乔治·夏勒认为关门之后过于黑暗、阴冷。

在"五一棚"开展研究期间，乔治·夏勒与误闯营地的"贝贝"相识，但"贝贝"经过人工投喂后，不愿意自行觅食，丧失了野外觅食能力。乔治·夏勒与胡锦矗一致认为必须将"贝贝"放归野外以恢复其野性，但团队其他成员仍然给"贝贝"喂食。后来，无论如何驱赶，"贝贝"都会回到"五一棚"讨要食物。"贝贝"最后一次被驱赶回野外，由于长途跋涉，又不愿自行觅食，死在了回"五一棚"的路上。不成熟的动物保护思想造成了这一悲惨结局，也正是这种理念上的差异，令乔治·夏勒对大熊猫的保护事业持悲观态度。他将这段经历写成了《最后的熊猫》一书。

"熊猫计划"正式启动后，专家组每天都要沿着观察路线深入山林，追踪大熊猫的踪迹、对大熊猫的粪便进行收集分析、记录大熊猫的饮食规律等。即使是极寒天气，研究团队也绝不耽误。此前，中国已摸索出了相关的研究方法，而以乔治·夏勒为首的外国专家为研究带来了新的理念与设备。

研究团队不辞辛劳地追踪调查，大熊猫的世界得以渐渐清晰地展现在我们的眼前。大熊猫无论雄雌，都有领地，只是范围大小不同。大熊猫每日花费大量的时间进食，其余时间都在打盹儿、玩耍。大熊猫视觉很差，但拥有灵敏的嗅觉与听觉。大熊猫婚配时节有"比武招亲"的传统。一向温驯可爱的大熊猫成为母亲后，为了保护孩子会变得暴躁无比……这些大熊猫信息都来自野外观察，都是研究团队的成果。

中外研究人员以高昂的热情投入了"熊猫计划"。乔治·夏勒在《最后的熊猫》一书中提到，他学习生物不仅是为了解答生物学之谜，身为一个满怀使命感的科学旅人，他一直希望能为大熊猫的生存尽一份力量。[①]胡锦矗、潘文石等中国专家，更是为大熊猫保护事业奉献了自己的一生。

"熊猫计划"的中外联动让全世界都认识了大熊猫这一物种，了解了大熊猫的生存状况，都愿意为大熊猫的保护繁育事业贡献力量。"熊猫计划"让中国动物保护思想与外国动物保护思想进行了一次碰撞，帮助中国的研究者学习优秀、成熟、先进的理念，更好地开展大熊猫保护事业。如今，中国的大熊猫保护事业迅速推进，在人工繁育、野化放归、疾病救护等领域取得了许多成就。

---

① ［美］乔治·夏勒.最后的熊猫［M］.张定绮，译.上海：上海译文出版社，2015：52.

第二章 那些捉迷藏的岁月

初建"五一棚"

20世纪70年代初，我国曾开展大规模的大熊猫追踪考察活动，前后组织了近800人，行程约45000千米，在四川、陕西、甘肃等地的密林中穿梭，只为与大熊猫见上一面。

野外考察是一项艰辛的工作，物资供应受限且很容易遇到危险。考察野生动物的生活踪迹则更加艰难，因为动物不会长期停留在一个地方，并且野生动物大多生活在荒僻的深林，这意味着研究人员要跟随野生动物的踪迹，穿越各种植被，一刻也不得停歇。

1974年开始的全国第一次大熊猫资源调查完全是野外考察，以胡锦矗为首的调查团队经历了许多风险。1974年盛夏，胡锦矗所率的调查团队在汶川的原始森林里迷了路。人们平常以为沙漠才缺水，但貌似水多的森林和沼泽地也很难找到适合饮用的水源，这类地方细菌多，暴露的水源不够安全。

调查团队饮用水告罄，队员不得不四下寻找泥炭藓，通过用手挤压泥炭藓获得水资源。这些味道不佳的泥水挽救了队员的生命。靠着泥水煮饭，调查团队得以走出山林。在如此凶险的工作环境下，调查团历时4年，完成了国家下达的任务，对各大山系的大熊猫数量有了基本了解。

调查结束后，原林业部（现为国家林业和草原局）决定在四川卧龙山区设置定点观察站，用以实时掌握野生大熊猫的动态。这不仅能更好地对大熊猫进行调查研究，也能改善研究人员的工作环境。

建立观察站的第一步便是选址。选址主要有三项基本原则：为了方便补充研究所需物资以及对突发情况的应急，观察站不能距离公路太远；为了不深入大熊猫的生活腹地，影响它们的正常生活，观察站又必须远离大熊猫密集生活地带；为了生活取水方便，观察站必须设在靠近水源的地方。

胡锦矗教授与卧龙的周守德、田致祥等人为选址进行了一番沿山勘察，最终认为海拔2500米正是大熊猫活动的边沿地带，且白岩正处在山脊，光线良好，信号也佳，白岩至干沟的环行缓坡地带是观察站的最佳设置点。周守德、胡锦矗、田致祥等人将那一小片荒地开垦出来，修整地面，一部分作为宿舍，另一部分作为厨房。"棚"最早形容在山上工作的专业人员临时落脚的休息点，这个观察站与临时休息点具有相同的功能，又因为水源距离厨房仅51级阶梯，所以，他们将这个观察站命名为"五一棚"，全称为"卧龙自然保护区五一棚生态观察站"。

观察站经历了三次建设。第一次真的就是"棚"的形态，架空建在一棵大树旁边，倚靠着树干。小棚顶上盖着茅草，四面洞开，距离地面几米，中间搭建了研究人员的小帐篷。研究人员从野外归来后，便依靠简易的楼梯上下，避免在地面休息可能出现的一些危险。夏季尚可忍受，冬季山上气温更低，四面透风的小棚令研究人员苦不堪言。

第二次建设，是冬季时由胡锦矗等人建立的简陋休息点，与其说是观察站，不如说是帐篷群。宿舍其实是一个又一个紧挨着的帐篷，厨房就是简陋的小木屋，中间常常架着火堆。几顶帐篷围成一团，中间留有空地，活脱脱一个"帐篷四合院"。研究人员在这样的工作环境中进行研究，比当初风餐露宿的情况要舒适得多。

根据乔治·夏勒的描述，可以了解居住在"五一棚"的研究人员的生活细节。1980年，中国与WWF合作开展"熊猫计划"后，乔治·夏勒与胡锦矗同住在"五一棚"。当时，"五一棚"坐落在山坡上，周围森林里生长着竹子、杜鹃与桦木。公用的棚屋用一堆摇摇欲坠的粗木板搭成，板缝勉强用草席挡着，屋顶上搭着油毛毡，门口挂着帆布，避免风雪刮进来。夏勒如此形容他们吃饭的屋子："屋子很简陋，勉强可以住人罢了。"①

　　中外研究人员在"五一棚"生活期间，饮食由唐祥瑞负责，每天天不亮，他就在厨房为研究人员准备早餐以及进山后的午餐。伙食条件相对不错，食材简单，但每天菜里都会有肉，比当时一般人家的条件要好。但是，研究人员每日在山上奔忙，进行巡查猎套、追踪熊猫、环境考察等远距离工作，遇上风雪天气，他们随身携带的午饭早已冻成冰疙瘩，又没有加热的条件，只能依靠体温将其焐热。

　　"五一棚"不仅是观察站，更是研究人员疲累时的休息点。无论天气多么恶劣，研究人员每日进山不误。作为"五一棚"棚长的周守德，恪尽职守，将一系列生活细节安排得井井有条，队员回到营地，总是有热水饮用、洗漱，就连夏勒也因周守德的好意学会每晚入睡前洗个热水脚。按照规定，平均一个帐篷睡两个人，每个人有单独的睡袋，毕竟高质量的睡眠能够使研究人员保持健康的身体状况，提高工作效率。

　　研究人员的生活条件与从前相比改善不少，但仍有许多待完善之处。例如，研究人员白天进行一天的追踪观察，带回大熊猫粪便样本之类，必须尽快做记录，但"五一棚"没有专供研究的帐篷，无处安放设备、标本以及公共笔记，有时甚至挤在仅有的一盏小煤油灯下填写资料。据四川省林业厅野生动物保护处原处长回忆："我们甚至连野外监测用的笔记本都买不起，监测时就用几张纸记录，照明用马灯，一晚上下来，鼻孔都是黑的。"②夏勒也提到，研究人员

---

① ［美］乔治·夏勒.最后的熊猫［M］.张定绮，译.上海：上海译文出版社，2015：20—21.
② 华西师范大学—新闻网.西华师大胡锦矗教授入选"庆祝改革开放40周年·大美南充人"
　［EB/OL］.［2018-12-17］.http://www.jiaoshi.com.cn/news/281829.html.

在冬季用羊皮裹腿，防水防寒，脚上却穿着单薄的球鞋，这使他受到很大触动，心想一定要为他们争取到靴子。大熊猫研究人员就是在这样艰苦的环境下，度过了一年又一年，为大熊猫保护事业奉献着。

"五一棚"的第三次建设是在20世纪90年代初。经过一番重建，"五一棚"变成了用砖砌就的小屋，十分坚固。新观察站里，设备齐全，为研究人员提供了便利，但它仍被称作"五一棚"，只为纪念那些艰辛的岁月。"五一棚"见证了那个时代所有大熊猫研究成果的诞生，没有"五一棚"所有研究人员的不懈奋斗，就没有大熊猫光明的未来。

追逐的人类

大熊猫从山中的珍兽，变成西方世界竞相追逐的利益商品，从饱受捕杀之苦的野生动物到多方竭力保护的中国国宝，这一切从1869年开始，不过百余年。在这百余年里，大熊猫一直在逃避人类的追逐，它们遭遇过愚昧无知的猎手，也遭遇过苦苦追寻的科学家。在这场追逐中，有这样一群人在大熊猫的栖息地耗时10年，只为走近、了解、保护它们。他们是大熊猫研究领域的先锋，也是集大成者，他们就是以胡锦矗、潘文石为首的大熊猫考察队。

这是一场旷日持久的追踪之旅，考察队为了厘清不同地区大熊猫的数量以及生活习性，辗转多地。最初的考察开始于1974年，首先探查了卧龙自然保护区，两年后扩展到唐家河自然保护区，后又延伸至凉山、大相岭、小相岭等地，每个地方都建立了相应的大熊猫观察站。

考察队将调查大熊猫的重点放在卧龙自然保护区和许多外国人到过的草坡。第一站就是卧龙三村牛头山，考察队员背着各自的衣物、调查用具及帐篷，剩下的炊具雇村民帮忙，半路下起了大雨，只得就地扎营。随后，考察队被分为几个小分队，草坡小分队由胡锦矗亲自带队进行考察。

随着海拔不断升高，队员开始发现一些大熊猫的粪便，但始终难以见到大熊猫的真容。即使粪便尚温，以人的脚程也未必能追上大熊猫。各分队队员一头扎进山林，时常在山上夜宿。考察队在卧龙自然保护区与汶川草坡经过两个多月努力，通过用粪便分辨大熊猫个体的方法进行大熊猫数量的统计工作。考察队从岷江两侧分散考察邛崃山、渔子溪以及草坡河等10多座大山，发现卧龙自然保护区约有155只大熊猫，而草坡约有22只。①

完成卧龙自然保护区的考察后，研究团队又在岷山山系集合。文县、青川县与平武县是岷山山系主产大熊猫的三个地方，考察队绝不能错过这个机会。他们迅速展开行动，首先调查青川县。考察队员选择从青川西部的摩天岭进山，再深入高海拔地区。队员在摩天岭观察期间，扎营在一处岩穴，仍然分成数个小队向四周支流水沟辐射，到点便返回营地总结一天的工作。

在摩天岭，考察队见到了难得一见的大熊猫婚配场景。雄性大熊猫为雌性大熊猫"唱情歌"，但雌性大熊猫爱答不理。雄性大熊猫多次尝试之后，雌性大熊猫才接受了这个伴侣。考察队员第二天又来观察时，两只大熊猫仍然没有离去，仍在此处嬉戏打闹。经过两个月的统计，考察队更新了栖息在青川地区的大熊猫数量，将以前估计的数百只减少到八十多只。

青川调查结束后，整个夏季考察队一直停留在平武和北川。平武是典型的山林植被，森林覆盖率高达48%，是大熊猫天然的隐居圣地。他们重点调查了平武县的王朗自然保护区，耗时115个工作日，搜索面积达58350公顷。②经过两个月的调查，队员们发现，大熊猫都生活在缓坡地带，因为它们不擅长爬坡，并且缓坡地带水源更容易积存，植物生长迅速而茂密，既适合大熊猫隐蔽又适合大熊猫觅食。

几乎在每个调查地点，考察团队都会花费两个月的时间进行山林巡视，漫山遍野地寻找大熊猫的踪迹，顺带调查大熊猫的伴生动物与植物。结束平武北川之行，考察队又经过茶坪山来到雄伟的二郎山，此时，考察队已然重组，原

① 胡锦矗.追踪大熊猫的岁月［M］.郑州：海燕出版社，2005：20—26.
② 胡锦矗.追踪大熊猫的岁月［M］.郑州：海燕出版社，2015：12.

有队员被安排前往别处，新来的考察队员接替他们的工作。

天全县的调查重点在喇叭河自然保护区，他们在这里发现了群居的扭角羚、水鹿与白鹭，但没见到大熊猫，他们决定去宝兴碰碰运气。宝兴就是旧时的穆坪，戴维第一次见到大熊猫的地方。生活在宝兴的珍贵动物除了大熊猫，还有金丝猴，考察队员忙得不可开交。

随后，考察队去了"姬姬"的故乡——硗碛乡。硗碛乡几乎每条大沟都有林业局营林处所建立的工棚点，小分队每每顺着一条沟发散调查时，总是以此为根据点，十分便利。胡锦矗等人受此启发，于1978年3月在卧龙自然保护区建立了著名的"五一棚"观察站。

考察队穿越一座又一座大山，每日根据不同的线路进山考察，大多数时候很枯燥，只有见到大熊猫以及各种珍稀野生动植物时，队员才变得雀跃起来。考察从1974年7月开始，过去了5年。1979年5月的一天，WWF获准访华，由胡锦矗做向导，带领他们参观"五一棚"观察站。1979年9月，该组织再次访华与中国商谈如何开展大熊猫的合作保护问题。

从此，调查团队又加入了以乔治·夏勒为代表的外国专家，追逐大熊猫的队伍再一次壮大。他们以两年前建立的"五一棚"为营地，顺着围绕营地开发的7条大熊猫观察线路展开研究。到1986年，经过8年不断延伸，这7条线路的覆盖面积将近35平方千米。

1980年12月，胡锦矗与夏勒一同回到"五一棚"，同行的还有唐祥瑞、周守德、彭家干、田致祥等人，他们在卧龙自然保护区日复一日重复着沿线勘察的任务，但两个多月都没有见到一只熊猫。1981年3月，他们终于见到了大熊猫的真容，还是同时见到两只。一只幼年大熊猫被一只发怒的成年大熊猫追赶，爬到了树上，树枝太细，成年大熊猫无法靠近，幼年大熊猫不断发出哀求声，僵持数小时后，成年大熊猫终于消气离去。这一幕被沿线巡查的胡锦矗与之后赶来的夏勒看见。

1981年2月，受夏勒之托，美国动物学会的芮德、杜伦赛克和奎格列来到中国帮助捕捉大熊猫，给大熊猫戴上无线电颈圈，然后将它们放归山林，这样，研究人员就能通过无线电接收仪器，监测它们的活动情况。

多年以来，研究团队在山林中穿梭，跟随大熊猫的足迹、觅食痕迹以及排便情况进行费时费力的追踪，虽有收获但略显不足。借助科学仪器的帮助，研究人员能够更加精确地掌握佩戴无线电颈圈大熊猫的行动，并加以跟踪。正是得益于这样的跟踪设备，研究团队才得以近距离观察野生大熊猫的争偶现象以及幼崽的诞生，这在以前是可望而不可即的。

佩戴无线电颈圈的大熊猫是调查队的研究对象，以这些富有生命力的大熊猫为研究对象，所取得的数据更真实有效。大熊猫研究领域中最有效的信息都来自这些提供数据的大熊猫研究对象，这段时间，研究团队的调查活动是实打实的"追逐"——跟随接收器的指示追踪特定的大熊猫。

1983年5月，调查队来到唐家河自然保护区，在这里建立了第二个观察站——白熊坪观察站。1984年，调查队又在凉山建立了大风顶自然保护大熊猫生态观察站，在小相岭建立了冶勒大熊猫生态观察站。这一个个观察站，见证了研究团队的每一次考察行动，这群以保护大熊猫为使命的人，直到今天仍然沿着观察线路，一次次深入山林，追逐大熊猫的身影。

建立观察站

中国自有野外考察活动以来，考察人员深入原始丛林时都是携带帐篷之类的简单扎营工具，风餐露宿都是常事。针对野生大熊猫的野外考察活动，最早开始于20世纪60年代，当时中国经济落后，许多野外考察必需的基础用品都无法生产，当科考队进行野外考察而远离营地时，极有可能遇上恶劣的天气不能及时返回，所以队员必须带上油布在山上夜宿。当时中国无法生产塑料薄膜，工作人员只能身背厚重的油布上山，以备夜宿时防水避雨。

野生大熊猫生活在四川、甘肃、陕西等地的崇山峻岭中，进山考察后想在当日返回基本不太可能。大熊猫多在海拔2500米左右的地方活动，天气暖和时在山上夜宿还能接受，一旦遇到降温或雨雪天气，在高海拔地区夜宿可能有生命危险。

在第一次全国大熊猫资源调查中，胡锦矗团队不止一次遇到迷路后粮食告罄的危急情况，全凭考察队员不懈坚持才化险为夷。能否建立一个固定的站点，供考察人员补给物资和进行短暂的休息呢？恰巧此时原林业部决定在大熊猫分布区的北、中、南三处分别建立一个大熊猫生态观察点，这一决定为大熊猫考察提供了便利。经过商议，这三个观察点分别设在卧龙自然保护区、凉山马边大风顶自然保护区与岷山南坪白河自然保护区。

建立观察站有利而无害。野外考察是一个持续、动态的过程，考察队每日都在改变观察地点，十分容易失去联络。当时国家的经济状况无法给考察队员配备先进的定位设备，失去联络的考察队一旦迷失在森林中，将会非常危险。同时，野外考察需要不停地记录，进行相关资料的对比分析，没有一个固定的研究场所不利于观测数据与资料的保存。建立观察站后，考察队员可以及时补充所需物资避免供应不足，即使考察队员受伤也能得到及时救治，而且固定的观察站能够遮风挡雨，利于考察队员将收集到的数据与样本进行分析并保存。

第一个大熊猫野外生态观察站就是著名的"五一棚"，由胡锦矗、田致祥、周守德等人根据距公路近、靠近水源、不影响大熊猫生活三项原则选址建立。为了方便每日进行野外考察，考察队员以"五一棚"为中心，沿着兽径与山势，劈砍灌木与荆棘。经过两个月的努力，7条约1米宽的观察线路成形。考察队员无论在野外工作得多晚，只要顺着其中一条线路走，就能平安回到观察站。

结束卧龙自然保护区的考察后，考察团队于1983年来到唐家河自然保护区。第一次全国大熊猫资源调查发现，唐家河自然保护区的大熊猫分布较为集中，并且唐家河自然保护区介于白水江与王朗大熊猫保护区之间，在唐家河自然保护区建立观察站，利于同时进行这三个点的野外考察活动。

唐家河的观察站选在海拔2400米左右的白熊坪，那里有一处伐木场废弃的集体宿舍。宿舍是一幢木屋，建在河流交汇的冲击台地上，视野开阔。木屋也十分宽敞，共有6个房间，每个房间都有工人遗留下来的桌子与椅子，有的房间甚至有两张床。但木屋废弃多年，用泥糊的一部分还保持原貌，纯木板的部分则需要进行修补。附近河流交汇，取水饮用生活的问题不需担心，令人惊奇的是，伐木场工人还遗弃了一座小的水力发电站，考察队不用为观察站的用电问题担忧。总的来说，这里比"五一棚"要宽敞多了。考察队决定将它作为唐家河的观察点，取名为"白熊坪观察站"。在这里，考察队对当时学界关于大熊猫的种属问题进行了讨论，希望通过对大熊猫以及当地熊类的追踪研究，解答这一困扰学界许久的难题。

初建"五一棚"时，陕西动物所也在凉山大风顶建立了一个大熊猫生态观察站，但被派到这里工作的都不是专业的野外工作者，他们无法适应大量的野外考察工作，被草虱、蚂蟥折腾了几个月后，都选择转移到更为舒适的地方，建立的观察站自然也就废弃了。胡锦矗率领的考察队于1991年来到此处，决定在这里建立除"五一棚"与白熊坪观察站之外的第三个观察站。他们经过连日跋涉，将地址选在一个沟谷旁的平缓地带，既方便生活，又方便进行大范围的研究。

建造观察站费了不少精力，平整地面时不能砍伐乔木，房子就建在一棵丝栎树旁。观察区植被覆盖率高，年降水量也多，房顶必须修建成陡坡度的才能起到排水作用。为了防止大熊猫光顾观察站，他们特意将房顶盖上大熊猫不爱吃的刺竹竹竿。耗时一个月，凉山大风顶观察站得以建成。但此时的野外考察已经没有国际组织的支持，考察队又回到了1980年以前凡事依靠人力的时候。

1993年，结束了凉山大风顶研究范围内的大熊猫调查，调查队来到大熊猫分布地区的西端——小相岭冶勒自然保护区。他们来到当地的林业厅，先了解小相岭大熊猫的分布情况，然后进行一番实地考察，根据大熊猫留下的粪便以及啃食过的竹子，确定大概的研究范围。研究范围确定之后，便在范围中间选择了一处平缓地带修建新的观察站。

有了前几次修建观察站的经验，这次的观察站修建得又好又快。同时，考察队每一次都会总结之前的不足并加以补充，这次他们在研究范围内增加设置了一个气候观察记录站，用以记录当地的气候变化，研究温度对大熊猫行为的影响。

这些相继建立的观察站贯穿着考察队追逐大熊猫的岁月，每到达一个新的研究地点，考察队员就会在研究范围内建立一个大熊猫生态野外观察点。胡锦矗的大熊猫野外考察研究从1974年发展至1995年，前后21年，大熊猫考察团队中的队员不断更换，但带队的他十年如一日地进山考察。他见证了"五一棚"、白熊坪、大风顶与冶勒这四个观察站的建立与经历的风雨。[①]

大熊猫研究事业进行至今，这些观察站有很大功劳，它们为疲劳奔波的考察队员提供了舒适的林间休息点，方便了深入深山老林中的考察队伍与外界保持联络，保障了长期夜宿的考察队员的人身安全，也为无数呕心沥血得来的研究成果提供了储藏之处。

第一只棕白色大熊猫

黑白相间是人们对大熊猫的固有印象，在棕白色大熊猫进入公众视野之前，从来没有人见过其他颜色的大熊猫。20世纪80年代，中国考察队发现了一只与众不同的大熊猫——丹丹，它就是一只令人惊奇的棕白色大熊猫。

潘文石是20世纪大熊猫保护事业的中流砥柱，他在群山林立的野外研究大熊猫，一研究就是17年。最开始接到这个任务的时候，他已经43岁，结束研究时正好60岁。山林四季更替，潘文石也在逐渐老去，所幸，他这17年的大熊猫研究硕果累累。他曾坦言，自己青少年时期特别向往《鲁滨孙漂流记》与《荒野的呼唤》中描述的野外生活。那些年，与他所研究的动物待在一起，令他十分快乐。命运没有辜负这样一个热爱自然、热爱野生动物、热爱大熊猫的人，他见证了世界上第一只棕白色大熊猫的发现经过。

从1980年开始，潘文石一直生活在大熊猫中间。最初的科考队由潘文石、

---

① 胡锦矗.追踪大熊猫的岁月［M］.郑州：海燕出版社，2015.

吕植、郭建崴、曾周等人组成，他们以一个小分队的模式每日沿着观察线路进山考察。

1985年3月的一天，潘文石与他的学生吕植在天华山自然保护区进行野外工作时，突然听见一声大熊猫吼叫，他俩急忙循声而去，映入眼帘的便是四只雄性大熊猫向一只雌性大熊猫求婚的场景。师生俩十分激动，但苦于没有照相机，无法留下珍贵的影像资料。为了不打扰大熊猫的婚配，又能够更好地观察，吕植爬上了树。刚一上树，她就发现对面山坡上还有一只大熊猫，毛色看起来是土褐色的。潘文石以为是学生过于兴奋看错了，解释可能是由于大熊猫的身上有土。

半个月后，令众人感到不可思议的一幕出现了。考察小队正穿越巴山木竹丛寻找大熊猫的栖息地时，大古坪村的村长特意赶来通知他们河边竹林里有一只大熊猫。他们赶去现场，惊奇地发现这是一只棕白色的大熊猫，身上一点儿黑色都没有。他们纷纷打开笔记本，记录下这个世纪大发现的时刻——1985年3月26日。

人们将这只大熊猫围得水泄不通，它十分紧张、害怕，数次尝试翻越灌木丛下面50厘米的岩石，都失败了。潘文石注意到，这只大熊猫将头无力地靠在一条前腿上，眼神困顿，它不是不想逃走，而是没有多余的力量逃走。这只罕见的棕白色大熊猫正生着病，潘文石得出了结论。

野生大熊猫通常会花费大量的时间进食，因为竹子的营养成分很低，而大熊猫又几乎不吃其他植物，一旦停止进食，就会面临极度饥饿的状况。为了帮助这只大熊猫汲取营养，人们用脸盆兑好了葡萄糖与奶粉，递给大熊猫，却被过度紧张的它一次又一次打翻在地。不吃东西怎么对抗疾病？潘文石及队员为这只大熊猫焦急不已。

最后，吕植将水果糖剥开，夹在细竹劈开的缝里去碰触大熊猫的嘴。一开始大熊猫拒绝投喂，一次次用前掌推开竹子。在吕植的耐心投喂下，它终于尝到了糖的甜味，不再拒绝。之后，研究队员又用相似的方法训练大熊猫熟悉投喂方式，用饭勺将鸡汤、奶粉以及葡萄糖喂给它，减缓它的饥饿状况。

棕白色大熊猫

　　研究人员通过对这只大熊猫粪便样本的检查，发现这只棕白色大熊猫的粪便散乱、不成形，其中还有许多未孵化的蛔虫卵。研究人员判定，肠炎和蛔虫就是造成这只大熊猫瘦弱不堪的原因。研究人员立马着手治疗这只罕见的大熊猫。

　　首先便是要控制肠炎的发展，帮助大熊猫先恢复健康。他们用吕植的喂糖方式，将用以治疗肠炎的土霉素夹在细竹中喂给大熊猫。不久，这只大熊猫的状况好转，与人也亲近不少，不再动辄发怒。解决蛔虫便成了最大的问题。经过观察，这只棕白色大熊猫的身体状况恢复得差不多了，驱虫药不会对它造成危害。研究人员开始给它喂食驱虫药，第一次就打掉了100多条蛔虫。

　　这只史无前例的棕白色大熊猫被取名为"丹丹"。丹本身就代表红棕色，"丹"也与"单"同音，象征着它独一无二的特殊身份。

　　为什么会出现棕白色的大熊猫，迄今为止，除了我们，还有人曾见过棕白色大熊猫吗？这些疑问盘旋在科考队员的脑中。为此，他们对周围的村庄进行走访调查，收集到三个可供参考的例子。

一个当地的猎人曾于1954年在金水河边见到一只棕白色的大熊猫，因为过于惊奇而印象很深。一个当地的医生也证明自己于20世纪60年代在金水河东边支流的上游遇见过一只棕白色的大熊猫，不知道与猎人所见是不是同一只。最后一个例子来自一位自然保护区的工作人员，他在巡视保护区时，见到过一只未成年的棕白色大熊猫。

这些例子都表明，"丹丹"并不是唯一的棕白色大熊猫，金水河一带一直生活着两种毛色的大熊猫。那么，大熊猫为什么会出现棕白色的皮毛呢？根据潘文石的初步猜想，这可能是一种返祖现象，棕白色大熊猫的毛实际由三种不同的颜色组成，当这些毛色合在一起时才显现为棕白色。队员将"丹丹"留下的毛发放到放大镜下仔细观察，果然，毛根是白色，中间是棕色，而毛尖是浅灰色。大家不禁好奇棕白色的"丹丹"生下的幼崽会是什么颜色。会不会也继承"丹丹"的棕白色皮毛，生下棕白色的大熊猫宝宝？

1986年4月，被救助到自然保护区的"丹丹"开始发情，工作人员赶紧为它寻觅了合适的交配对象——饲养在佛坪自然保护区的"弯弯"。在此之前，工作人员曾利用冷冻的大熊猫精液为"丹丹"人工授精，但没有成功。"弯弯"的到来是否会改变这一状况？果然，"丹丹"与"弯弯"进行自然交配后成功怀孕并生下了两只幼崽，但不幸的是两只大熊猫宝宝没有一只存活。

1989年4月，"丹丹"再次发情，工作人员仍然选择让"弯弯"与之婚配。不久，"丹丹"怀孕的喜讯再次传来。当年8月31日，"丹丹"再次产下一只雌性幼崽，取名为"秦秦"。但无论是第一次夭折的两只幼崽，还是"秦秦"，都不是大家所希望见到的棕白色大熊猫。看来，即使母体是棕白色皮毛，所孕育的幼崽也未必是同样的毛色。

如何才能生出一只棕白色的大熊猫幼崽，这个世纪难题直到21世纪都没有得到解答。

第三章　生活要有仪式感

"熊"以食为天

　　无论是成年大熊猫还是大熊猫幼崽，都拥有胖乎乎的体形，脑袋、耳朵、眼睛和身体曲线都是圆润的。它们坐下以后，圆鼓鼓的肚皮就显得更加醒目了。大多数情况下，大熊猫性格温驯、动作迟缓，似乎对发生的一切不甚在意，这样一种散漫的生物，生活却充满了仪式感。

　　大熊猫吃、睡、拉、玩都不同于其他动物，追求的是独特精致的生活方式。人类讲究"民以食为天"，大熊猫在对待食物的态度上与人类相同。

　　现生大熊猫99%的食物都是竹子，这些竹类主要生长在高山和亚高山的森林中。一年常绿的竹子也有许多营养成分，但其中大量的粗纤维不能被大熊猫消化，它们主要能吸收的是竹叶、竹茎与竹笋的粗脂肪、粗蛋白与糖分。大熊猫是典型的"直肠子"，一路走一路吃，咽下的竹子没有在肚子里待太久就被排泄出来，吸收的营养成分少得可怜。所以，大熊猫依靠吃竹子吃出胖乎乎的身材，那可不容易。

　　为了尽可能多地摄入营养、补充能量，大熊猫采取多食战术，一天要花接近14个小时进食，总计要吃掉15~16千克的竹子，这一数据将随着大熊猫采食竹子的部位而变化。每年的7月至10月，大熊猫几乎都吃竹叶，专家根据其粪便推算，若是只吃竹叶，每天需要8~10千克，如果以竹茎为食，则每天需要18~20千克。[①]

大熊猫吃竹叶的时候，只是粗略的用牙齿切割竹叶几下便吞下，不浪费时间在咀嚼上。大熊猫吃得很快，所以才能在有限的时间内摄入更多的食物。

大熊猫花费大量时间进食，剩余时间几乎都在冷杉、铁杉、红桦等树下或竹林中睡大觉。大熊猫吃竹子时会挑选有营养的部位吃，吃完后为了减少热量的消耗，不会进行大幅度、费力的运动，这样光吃不运动，当然就拥有了丰满的身材。

大熊猫是不折不扣的美食家。大熊猫有自己的领地，但领地范围很广且会变动，雄性大熊猫更是爱四处游荡，所以大熊猫的觅食地点是不固定的。此外，大熊猫选择的竹子种类、竹子部位也会根据季节与地形海拔的变化而变化。据调查，大熊猫食用的竹类共有63种，不同地区的大熊猫有各自的口味偏好，如生活在卧龙自然保护区的大熊猫，对于区内生长的冷箭竹、华西箭竹、大箭竹、拐棍竹等并不是照单全收，而是有选择性地吃自己偏爱的竹子。

大熊猫用餐讲究，会主动选择自己的食物基地，宛如人类挑选餐厅。同一海拔内，竹子口味相差不多时，大熊猫会根据光照、气候，选出自己心仪的食物基地，然后就地坐下，进食美餐。大熊猫的食物基地通常呈现出地形平坦、隐蔽性高、竹林面积大等特征，竹子的覆盖率在60%左右且多嫩竹。

大熊猫在进食前，会先用灵敏的嗅觉闻出中意的竹类。如卧龙大熊猫喜欢食用海拔2700~3100米一带的冷箭竹，白熊坪大熊猫上半年食用糙花箭竹，度过夏季笋期后，转而食用缺苞箭竹。觅食时，大熊猫会呈"之"字形在林中穿梭，采食零星竹子，尝到可口的竹类后，才在采食场内停留。

选定竹类后，大熊猫对于吃哪个部位的竹子也十分讲究。竹子过老自然入

① 胡锦矗.追踪大熊猫的岁月［M］.郑州：海燕出版社，2015：142.

不得大熊猫的法眼，它只吃嫩竹。面对中意的竹子，大熊猫往往从一定高度和某一粗度位置咬断，只吃中上鲜嫩可口的部位，抛弃底端老茎与竹梢。胡锦矗曾在小相岭冶勒观察站对当地大熊猫采食过的断竹进行统计，大熊猫几乎只食用中部60厘米左右的竹子，大部分的竹梢被丢弃，并且大熊猫采食竹茎的直径一般在0.9~1.5厘米。[①]

到了春季，鲜嫩的竹茎与竹叶不再是大熊猫追逐的美食，它们眼中只有从地下冒出的竹笋。大熊猫追逐竹子的出笋期进食竹笋，每年4月中旬，大量的竹笋从低海拔到高海拔相继出土。为了吃上这场流水宴席，常年生活在2500米左右海拔的大熊猫会提前下山，跟着笋发的地点迁移，直到回到山顶。

大熊猫可学不会狼吞虎咽，它们是优雅的美食家。它们无论是吃笋，还是吃竹，都动作优雅、干净利索。有笋吃的季节，大熊猫会进入暴食阶段，每天可吃20千克竹笋。选定采食的竹林后，大熊猫先倚靠竹丛坐下来，仔细挑选粗壮鲜嫩的竹笋。随后，它会伸出前掌钩住竹笋，像人一样左右摇摆，一根竹笋就被完整地掰下来。大熊猫吃竹笋时速度快而优雅，它用两只前掌握住竹笋斜递到嘴边，用嘴一层一层地剥下笋壳，再吃掉里面可口的笋心。若是在野外发现一处没有断笋、笋壳整齐成堆、没有笋被糟蹋的竹丛，那一定是大熊猫光临过。

大熊猫不仅吃竹叶、竹茎与竹笋，还会吃肉。人们常在大熊猫的粪便中发现林麝、竹鼠的皮毛，虽然对大熊猫来说，这类行动灵活的动物很难捕食，但依靠灵敏的嗅觉，它们在很远的距离外就能够闻到这些动物尸体散发的味道。

20世纪80年代，科学家诱捕大熊猫时，最有效的诱饵便是烧过的羊骨、猪骨。此外，有一只名叫"乐乐"的大熊猫曾屡次光顾当地一个村民的家中，食用竹筐中给它准备的猪肉与猪骨。

大熊猫食肉，生理特征也更偏向食肉动物，又没有类似牛、羊那样食草动物的反刍系统，是如何以竹为食、以竹为生的呢？大熊猫经年累月以竹为食，

---

① 胡锦矗.追踪大熊猫的岁月［M］.郑州：海燕出版社，2005：183.

逐渐进化出适应食竹的消化生理特点，它的消化道内膜上布满黏液腺，可以在进食后分泌黏液，避免肠道被竹茎划伤，也能将松散的竹渣聚合成团，促进排便。[①]正是这种特殊的生理进化，使大熊猫能够以竹为食、以竹为生。

在"食"这一件事上，大熊猫比其他动物精致得多。美餐过后，大熊猫通常有饭后饮品，会寻找就近的水源饮水。大熊猫吃植物，但不像野鹿、野马、山羊等食草动物好饮"盐水"，也不喝林间低洼地降雨后汇聚的雨水，连富含硫化物的泉水也不屑一顾，它只饮流动中的山谷溪水。一找到水源，它们必定要饮个畅快，直到肚子圆鼓鼓的才离去。

有一种有趣的说法，那就是大熊猫来到溪边喝水时，在倒影中看见自己，以为是别的大熊猫在和自己抢水喝，就会拼命喝水，直到晕乎乎为止。还有一种说法是，大熊猫所吃的竹子和竹笋中能被吸收的营养成分很少，加上它们排便速度快，食物在肠道中停留时间短，所得能量就更少了，喝大量的水能将食物中可溶于水的营养物质溶解在水中进行消化。

大熊猫进食前会选择食物基地，选定场所后又会选择符合自己口味的竹子，只吃营养丰富的部分。进食时的大熊猫更是一个精致的美食家，用胖乎乎的爪子握住细长的竹子以及竹笋，迅速利落地剥壳进食，斯文优雅，进食后还必须饮流动的活水。以食为天的大熊猫，尽管需要吃大量的竹子才能维持生命活动，但不会委屈自己，放弃对食物品质的追求。

爱睡的天性

睡眠是人和许多动物都会出现的一种自发的静息状态，能够帮助人和动物进行体力和脑力的恢复。不同的动物由于习性不同，睡眠特点也各有差异。睡眠是动物的恢复机制，但对大熊猫而言，爱睡似乎是一种天性。大熊猫在觅食

---

① 胡锦矗.大熊猫研究［M］.上海：上海科技出版社，2001：89.

资料来源：四川省地方志工作办公室和四川省林业和草原局编纂《大熊猫图志》，方志出版社，2019年

后，总要打盹儿片刻，睡醒后继续一天的行程。大熊猫天性爱睡、爱玩，心智相当于人类5岁的孩子，对一切事物都充满好奇心，想去触碰逗弄。

哺乳动物与其他动物在睡眠地点上有所不同，哺乳动物喜欢建立家园，有固定的活动地点、安全的繁育场所等。大熊猫作为哺乳动物，也会主动建立领地，但睡觉的地点不固定。成年大熊猫会在各种人类意想不到的地方呼呼大睡，有时大熊猫在享用美食后会就近睡在竹丛中，有时大熊猫大量饮水后由于肚鼓腹胀会"醉倒"在溪边，有时大熊猫在爬树玩耍来了困意后就直接睡在树杈上。

大熊猫对于美食讲究甚多，但对于睡觉的地点随性而定。相对成年大熊猫而言，幼年大熊猫在睡觉时要拘谨不少。因为幼年大熊猫还没有自保能力，存在被凶猛的肉食动物捕食的可能，所以它们必须在母亲外出觅食饮水时，乖乖地待在巢穴中。幼年大熊猫独自随处夜宿，危险系数很高。

　　大熊猫能够随处休息也有一定依据。食草动物睡眠时往往成群结队，防止落单被食肉动物偷袭。小型哺乳动物都有自己固定的巢穴，会在树洞、石洞、地缝等狭窄的地方进行睡眠，也是为了防止被捕食。反观大熊猫，以竹为食类似食草动物，却喜欢单独行动，有困意后随处休息，丝毫不担心遇到凶猛的捕食者。实际上，大熊猫虽食竹却也是猛兽，与虎、豹、狼类似。曾经有村民带着猎狗围堵大熊猫，大熊猫仅挥动一掌便将其中一只猎狗的半边脑袋拍碎，可见大熊猫的凶猛程度。大熊猫与虎豹同居山林，几乎没有出现过成年大熊猫被虎豹捕食的情况。因为大熊猫本身也是独行的猛兽，自然不需要谨小慎微，随处呼呼大睡也很安全。

　　除了睡眠地点随意，大熊猫的睡眠时间也相当长。大熊猫每日的活动简单纯粹，主要在采食和休息，仅有约4%的时间用于玩耍。[1]

　　1985年前后，野外考察队在白熊坪对大熊猫"雪雪"进行监测。"雪雪"在白天出现两次活动高峰，分别是凌晨的2—4点与下午的6—10点。上午的8点与下午3点左右，无线电接收器显示"雪雪"并未移动，表明此时它正处于睡眠状态。可以简单算出，"雪雪"每天活动的时间约为14个小时，剩余10个小时都在睡觉。不仅如此，大熊猫在两次大规模进食期间，也会休息2—4小时。

　　为什么大熊猫需要在睡眠上花费这么多的时间呢？在哺乳动物生物学中有一条经典定律，即动物的体重与其代谢率呈负相关，而代谢率又与睡眠密切相关。成年大熊猫并非小型哺乳动物，但睡眠时间违反了这一定律，研究者猜想主要有两个原因。

　　首先，大熊猫的食物热量极低，为了生存它们必须频繁进食，而哺乳动物的特质又促使它们在进食后容易出现困意，睡眠次数增加必然导致睡眠时间变长。其次，有一种假说指出，成年大熊猫属于大型哺乳动物，体表面积较大，需要消耗更多的能量来维持体温，进行长时间的睡眠能够达到保存能量、维持

————————

[1]　胡锦矗.追踪大熊猫的岁月［M］.郑州：海燕出版社，2015：160.

森林中的野兔 | 德国 | 汉斯·霍夫曼

体温这一目的。[①]这种假说对于幼年大熊猫尤其适用，幼年大熊猫的睡眠时间比成年大熊猫更长，因为它们体表皮毛疏浅，除了熊猫妈妈的怀抱，它们只有通过睡眠来保持体温。并且，更长的睡眠时间能够减少它们接触危险情况的机会，也能促进它们的生长发育。

　　大熊猫睡眠地点随意，睡眠姿势也多种多样。众所周知，不同种类的动物睡眠时的姿态不同。蝙蝠倒挂在洞壁上，双翅交叠掩盖身躯；野马成群站立睡眠，一有风吹草动就会醒来；老鼠与兔子这类小型哺乳动物通常蜷在隐蔽的洞

① Jerome M. Siegel. *Clues to the functions of mammalian sleep* [J] . *Nature*，2005，437：1264—1271.

穴中休息；海豚在海里则是脑中左右半球轮流睡眠，身体仍在游动。与大熊猫相比，这些动物的睡眠姿态都相对固定，大熊猫的睡姿就像它们的睡眠地点一般随性。

野生大熊猫在吃竹子时，喜欢背靠竹丛坐下来，用爪子握住竹茎送到嘴边。有时，大熊猫吃着吃着就打起盹儿来，手中的竹子顺势滑落在地。潘文石教授曾在野外考察时碰见过坐着睡着的大熊猫，拍下了大量珍贵的照片。大熊猫的玩性强烈，它们甚至会爬到树上，玩累了就平躺在枝叶茂密的树冠内。

20世纪80年代，乔治·夏勒根据无线电指引的方向追踪大熊猫"唐唐"，到达目的地后却不见"唐唐"的踪影。夏勒左右巡视都没有结果，突然，他抬头仰望身旁的松树，一团黑白相间的动物就躺在纵横交错的枝丫上。夏勒赶紧拿起相机准备拍下这难得的一幕，正在这时，"唐唐"醒转过来，一脸愕然地瞧着夏勒。夏勒正好按下快门，将"唐唐"的表情记录下来，并将这张照片放进他的著作《最后的熊猫》中。

圈养大熊猫的睡姿不是什么秘密。有的喜欢四脚朝天地睡在草地上，有的将整个身子悬空搁在游戏场地的木头上就睡着了，有的则喜欢伸展后腿平趴在干净清爽的卧室里。无论是野生大熊猫，还是圈养大熊猫，它们的睡姿都很随意。这是因为它们的生活环境足够安全，不需要时刻保持警惕。

大熊猫睡觉地点随意、频次高、时间长、姿态各异的特点，主要由三方面因素决定。第一，睡眠是大熊猫生活中的重要组成部分，能帮助它们避免多余活动带来的热量消耗，保存需大量进食才能获得的能量。第二，大熊猫作为大型哺乳动物以食竹为生，虽然性情温驯，但从防御能力和攻击能力来看，却是实在的猛兽。第三，竹子与竹笋所提供的营养成分不足以支撑大熊猫进行剧烈的活动，何况哺乳动物的生理机制会让大熊猫在频繁进食后产生困意。

爱睡是大熊猫的天性，这种天性得益于大熊猫自身没有天敌。反之，大熊猫爱睡也是一种被动特点，食物的高度特化使它们没有多余的活动可供选择。

与众不同的粪便

稀少的数量、特化的食物、独特的繁殖方式都使大熊猫具有十分特殊的地位。大熊猫在食性、习性与繁衍上，与其他动物在许多方面都存在差异，就连粪便都显得与众不同。

大多数动物的粪便都是食物经过消化道，被肠道内的细菌分解发酵后排出体外的废料，主要由水分、蛋白质、未消化的食物纤维和大量脱落的上皮细胞组成，大熊猫的粪便却并非如此。大熊猫的排便与其他动物的区别主要表现在粪便形状、粪便气味与排便频次三方面。

一般的食草动物或食肉动物，通常情况下粪便呈现出香蕉状、泥状、半链状、块状等形状。大熊猫若按照主食划分，当属于食草动物，但它的生理特点又属于食肉动物。大熊猫的粪便既不是香蕉状，也不是泥状、块状，而是罕见的纺锤形。

食草动物的肠道长，多含能够分解植物的细菌，吃下去的食物经过肠道运动，吸收了营养成分排出体外时呈糊状，基本无法辨认进食的是何种植物。食肉动物进食的肉类会被肠道细菌分解成更微小的成分，难以辨认。但大熊猫的粪便被黏液包裹着排出体外时，你会惊奇地发现，粪便中的竹茎、竹叶清晰可辨，甚至将一只大熊猫排出体外的竹子收集起来，连续几块粪便中的竹茎能拼凑出一根完整的竹子。总之，大熊猫的粪便不同于任何食肉动物与食草动物的排泄物，是消化不完全的食物。

粪便气味的主要组成成分有吲哚、粪臭素、硫化氢、胺、乙酸、丁酸，其中吲哚与粪臭素会造成粪便的恶臭。食肉动物多摄入肉类蛋白质，这类蛋白质经过肠道细菌分解后，产生的吲哚与粪臭素更多，粪便臭味更浓厚。食草动物不摄入会产生更多吲哚与粪臭素的动物蛋白，但肠道较长，给细菌发酵提供了充足的时间，植物经过完全分解，气味同样难闻。

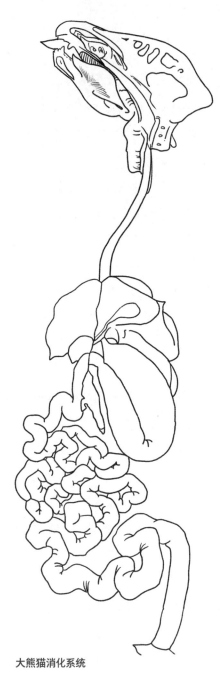

大熊猫消化系统

大熊猫的消化特点，是用食肉动物的消化道去消化食草动物的食物。大熊猫的肠道短，加上大量时间都在进食，食物进入消化道后没有停留多少时间即被排出。在这么短的时间内，即使大熊猫消化道中有食草动物分解木质素的细菌，也来不及充分分解。

大熊猫进食犹如人类食甘蔗，只是嚼食细胞壁中的内含物，但大熊猫不会将嚼剩的渣吐掉，而是悉数咽下。因此，大熊猫的粪便成分主要是它嚼食竹茎、竹叶与竹笋之后的竹渣，附带一些帮助排便的黏液。大熊猫的粪便几乎不产生吲哚与粪臭素，自然也没有一般动物粪便的恶臭味，反而有一股竹子被碾碎后散发的木香。

大熊猫的排便频次也与其他动物不同。由于植物的营养成分有限，大多数以植物为食的食草动物为了充分消化摄入的食物，会将肠道进化得很长，反刍类食草动物还有专门对食物进行二次加工的"反刍系统"。食物在消化道停留时间长，所以食草动物的排便频次低。食肉动物完全消化摄入的动物蛋白也需要一定的时间，通常情况下只要4个小时就可以进行排便，但食肉动物的进食频次不高，排便频次也不高。成年大熊猫每日频繁进食，每次进食量都不小，这样的进食方式让它们比其他动物更快产生便意。据统计数据，大熊猫一天吃35斤食物，可以产生20多斤粪便，其卧穴一夜间会有20团左右的粪便。大熊猫平均半小时排便一次，排便频次很高。[1]

大熊猫与众不同的粪便，还有判断大熊猫健康情况、估测大熊猫数量、追踪大熊猫行程与鉴定大熊猫亲缘关系等作用。

大熊猫的粪便携带大量判断大熊猫健康情况的信息。大熊猫的粪便通常由黏液包裹呈纺锤形，如果粪便松散不成形，这只大熊猫很有可能患有肠道疾病，干扰其黏液腺功能。考察人员在野外追踪大熊猫时，常常根据粪便颜色判断大熊猫的健康状况。正常粪便表层有一层薄薄的白色透明黏液，新鲜粪便的黏液表层有光泽，而患病大熊猫粪便表层黏液结团，表面发黄或发黑，黑色粪便可能是肠胃出血造成的。

大熊猫极易感染蛔虫病。感染蛔虫病的大熊猫排出的粪便中含有大量蛔虫卵，只需对粪便进行检测，就能知道该大熊猫是否感染蛔虫以及感染程度。

大熊猫的粪便还可以作为判断某一地区大熊猫数量的依据。20世纪80年代，大熊猫研究专家胡锦矗团队据此发明了咬节法。大熊猫进食时，喜欢咬断竹茎再嚼食，竹茎上会留有大熊猫的齿印并保留被咬下的长度以粪便的形式排出体外。不同的大熊猫个体，齿印以及咬断竹茎的宽度不一，将在野外发现的大熊猫粪便进行精密测量，就能判断多团或多处粪便是否为同一个大熊猫个体所排。但这种方法只能调查出吃竹茎的成年大熊猫，无法识别只能吃竹叶的幼年大熊猫。

大熊猫的粪便还是有效追踪大熊猫的指南针。野生大熊猫行踪飘忽，总是边走边觅食，有了便意也是随地解决。大熊猫排便频次高，又没有固定排便场所，这两项要素决定了追踪大熊猫粪便等于追踪大熊猫行程的科学性。大熊猫的粪便近似纺锤形，一头圆，一头尖，尖的那头指向的则是大熊猫离去的方向。野外考察人员顺着大部分粪便尖头所指的方向前进，就可能追赶上大熊

---

[1]　胡锦矗.追踪大熊猫的岁月［M］.郑州：海燕出版社，2015：117—118.

猫的脚步。

大熊猫粪便外的黏液可以作为鉴定亲缘关系的依据。野生大熊猫间的亲缘关系鉴定比圈养大熊猫难得多，以往鉴定都是先麻醉大熊猫，再抽取腿部血液，但这种方法耗时费力。第四次全国大熊猫调查时采用了DNA识别法，即采集大熊猫粪便外那层含有遗传信息的黏液，纳入大熊猫身份系统。这种方法要求工作者在发现新鲜粪便之后，要用无水乙醇浸泡，使黏液中的熊猫肠道细胞分解出来，进而提取DNA。将这些信息录入既定的大熊猫身份系统，就可以查询不同熊猫个体之间存在的亲缘关系。这种DNA识别法只适用于暴露野外三天内的大熊猫粪便，暴露时间超过三天，细胞就已经死亡，无法提取。

大熊猫排出体外的粪便都是经过嚼食的竹渣，富含纤维素与木质素，可以制作原生竹浆纸巾。将粪便晾晒之后加入生石灰搅拌，蒸12个小时后直接放入石槽中捣碎，混合楮树皮的糨糊平铺在水中的竹帘上，借助水的作用涤荡成单薄的一层，烘干后就成了纸。

大熊猫的粪便如此与众不同，小小粪便，大科学。

贪玩的大熊猫

野生大熊猫不怕人，但与其他物种相遇时，总是采取回避的方式。圈养大熊猫与人类朝夕相处，性格较为温和。成年大熊猫站起身来近乎一个成人那么高，但智商相当于人类5岁的孩子，对什么新鲜事都表现出强烈的好奇心，想去一探究竟。

大熊猫的生活有着潜在的仪式感，无论是进食还是睡眠，都格外讲究。大熊猫的生活除了休息与觅食，还有一部分时间用于玩耍，用于满足它们的好奇心。可以说，无论大熊猫成年与否，都是个贪玩的孩子。

野生的幼年大熊猫刚出生时，与母体体积相差悬殊，需要时刻跟随母亲，受到母亲的保护。这种守护养育关系持续时间很长，约两年半。幼年大熊猫进

黑白大熊猫

食竹类前，主要依靠母亲的乳汁生存。抚育幼崽的雌性大熊猫通常会与孩子寸步不离，饮水或觅食时都会叼住幼崽的后颈一同前往。母亲专心觅食，而熊猫幼崽吃饱了，有大把的时间等着它打发。

大熊猫幼崽面对这个新世界，看什么都分外有趣。大熊猫幼崽热爱在巢穴附近闲逛，观察凶恶的金猫捕食红腹角雉，大胆地踏进冰凉的溪流，在森林里追逐小动物，这些都是它们爱玩的小游戏。

大熊猫是爬树的高手，爬树这种行为在成年大熊猫之间通常发生在发情期，是雌性大熊猫逃避雄性大熊猫热烈追求的有效手段。但对于大熊猫幼崽而言，爬树是一项很愉快的玩耍活动。它们可以学着母亲的模样，快速地爬到树上，甚至在树上坐着。树冠更接近太阳，它们可以用脚抵住树干，躺在上面晒一个没有任何遮挡的日光浴。树冠上的枝条也更柔软，大熊猫幼崽体积不大，只需稍加用力抓住某根粗壮的树枝摇摆，就可以在树冠上荡起秋千。

除了爬树，幼崽还有许多玩耍项目。对于打滚，它们乐此不疲。乔治·夏勒见过大熊猫幼崽从高处滚下，又欢快地爬回高处重复这种动作的情景。他此前一直不明白中国人为什么执着地认为大熊猫可爱，当时，他有了答案。

在草地上打滚是大熊猫幼崽的拿手好戏，若是落了雪，它们则更欢快地在雪地里疯玩，丝毫不顾母亲的呼唤。偶尔，大熊猫幼崽也会缠着母亲不放，爬到母亲背上再滑下来，重复多次。日渐长大的大熊猫幼崽，好奇心越来越重，变得不太服从母亲的管教。有时来了玩性，对着母亲的毛皮就是一通乱咬，有时候不知道分寸，咬痛了母亲，自然要被母亲恶狠狠地"训斥"一番。

爬树荡秋千、不停打滚、在母亲背上玩滑梯、追逐惊吓小动物，这些都是跟随在母亲身边尚未断奶的大熊猫幼崽才能进行的玩耍项目。一旦长到两岁半离开母亲，它们就没有那么多的玩耍时间了。大熊猫开始吃竹子后，不断地进食成为它们维系生命活动的必要方式，玩耍的时间被挤占无余。成年的野生大熊猫只有少数机会释放爱玩的天性。大熊猫曾多次闯入当地村民的家中，将锅碗瓢盆这类圆形器皿当作玩具叼走，一路玩耍，一路丢弃。

中国自有第一家动物园以来，对待园中野生动物的态度频频转变，不再将它们作为宠物进行简单喂食，而是希望保留其野生动物原有的野性。被圈养的野生动物没有多余的社交活动，容易形成诸多刻板行为，如不停地在狭窄而光秃秃的水泥地上走来走去。大熊猫天性好奇心重，贪玩，单调的园内设施不足以满足它们的需求。为了改善圈养大熊猫的生活环境，模拟野外条件，许多动物园都进行了丰容设施的建设。

动物丰容是一种动物保护思想与动物科普知识相结合，用以改善圈养野生动物生活环境的新形式。动物丰容能够使动物园中的动物表现出正常的行为，释放天性，像孩童一般充满好奇地玩耍。动物园通过分析野生大熊猫活动环境，为圈养大熊猫建设的丰容设施多种多样，有供大熊猫攀爬的复杂木架、积满清水的水池、木质的滑梯、不平衡的木桥等。

在动物园中，成年大熊猫无须为了食物发愁，可以在进食后充分利用园内的丰容设施，进行饭后消遣。它们可以攀爬木架，在上面自由活动。木架由许多粗壮的木棍组成，蜿蜒盘旋，有可供躺下的平台，有连接两个平台的独木桥，

有延伸至园内树木的简易攀缘梯，甚至有大熊猫最爱立坐其上的独立树杈。园内林木有限，这些搭建复杂的木架都是为了满足大熊猫爱爬树玩耍的天性。

动物园中有总是蓄满清水的水池与可洒水雾的喷头。即便换了生活的地点，大熊猫对水的热情也是深入骨髓的。每日进食后，它们都要去水池畅饮一番。动物园的环境不比大熊猫故乡山林的荫蔽湿润，圈养大熊猫通常需要面对难耐的炎热。蓄满清水的水池给燥热的大熊猫提供了洗澡降温的绝佳条件，可洒水雾的喷头也为改善小环境的气温起到一定作用。这些设施为大熊猫提供了舒适的生活环境，也为大熊猫玩水提供了条件。

圈养大熊猫幼崽有更多的玩耍项目，圈养环境中各类丰容设施，更讨幼年大熊猫的喜欢。它们一次次固执地去爬木马，想以正确的姿势坐在上面前后摇晃，却总是将木马掀翻；它们经常爬上木架，沐浴着阳光睡在高高的平台上；它们喜欢顺着树木爬上吊床，敞开肚皮平躺在里面享受荡秋千的感觉；它们还喜欢追逐工作人员给的皮球，抱在怀里爱不释手；它们更喜欢无厘头地抱头打滚，像皮球一样骨碌骨碌地从高处滚到低处。

被圈养的幼年大熊猫无须担心野外环境中可能遇见的危险，总是快乐地玩耍，直到长大。即使长大后丧失了好奇心与求知欲，它们仍然有时间释放贪玩的天性，因为所有的丰容设施都是为大熊猫释放天性、保留野性而设置的。

野生大熊猫幼崽由于有母乳供应，不用操心食物，有大量的时间在山林间游戏。幼崽长大，离开雌性大熊猫独立生活，行动便受限于每日的基本营养需求，无法抽出时间玩耍。圈养大熊猫无须为食物操心，有大把的时间用于玩耍和休息，保留了强烈的孩子般的好奇心，圈养场所内的丰容设施与栽种的乔木、灌木为它们玩耍、游戏创造了条件。

继续生存的机会

虽然野生大熊猫每日的行动因能量需求而受到限制，无法进行更丰富的生活，但它们并不就此服输，反而将生活中的每一件小事都做得精致有趣。成年大熊猫与幼年大熊猫的生活方式大不相同，幼年大熊猫整日追逐嬉戏，无忧无虑，完全不知长大后的离愁滋味。大熊猫的生活方式与其他动物泾渭分明，与人类同样如此。其实人类与大熊猫存在和谐共处的可能，只要人类停下深入它们栖息地的脚步，与大熊猫这一世外隐士保持距离。如果能达到这一条件，大熊猫就能获得继续生存的机会。

为了解大熊猫，为大熊猫继续生存创造条件，20世纪60年代，人们就开始了对大熊猫的野外调查工作。野外调查发现，造成大熊猫数量减少的诸多因素中，人类活动占比最大。例如，农户盗猎野生动物时布置的陷阱夺去许多大熊猫的性命，过度采伐山林也会将大熊猫逼出常住栖息地，农业耕种的海拔提高也在慢慢侵占大熊猫的领地，牧民们喂养的家犬散入山林甚至会危害大熊猫的幼崽等。

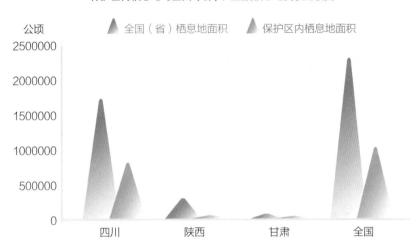

保护区内栖息地与全国（省）大熊猫栖息地面积比较图

资料来源：四川省地方志编纂委员会编《四川省志·大熊猫志》，方志出版社，2018年

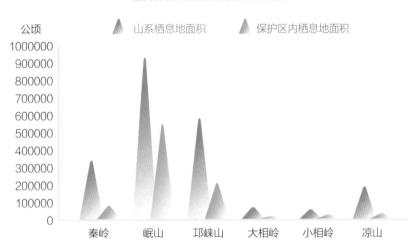

全国各省大熊猫潜在栖息地统计图

资料来源：四川省地方志编纂委员会编《四川省志·大熊猫志》，方志出版社，2018年

保护区内栖息地与所在山系大熊猫栖息地面积比较图

分布县（市、区）数量（个）：25
分布乡镇数量（个）：89
分布面积（公顷）：339629
占全国比例（%）：39.62

分布县（市、区）数量（个）：1
分布乡镇数量（个）：25
分布面积（公顷）：258667
占全国比例（%）：30.18

分布县（市、区）数量（个）：4
分布乡镇数量（个）：28
分布面积（公顷）：258806
占全国比例（%）：30.20

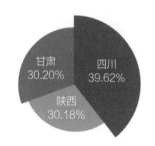

资料来源：四川省地方志工作办公室和四川省林业和草原局编纂《大熊猫图志》，方志出版社，2019年

　　偷猎行为屡禁不止，中国的普通百姓必须依靠农、林、牧来养家糊口，一时间，大熊猫的保护工作陷入伦理与专业的困境。难道为了保护大熊猫，就必须牺牲百姓的利益吗？难道人的价值比不上一只大熊猫的价值吗？甚至有人认为大熊猫已走入进化的死胡同，100年内必会灭绝。这些想法是狭隘而不负责任

的，人与大熊猫相伴走过了漫长的时光，如今反而不能和谐共处了吗？潘文石教授提出，虽然大熊猫的生存与人类的发展有不少摩擦，但大熊猫仍然有继续生存的机会。

在秦岭调查大熊猫时，潘文石从南坡的低处一直走到海拔1350米，所见的玉米地是当地农民耕种的最高海拔的土地，再往上走就没有农耕痕迹了。他再顺着玉米地下南坡，发现最近的村庄与单体农舍建在海拔1200米左右。调查团队经过一系列的论证，认为秦岭南坡海拔1350米是大熊猫以及其他野生动物与人类生活的分界线，大自然会将人类活动限制在低海拔地区，分界线以上则是大熊猫的自然庇护所。

相比秦岭，四川境内与其他大熊猫栖息山脉海拔更高，通常大熊猫都生活在海拔2500~3500米，只要稍加干预，完全可以让它们避开与人类文明的冲突，自由自在地生存下去。根据多年的大熊猫研究经验，目前主要有三种干预手段，建立保护区、建设大熊猫栖息地走廊带和圈养大熊猫的野化放归。

1989年10月，由林业部和世界自然基金会共同组织编制了《中国大熊猫及其栖息地保护管理计划》，在此基础上又制定了《中国保护大熊猫及栖息地工程》（简称《保护工程》）。这项工程建设推进至2018年，已卓有成效。

按照工程规划，2018年全国共新建大熊猫保护区14个，总面积42.44万公顷，四川就有11个保护区新建，其中包括南坪勿角保护区、平武小河沟保护区、安县千佛山保护区、芦山黄水河保护区等过去不受重视的大熊猫小片区栖息地。将诸多小片区栖息地设为自然保护区，有效地将孤立的大熊猫小群体联合起来，方便人们最大限度地进行保护。

依据大熊猫的生活习性，保护区内也订立了严格的规范制度。首先，保护区内的原居民可以不做迁移，但不允许再迁入新的居民。因为人口密度过大给山林造成的负荷也会更大，恢复自然原始面貌的时间就会更久。保护区内人口少，大熊猫未受到破坏的自然栖息地就更多。其次，对保护区内及附近的农户耕种、放牧、挖药、打柴等活动进行管控，不允许人类活动深入大熊猫生活腹地。禁止所有商业性质的矿产开采以及伐木行为，保护大熊猫天然栖息地的生态环境，给大熊猫躲避人类留一些空间。最后，面对已经受到环境破坏的保护区，主要通过人工种植树苗、关闭区内伐木场、退耕还林等措施尽可能恢复区内植被覆盖率。

大熊猫继续生存面临的另一困境就是栖息地的破碎化。人类活动将原本连成片的自然生存地带割裂成许多小片区，不同种群之间的大熊猫根本不能穿越人类的工业文明与另一种群进行交流。与所有动物一样，大熊猫的社会也极力避免近亲繁殖。大熊猫幼崽脱离母亲后，就要远离巢域寻找领地度过一生。但破碎化的栖息地已被原有的大熊猫分割干净，没有多余的领地供亚成年大熊猫居住。如果能促进割裂栖息地中不同种群大熊猫的交流，就能提高大熊猫远缘交配的频率，减慢大熊猫遗传衰弱速度。

据1985年至1988年林业部与世界自然基金会的调查发现，大熊猫分布区内有15条至关重要的走廊带，如陕西的沙坝—皂角湾走廊带与龙草坪走廊带、四川的马家—草地走廊带、白马河走廊带、青片走廊带等。这些走廊带将破碎化的栖息地连接起来，如果加以保护建设，它们可以作为不同种群大熊猫远行寻找新领地的通道，促进不同分布区适龄大熊猫的交配繁育。

如何建设好这些大熊猫走廊带似乎变成了另一个难题。走廊带不能过窄，过窄大熊猫不易发现也不利于大熊猫的躲藏，很容易被路过的人看见，对于喜静的大熊猫而言，这不是什么好事。走廊带还必须能吸引大熊猫来此，若其间生长的植被不受大熊猫喜爱，它们怎么会愿意来到这里呢？为了方便大熊猫经过走廊带，必须在特定的时间禁止走廊带出现生人，避免惊吓到它们。

大熊猫走廊带建设必须经过地形考察与地貌勘测，再逐步考虑大熊猫利用走廊带时可能出现的问题，最后针对这些问题制订出相关的解决方案。最终，汇合这些问题的解决方案就是大熊猫走廊带建设的基本要求。

大熊猫走廊带宽有1千米，尽量选择建在两个栖息地之间最窄的位置，从而节约成本。除此之外，必须提高大熊猫走廊带植被覆盖率，根据大熊猫的生活习性，种植大熊猫喜欢的植物。如当地大熊猫喜欢食用巴山木竹，就可以在走廊带隔一段距离种植巴山木竹竹丛，引诱大熊猫穿越走廊带，进入另一个栖息地。并且，走廊带的海拔高度不定，常常有人类在走廊带附近活动。大熊猫灵敏的嗅觉与听觉会探察到人类的气息，很有可能绕走廊带而行。建设大熊猫走廊带时，必须规定一个时间禁止人类通行。若道路横贯走廊带，则禁止夜晚车辆通行，保证大熊猫安全。2011年，平武县黄土梁廊道的红外线相机曾拍摄到一只成年大熊猫的身影，证明大熊猫走廊带已得到利用。

除了以上干预手段，将人工繁育的大熊猫进行野化放归，使它们融入野生大熊猫社会，促进野生种群的繁衍的同时，也对大熊猫保护起到了重要作用。野化放归大熊猫有许多限制，并不是任何大熊猫都可以放归山林。老弱病残的野生大熊猫被发现后，会被救助至大熊猫保护研究中心安享晚年。出生在成都大熊猫繁育研究基地（以下简称"成都熊猫基地"）的大熊猫成年后经过体质测试，将被选中进行野化培训，如果野化培训成功，将被放归至某一个大熊猫栖息地。但一开始以这种方式放归的大熊猫总是因各种意外死去，研究者不禁想到，野生大熊猫都经过母亲两年多的细心教导，成都熊猫基地的大熊猫正缺少了这一关键环节。于是他们开始采用母兽带崽野化培训的方式，利用雌性大熊猫教导幼年大熊猫各种生存技巧，使之实现真正野化。

大自然将大熊猫的生活区域与人类的生活区域从海拔上隔开，过高的海拔使人类难以进行农作物的耕种，过低的海拔不利于大熊猫觅食。从我国开始意识到大熊猫的濒危程度并对其加以保护以来，所做的各项努力部分以失败告终，部分促进了大熊猫保育事业的发展。大熊猫并非已走到进化的死胡同，它们需要的是不被人类打扰的自然栖息地。大熊猫仍然有继续生存的机会，只要人类稍加干预并保持适当的距离。

第四章　大熊猫的生态圈

伴生动物

野生大熊猫活动的山区通常海拔较高，这些地方人迹罕至，不仅是大熊猫赖以生存的天然家园，而且是众多野生动植物的天堂。

大熊猫对栖息地有一定要求，它们喜湿，好饮流动的溪水，偶尔还捡食林麝、竹鼠的尸体，它们的栖息地中生活着许多伴生动植物。伴生动物有危害大熊猫幼崽的豺、豹以及黄喉貂等，有与大熊猫和睦相处的金丝猴、扭角羚、小熊猫等。伴生植物则有珍贵的红豆杉、珙桐、西康玉兰、连香树等。我国大熊猫栖息地分布狭长，成岛屿状，每一个孤立的栖息地都有复杂的生态系统，正是这些地理、气候、水文的综合作用促进了当地的生物循环，构成了大熊猫独特的生态圈。

大熊猫主要栖息在中国西部的几条山脉中，包括岷山、邛崃山、秦岭等山脉。这些山脉山势绵长，海拔高峭，生态环境复杂多样，不仅是大熊猫理想的栖息地，也是许多野生动物的家园。在大熊猫出没的地方，通常还生活着许多

大熊猫伴生动物扭角羚

大熊猫伴生动物金丝猴

大熊猫的伴生动物。所谓伴生动物，即相伴生活在同一片区域内，对生活环境的要求相似，与同一区域内其他动物互相影响的动物。

　　大熊猫的伴生动物指与大熊猫同域分布，并且在食物地、水源地、隐蔽条件等资源利用方面有时间或空间上相互作用的动物，主要指大、中型兽类，有时也包括鸟类。[①]对大熊猫生命无威胁的兽类主要有扭角羚、林麝、鬣羚、野猪、金丝猴与小熊猫等，能够威胁大熊猫生命的食肉动物主要有金猫、黄喉貂、

---

① 胡锦矗，吴攀文.小相岭山系大熊猫大中型兽类［J］.四川动物，2007，26（1）：88—90.

大熊猫伴生动物小熊猫

豹和豺。

扭角羚因为体形大如牛，却像羊一样吃草，角又盘旋弯曲，被当地人称为"盘羊"。它们是一种高山动物，主要生活在海拔1500~4000米的山地森林中，与大熊猫的生活区域有部分重叠。扭角羚主要以各种树枝、树叶、竹叶、青草等为食，会随着草场的枯荣而迁移。扭角羚虽然和大熊猫一样取食竹叶，但对竹叶的利用程度很低，所以它们种群数量适中时是大熊猫的友好邻居，不会威胁到大熊猫的生存。一旦扭角羚过度繁殖，就会与大熊猫在取食上成为竞争关系，并且过多的扭角羚会践踏、破坏栖息地内的自然环境。

林麝性情胆小，通常白天休息，夜间出来活动。往往生活在海拔2000~3800米的高海拔地区，与大熊猫的生活区域基本重叠。主要以树叶、杂草、苔藓、野果以及地衣等为食，对竹笋、竹茎不感兴趣，偶尔食用竹叶。在取食层面，林麝与大熊猫不存在竞争关系。而大熊猫经常会依靠嗅觉捡食林麝的尸体，因为活体林麝行动敏捷，大熊猫无法捕食它们。

大熊猫的天然栖息地中还生活着另一种濒危程度不亚于它的生物——金丝猴。目前已有川金丝猴、滇金丝猴、黔金丝猴、越南金丝猴、怒江金丝猴与缅甸金丝猴这六种金丝猴被科学发现，但数量未知。金丝猴多为群居生活，食性很杂。它们春天吃各种树木与灌木新发的嫩芽，夏天除了吃幼嫩的树叶外也采食一些野果，秋天主要吃各种野果与部分树木的果实，冬天则依靠林中树皮、藤萝、苔藓等维持生命。金丝猴偶尔也会吃些竹叶充饥，但与大熊猫并不存在竞食关系，反而是大熊猫最友好的邻居。金丝猴十分警惕，它们在玩耍和觅食时喜欢站在高处远眺，一旦发现天敌，就会拉响警报，同时也提醒了大熊猫危险的来临。大熊猫凭借嗅觉发现异常时，也会吼叫，金丝猴同样迅速意会并逃之夭夭。

大熊猫有个表亲，是体积更小，除脸部外通体橘红，还有一条像浣熊一样长尾巴的小熊猫。小熊猫与大熊猫形影不离，有大熊猫生活的地方，通常能发现小熊猫的踪迹。小熊猫与大熊猫都以竹为食，但小熊猫并不吃竹茎，它们只吃竹叶与竹笋。一般情况下，小熊猫与大熊猫的所食部位不同，没有较大的竞食关系，但出笋季节会与大熊猫竞食竹笋，抢夺食物资源。

以上这些动物都对大熊猫没有生命威胁，仅有小部分可能在取食方面与大熊猫存在竞争关系。除了这些友好的邻居，还有一些凶猛的食肉动物，会威胁幼年大熊猫的成长。

金猫行踪诡秘，多在夜间活动。它们能捕食黄麂、毛冠鹿这类中型食草动物，但主要以体形较大的啮齿动物为食，如竹鼠、野兔。金猫体长约一米，四肢粗壮，强健有力，虽然不及成年大熊猫体积大，但对于幼年大熊猫而言是个不小的威胁。雌性大熊猫外出觅食，将幼年大熊猫独立留在巢穴中时，金猫就会乘虚而入。幼年大熊猫遇到危险爬上树梢躲避的应急方式，在金猫面前毫无作用，因为金猫十分擅长爬树，捉住幼年大熊猫轻而易举。有许多野外调查材料表明，金猫会捕食一岁左右的大熊猫幼体，科研人员曾在金猫的粪便中发现大熊猫的毛发。

豺的生活环境十分复杂，无论是热带森林、山地、丘陵，还是高海拔地区，都能发现它们活动留下的痕迹。在大熊猫栖息地中，豺的主要活动范围在海拔2500~3500米的地方。豺的体形不大，但喜欢群体活动，即便是面对体形似牛的扭角羚，也敢发动凶猛的攻击。野外考察队分析过骆驼岭豺的粪便成分，几乎全是扭角羚毛。1~3岁的大熊猫遭遇豺群，几乎没有生还的可能。

大熊猫行踪隐蔽，不易被豺找到，但与大熊猫亲密为伴的扭角羚却是移动的诱饵，吸引豺来到大熊猫觅食地附近。在天全、青川、汶川、宝兴等地，都有豺猎食大熊猫幼崽的记录。

豹伤害大熊猫的记录是最多的。如卧龙自然保护区1979年发现豹吃了两只大熊猫，1981年又吃了一只，受害的主要是刚离开母亲的大熊猫宝宝。[①]豹的体重为70~90千克，但它们力大无比，可以将三倍于自身体重的猎物拖到树上。即便是成年大熊猫面对豹也不占优势，何况是离开母亲的大熊猫宝宝。大熊猫遇到危险时，主要依靠爬树、泅渡方法躲避追赶，但豹既会爬树也会泅水。

大熊猫怀孕后，除了大量进食补充能量，还会给即将降生的大熊猫宝宝准备产房。古树留下的树洞是最好的选择，只需要用脚爪稍加平整，再叼一些松软的枝条铺垫，如杨树、桦树、松树或杜鹃的枯朽枝条。这样的产房隐秘安全，却躲不过嗅觉灵敏的食肉动物的搜索。黄喉貂性情凶狠，肢体柔软细长，居住在树洞及岩穴中。大熊猫妈妈为幼崽准备的产房或许能够抵御其他捕食者，但无法抵御黄喉貂。它们能够凭借嗅觉找到大熊猫幼崽，钻进狭窄的树洞中将之叼走。

豺、豹、金猫、黄喉貂等食肉动物与大熊猫生活在同一区域，多数时候捕食大熊猫的其他伴生动物，也会危害大熊猫的幼崽。

大熊猫栖息地适宜各种野生动物繁衍生息，不论是对大熊猫没有生命威胁

---

① 胡锦矗.追踪大熊猫［M］.南京：江苏少年儿童出版社，2001：89.

的食草性伴生动物，还是危害大熊猫幼崽的食肉性伴生动物，它们都有在这片土地生存的权利。大熊猫虽然是世界知名的保护动物，但金猫、豺、豹、黄喉貂等动物也是国家重点保护的野生动物。自然环境中的食物链是残酷而无法干预的，人类在保护大熊猫的同时不能因为它们伤害大熊猫幼崽而制定限制政策。自然生态圈是循环平衡的，老弱病残的大熊猫被捕食也是维持平衡的一种自然方式。

大熊猫与其伴生动物共同生活在我国西南山区，借助自然馈赠的得天独厚的地形条件生存至今，各自占有生存空间和食物资源，活动习性也各有差异，正是因为这样，才能形成稳定的动物群，组成一个完整的生态链。

伴生植物

大熊猫对生活环境也很挑剔，它们偏爱生活在针叶林与阔叶林中，好饮离子含量属于中等硬度的流动溪水，更喜欢在阴湿的山谷地带游玩。有大熊猫出没的地区，往往自然条件优越，适合许多野生动植物在此安家落户。秦岭南北跨度大，南北坡的地貌、气候与植被都有显著差异，吸引诸多习性各异的野生动物来此定居。作为大熊猫栖息地之一，秦岭素有"南北植物荟萃，南北动物乐园"的美誉。

生态圈主要由生活在同一片区域内的动植物、环境以及不同生物种群之间存在的联系组成，是没有具体界限的动态范围。大熊猫是生态圈中小小的一环，围绕着大熊猫的关系链主要有环境、伴生动物与伴生植物。狭义的伴生植物主要指一个区域内没有成长为优势种的木本植物，为生物部落中的常见种类，往往与优势种相伴存在，对群落性质和环境不起主要作用，但此处的伴生植物主要指与大熊猫身处同一片栖息地，生存环境与大熊猫相仿的植物，珍贵异常。

卧龙国家级自然保护区是四川省内面积最大、生物多样性最强的自然保护

区。卧龙的植物区系古老，植被类型主要有常绿阔叶林、常绿落叶阔叶混交林、耐寒灌丛以及高山草甸等。生长于卧龙自然保护区，伴随大熊猫活动环境的植物主要有珙桐、水杉、伯乐树、连香树、垂枝云杉等。

珙桐是国家一级保护植物，几度徘徊在灭绝的边缘，被称为"植物中的大熊猫"。珙桐花形似象征和平的白鸽，曾在2008年与大熊猫一同被送给台湾。

珙桐多生长在海拔1500~2200米的落叶阔叶混交林中，喜中性或微酸性腐殖质深厚营养丰富的土壤。珙桐作为观赏性植物，开花时节满树洁白，苞片像白鸽翅膀随风飘荡，与青翠欲滴的叶片形成鲜明的颜色对比，令人着迷。珙桐是大熊猫所有伴生植物中最珍贵的，它不仅极具观赏价值，还有很高的药用价值。

蜂桶寨国家级自然保护区的主要保护对象是大熊猫、金丝猴以及山地混合森林的生态系统，可见在保护动物的同时，还必须保护当地的植被。蜂桶寨国家级自然保护区海拔高度在3500米以上，动植物分布有明显的垂直特征。常绿落叶阔叶混交林植被除了常绿树种，还生长着珙桐、桦木、水青树等落叶树种。稍高海拔的山地针阔叶混交林中的木本植物主要是各种杉树，高大的乔木之下生长有茂密的冷箭竹、拐棍竹以及大箭竹。山地针阔叶混交林通常在海拔2000~2900米形成，林间因乔木混杂而阴凉潮湿，既利于大熊猫采食竹类的生长，也符合大熊猫对生活环境的要求。

四姑娘山国家级自然保护区属于高山植被区系，植被分布同样呈现出强烈的垂直特点，随着海拔的升高，出现的植被类型依次为人工植被与半干旱河谷植被、山地常绿针叶林、落叶阔叶混交林、亚高山灌丛草甸以及高山草甸。

与大熊猫伴生的植物一般都有着不菲的价值，保护大熊猫栖息地的同时，也能保护栖息地内的许多珍稀伴生植物。

大熊猫喜静，其生活区尽量远离人烟。大熊猫的邻居，除了有声好动的伴生动物，还有许多无声的植物，它们中有些物种的价值非常高。

红豆杉是第四纪冰期遗留下来的古老树种，在地球上的生存年龄约为250万年。红豆杉的果实鲜红小巧，如同红豆，故得名"红豆杉"。红豆杉是常绿乔木，秋季时枝条会变成黄绿色，与鲜红的果实、碧绿的叶片相映衬，点缀了野外的秋季。但它在自然条件下生长速度缓慢，又因为木质耐腐性强、紧实，受到人类的过度砍伐，濒临灭绝。

连香树是第三纪古热带植物遗留下来的品种，拥有古老的历史与重要的研究价值。连香树通常生长于温带地区，在我国的单株数量十分稀少。因为连香树极难成功结实，树下成活幼苗少见。即使有幼苗成活，也极易受到恶劣天气与病虫害的侵扰。同时，人类活动一步步向森林推进，乱砍滥伐现象更是屡禁不止，连香树分布范围被迫缩小，逐渐破碎不成林。

西康玉兰属于木兰属中的原始种类，具有很高的研究价值。西康玉兰主要分布于我国西部与四川西部，数量稀少，是国家三级保护植物。西康玉兰是一种高海拔植物，主要生长在海拔2000~3300米的森林中，既可作庭院观赏之用，树皮也能入药。花朵重瓣开放，洁白剔透，花心儿是鲜红的蕊与碧绿的花柱，花面朝下，仿佛少女颔首。

与大熊猫在同一环境中生长的植物，还有各色鲜艳的凤仙花，有"四大高山花卉"之一的龙胆，有一花一叶的独叶草，有不需阳光便可存活的腐生植物水晶兰，还有芳香浓郁的野杜鹃。这些无声的植物邻居点缀着大熊猫的栖息地，如果大熊猫的栖息地受到破坏，这些可爱的伴生植物也将荡然无存。

大熊猫栖息地中，大熊猫丰富度最高的是温性针阔叶混交林，丰富度高达24%。温性针阔叶混交林是山地阔叶林向山地针叶林过渡的森林植被，其中主要生长着铁杉这类常绿乔木。常绿乔木一年四季保持青绿，只要有老叶即将掉落，就会在掉落处生长出新叶来，对调节气温有着独特作用。大熊猫栖息地多位于亚热带地区，但植被覆盖率高的区域夏季气温将降低不少，为大熊猫以及其他野生动植物提供舒适的生活环境。

栖息地中生长的伴生植物品类多样，高度参差不齐，错落交叠地生长，将栖息地笼罩在浓密的绿荫中。大熊猫长期生活在幽暗的竹林中，视觉并不是很敏锐，活动基本依靠灵敏的嗅觉与听觉。繁密的伴生植物可能会遮挡光线，使林中显得过于幽暗，但这并不影响大熊猫的活动；相反，荫蔽的空间既能保持适宜大熊猫生活的湿度与温度，也能为大熊猫以及其他伴生动物提供藏

龙胆

凤仙花

身之所。

伴生植物并非生态系统中微不足道的一部分，它们对生态的稳定有着极为重要的作用。伴生植物凭借自身强大的环境改造能力，将荒芜的土地缀满绿色，给予大熊猫一个生机盎然的栖息地；伴生植物不分大小，都在发挥作用，根茎紧抓土壤，防止土壤被流水冲刷走；伴生植物紧密合作，调节当地区域空气与水的循环，为大熊猫在内的野生动物过滤纯净的饮用水。

大熊猫栖息地生态系统

生态系统主要指在自然界特定的某些空间内，生物与周围的环境构成一个共生的整体。在这个整体中，各种生物之间、生物与环境之间由于诸多因素而相互作用，使整个生态系统一直处于稳定的平衡状态。生物是自然生态系统中微小的一部分，通常充当系统中的某种角色，促进生态的循环与更替。生物生存的环境主要是当地地形、气候、水文、植被四方面的综合效果。

贮藏于生物体内的能量通过生物之间吃与被吃的关系互相流动的过程，在生态学上被称为食物链。食物链是生态系统中各因素循环的重要环节，大自然通过这一联系来控制一定空间内生物的数量，这种联系反映了生物间残酷的适者生存定律。

我国除却原始森林、草原、湿地，生态系统最完整的应当是各个自然保护区，而这其中，生态完整性更佳的是国宝大熊猫的栖息地。历史时期的大熊猫在中国的分布范围极广，经过几次地质改造、气候骤变、自然灾害以及人类活动的干扰，大熊猫栖息地逐渐缩小至现在的"岛屿状"。因为栖息地彼此割裂远离，各个大熊猫栖息地的生态系统也略有不同。

现生大熊猫栖息地主要分布于秦岭山系、岷山山系、邛崃山山系等六大山系，六大山系多样的气候特点、丰富的生物种类以及复杂的地形地貌构成了大熊猫栖息地多样的生态系统。

六大山系大熊猫栖息地特征

山系	主要分布海拔（米）	气温（℃）	平均降水量（毫米）	竹种	主要树种
秦岭山系	1500～3000	13～16	800～1300	巴山木竹、秦岭箭竹、龙头竹、金竹、阔叶箬竹、华西箭竹	针叶林（太白红杉、巴山冷杉、青竿、秦岭冷杉、油松、华山松） 阔叶林（锐齿栎、栓皮栎、短柄袍、槲树、麻栎、鹅耳枥、化香、野核桃、湖北枫杨、桦木等）
岷山山系—甘肃部分	1600～3300	14.5	400～800	缺苞箭竹、青川箭竹、龙头竹、华西箭竹、糙花箭竹、团竹、石绿竹、毛金竹、慈竹	针叶林（岷江冷杉、巴山冷杉、秦岭冷杉、青竿、红桦、糙皮桦、五裂槭、云杉、紫果云杉、麦吊冷杉、铁杉、油松、华山松） 针阔叶混交林（铁杉、油松、麦吊云杉、红桦、糙皮桦） 阔叶林（辽东栎、山杨、桦木、栓皮栎、鹅耳枥、米心水青冈、榛子、锐齿栎、红麸杨、糙皮桦、麦吊云杉、岷江冷杉、槲栎、枫杨、油樟、化香、山核桃等）
岷山山系—四川部分	1700～3400	15.6	1200～1500	缺苞箭竹、华西箭竹、细枝箭竹、团竹、青川箭竹、龙头竹、油竹子、冷箭竹、短锥玉山竹、白夹竹	针叶林（四川红杉、黄果冷杉、巴山冷杉、岷江冷杉、峨眉冷杉、方枝柏、麦吊云杉、粗枝云杉、青竿、紫果云杉、油松、华山松等） 针阔叶混交林（铁杉、桦木、槭树、云杉、杉木、川柏木等） 阔叶林（锐齿栎、栓皮栎、麻栎、泡栎、槲栎、水青冈、野核桃、大叶杨、山杨、青杨、枫杨、连香树、水青树、珙桐、红桦、糙皮桦、白桦、巴东栎、刺叶栎、高山栎等）

山系	主要分布海拔（米）	气温（℃）	平均降水量（毫米）	竹种	主要树种
邛崃山系	1400～3600	10～15.2	600～1300	拐棍竹、冷箭竹、短锥玉山竹、油竹子、白夹竹、刺黑竹、八月竹、扫把竹、丰实箭竹、牛麻箭竹	针叶林（四川红杉、日本落叶松、方枝圆柏、黄果冷杉、峨眉冷杉、岷江冷杉、麦吊云杉、华山松、油松等） 针阔叶混交林（铁杉、桦木、柳树、藏刺榛、椴树、麦吊云杉、四川红杉、冷杉等） 阔叶林（水青树、连香树、珙桐、枫杨、大叶杨、太白杨、野核桃、白桦、红桦、巴东栎、青冈、亮叶栎、包石栎、硬斗石栎、化香、鹅耳枥、刺叶栎、油樟、蛮青冈、石栎、川桂皮、白楠、山楠、润楠、新木姜子等）
大相岭山系	2000～3200	14～16.8	1469	八月竹、石棉玉山竹、短锥玉山竹、冷箭竹、冷竹、方竹	针叶林（峨眉冷杉、岷江冷杉、云杉、华山松、柳杉、杉木等） 针阔叶混交林（铁杉、槭树、桦木等） 阔叶林（华西枫杨、珙桐、野核桃、糙皮桦、白桦、亮叶桦、红桦、槭树、亮叶水青冈、峨眉栲、川鄂山茱萸、包石栎、香桦、青冈、新木姜子等）
小相岭山系	2000～3200	17.2	757	空柄玉山竹、紫花玉山竹、短锥玉山竹、斑壳玉山竹、丰实箭竹、令箭竹、清甜箭竹、小叶箭竹、九龙箭竹、少花箭竹、贴毛箭竹、峨热竹	针叶林（大果红杉、云杉、川西云杉、油麦吊杉、丽江云杉、粗枝云杉、长苞冷杉、峨眉冷杉、方枝圆柏、垂枝香柏、华山松、高山松、云南松、云南油杉等） 针阔叶混交林（云南铁杉等） 阔叶林（栓皮栎、华西枫杨、野核桃、槭树、山杨、大叶杨、滇杨、糙皮桦、白桦、红桦、桤木、细叶青冈、香桦、川桂、油樟、滇青冈、高山栲、川滇高山栎、光叶高山栎、灰背栎、黄背栎等）

山系	主要分布海拔（米）	气温（℃）	平均降水量（毫米）	竹种	主要树种
凉山山系	2000~3600	10~18	836~1349	短锥玉山竹、石棉玉山竹、白背玉山竹、熊竹、斑壳玉山竹、大风顶玉山竹、马边玉山竹、冷箭竹、笻竹、三月竹、大叶笻竹、箬叶竹、白夹竹、八月竹、丰实箭竹	针叶林（日本落叶松、油麦吊杉、峨眉冷杉、川滇冷杉、垂枝圆柏、华山松、云南松、马尾松、杉木等）针阔叶混交林（云南铁杉、槭树、桦木、鹅耳枥、全苞石栎等）阔叶林（麻栎、栓皮栎、野核桃、珙桐、连香树、瓦山枫杨、大叶杨、滇杨、山杨、糙皮桦、红桦、亮皮桦、亮叶水青冈、槭树、石栎、峨眉栲、香桦、水青树、润楠、小叶青冈、桦木荷、刺苞米槠、山楠等）

资料来源：赵学敏编《大熊猫——人类共有的自然遗产》，北京：中国林业出版社，2006年

　　秦岭是古老的褶皱断层山脉，经过板块运动的不断抬升隆起，形成现在自东向西升高的现状。秦岭山脉主脊偏向北坡，北坡高而陡峭，而南坡地形平缓。秦岭南北坡的气候差异巨大，夏季拦截湿润的海洋气流在南坡形成降雨，冬季阻挡西北寒流南下保护南坡免受冷空气侵扰，因此秦岭大熊猫多生活在气候温暖湿润的南坡。南坡年平均降水量在800~1300毫米，年平均气温在13~16℃，属于亚热带湿润气候区，而秦岭山系总体海拔在2000米至3700米不等，都十分符合大熊猫对生活环境的要求。

　　秦岭山系生活有大熊猫、金丝猴、朱鹮、羚牛这"秦岭四宝"，还有小麂、林麝、野猪、斑羚等野生动物。竹鼠与大熊猫都以竹子为食，但大熊猫偶尔捕食竹鼠开荤。大熊猫自身攻击能力强，但幼崽自保能力弱，可能成为豹、豺的腹中餐。除此之外，林麝、小麂、斑羚等小型哺乳动物以树叶、杂草、苔藓、

嫩芽以及各种浆果为食，属于食物链中的初级消费者。它们的天敌豹、貂、狐狸、狼则以这些小型哺乳动物为食，属于食物链中的二级消费者。秦岭山系的生态系统，食物链完备，自然物种丰富。

岷山山系是秦岭褶皱带西端的高大山系，呈西南—东北走向，分布有许多知名的国家级自然保护区，如九寨沟、王朗、雪宝顶、唐家河、黄龙等国家级自然保护区。岷山主峰雪宝顶高达5588米，地形多样，植被覆盖受地形海拔影响，生长有针叶、阔叶树种以及各类亚热带、温带、寒带树种。3800米以上主要是高山灌丛草甸。岷山山系的大熊猫主要活动于2600~3000米的亚高山地带，这里的亚高山冷杉与云杉林带，林下多生冷箭竹丛，食物、水源以及隐蔽条件都相对不错。

岷山山系中随处可见的兽类是扭角羚，林中也有金丝猴群路过的痕迹，还有毛冠鹿、野猪的脚印。岷山山系食物链中位于最上层的是豺——一种成群行动、体形似狼的凶猛食肉动物。它们最爱捕食落单的扭角羚，蜂拥而上，先将扭角羚致盲，随后从肛门掏出内脏致死。豺也会捕食幼年以及亚成体大熊猫，对大熊猫的繁衍而言是个不小的威胁。

邛崃山山系是四川盆地与青藏高原的地理分界线，呈南北走向，因为东坡海拔高阻挡东部气流而降水丰沛。邛崃山所有地区都有大熊猫生活，主要分布在海拔2400~2900米处，年平均温度为5~9℃。虽然邛崃山总体温度较低，但东坡降水量大，植被分布的垂直特点显著。常绿阔叶林、针叶林、落叶阔叶林以及高山灌木丛都有生长，森林植被类型复杂多样，其中被列为国家保护的珍稀树种就有珙桐、光叶珙桐、水青树、连香树、四川红杉等。[①]

邛崃山山系同样生活着扭角羚、大熊猫和金丝猴等野生动物，但邛崃山的扭角羚由于高山深谷的恶劣生活环境，体形像牛一样大，且脾气暴躁，碗口粗的树也能一头撞断，几乎没有捕食者敢去招惹。当地人民称这种扭角羚为"野牛"，认为它们发脾气时即使是凶猛的豹子、彪悍的黑熊也要退让三分。扭角羚

① 四川省地方志编纂委员会.四川省志·大熊猫志［M］.北京：方志出版社，2018：37.

以竹叶、树叶、青草等为食，与大熊猫的竞食关系较弱，它们的幼崽同属于食肉动物的捕食对象。

凉山山系地处横断山东北缘，位于四川盆地与云贵高原之间，地势西北高、东南低。地形条件复杂多变，穿插高山、丘陵、平原与盆地。由于这种多元性地貌特点，凉山的自然生态环境也比其他山系丰富得多，流经凉山山系的大河就有10条左右，小河流更是上百条。凉山山系属于亚热带季风气候，但海拔较高，相对中和了夏季的炎热与冬季的寒冷，往往山顶白雪覆盖，山下绿草茵茵，被誉为"一山有四季，十里不同天"。

凉山的生物圈一度受到破坏，过去越西的土司喜欢穿戴老虎皮，整个大凉山地区的老虎就灭绝了。食物链终端生物的缺失，造成部分哺乳动物大量繁衍，啃食草坪，破坏植被。类似的生物圈被破坏事件还发生在清代的小凉山，山区人口稀少，野生食肉动物过度繁衍，酿成兽灾，这些食肉动物没有可捕食的猎物，便对人类虎视眈眈，甚至盗食尸体。[①]

小熊猫与大熊猫共享凉山这片栖息地，小熊猫喜食箭竹的竹笋、嫩叶，也会捕食小鸟和其他小动物，与大熊猫的竞食关系较强。小熊猫由于体形小，攻击能力不及大熊猫，无论是成年体还是幼年体，都容易受到黄喉貂、豺和金钱豹的捕食。

大、小相岭山系则属明显的温带大陆性气候，大相岭山势雄伟峻拔，平均海拔在3000米左右，而小相岭的最高峰俄尔则俄峰海拔才4500米。相岭地区年降水量为1100~1300毫米，年平均气温为1~6℃，平均相对湿度大于80%。小相岭分布有大大小小12个冰蚀湖，湖泊群周围生长着不同品类的高山杜鹃与茂密的原始冷杉林。

大、小相岭山系与大熊猫竞食的动物较多，有黑熊、马熊、竹鼠、小熊猫等。竹鼠吃竹子之余，还会咬断地下竹鞭，阻碍新竹萌生。马熊与黑熊在竹笋萌发季节往往比大熊猫先行动，等大熊猫赶来时，竹笋数量已不多。

---

① 胡锦矗.追踪大熊猫的岁月［M］.郑州：海燕出版社，2005：103.

大熊猫栖息地的生态系统复杂多样，在这里我们仅围绕大熊猫的生活环境进行分析。不同大熊猫栖息地的生态系统略有相似，首先存在同类伴生动物，如凉山与小相岭都生活有小熊猫，而岷山与邛崃山都生活有金丝猴与扭角羚；其次存在相似的植物，如岷山与邛崃山都是华西箭竹的生长地，而凉山与相岭地区则多产玉山竹属竹子。不同大熊猫栖息地的生态系统又有自身特点，完整循环的食物链如果断开其中一环，势必会造成前一环节生物的大肆繁衍，危害后一环节生物的生存发展。

大熊猫栖息地的生态系统目前尚处于破碎状态，不能将之连为一体，假以时日，大熊猫栖息地保护事业更加成熟，碎片化的大熊猫栖息地能够重整成片，大熊猫栖息地的生态系统才算真正完整。

苦竹

第五章　竹子开花宰生死

大熊猫的主食竹

丛丛绿竹在中国传统文化中常被比作淡泊名利的君子，与梅、松并称"岁寒三友"。同时，竹子在能工巧匠手中被制成许多工具，变成竹雕、凉席、筷笼、砧板等物。这样功能多样的竹子，是大熊猫的美餐。

大熊猫的进化之路，持续了八百万年，完全符合"物竞天择，适者生存"的理论。上百万年来，大熊猫的食性也发生了改变。由于体形过大，行动不够敏捷，大熊猫无法捕食灵活小巧的动物，而自身活动又需要足够的营养支撑，就开始寻找其他竞争性小的食物取代曾经喜爱的肉食。此时，竹子便被大熊猫选中成为新的主食。

竹子通常生长在热带、亚热带与暖温带地区，不同竹属的生长要求不同。中国的竹类广泛分布在黄河流域以南以及华南、西南各地区，种类繁多，生长面积也不容小觑。但大熊猫的主食竹只有60多种，其中它们最喜爱的约有27种。[①]

---

① 钟婷.大熊猫最爱的竹子有哪些［EB/OL］.［2014-01-02］.http://www.pandahome.org/cn/dongtai/daxiongmao/2014-01-02/2009.html.

大熊猫最喜爱的竹类主要生长于青藏高原东缘的秦岭南坡、岷山、邛崃山、凉山以及大相岭、小相岭山系。十分巧合的是，目前大熊猫栖息地的分布格局与大熊猫主食竹分布区域完全一致。[①]这意味着不同地区的野生大熊猫对于吃哪种竹子会有偏好，甚至出现明显的挑食现象。

野生大熊猫的主食竹有箬竹属、寒竹属、巴山木竹属、箭竹属、玉山竹属等，其中缺苞箭竹、糙花箭竹、冷箭竹与拐棍竹是所有大熊猫都喜爱的品种。即便如此，不同区域由于地质、水文、土壤、光照等影响生物生长的因素不一，生长的竹子品种也不一样，所以野生大熊猫对竹种的喜好具有明显的地域性。

唐家河国家级自然保护区属岷山山系范围，这里的大熊猫主要取食缺苞箭竹、糙花箭竹、华西箭竹、团竹与青川箭竹。缺苞箭竹主要生长于四川平武、青川海拔1700~3400米的地区，竹径较细，约1厘米，竹竿长3~5米。糙花箭竹大面积生长于四川青川地区，与缺苞箭竹比较，竹径较粗，但最高只有3.5米左右。糙花箭竹的竹笋有甜味，是生活在岷山一带的大熊猫最喜爱的食物之一。青川箭竹则是青川地区的独特竹种，笋期长达6个月，但生长海拔较低，为1000~2200米。大熊猫采食青川箭竹的竹笋时需要向下迁移至低海拔地区。华西箭竹是一种常见的竹种，它的笋箨上端呈现紫红或紫褐色，背面长有密密麻麻的暗红色刺毛。华西箭竹属于散生竹，多生长在海拔1000~2300米的地区，最主要的特点是耐寒、不惧阳光遮挡。大熊猫喜欢在幽深、隐蔽性高的林间活动，而华西箭竹的生长正好受光照影响小，适合大熊猫取食。团竹是箭竹属中生长海拔最高的竹种，为2400~3700米，多见于冷杉、红桦林下。

大相岭自然保护区与小相岭栗子坪国家级自然保护区的大熊猫主食竹少有箭竹属，多为玉山竹属。生活在这两个地区的大熊猫主要采食八月竹、冷箭竹、短锥玉山竹、三月竹以及石棉玉山竹。

八月竹又称龙拐竹，是四川特产竹，分布于马边、天全、美姑等大熊猫数

---

① 刘颖颖，傅金和.大熊猫栖息地竹子及开花现象综述［J］.世界竹藤通讯，2007，（01）：1—4.

大熊猫主食竹的分布及喜食程度一览图

秦岭　　岷山　　邛崃山　　相岭　　凉山　　喜爱程度

秦岭箭竹　海拔1050~3050米
糙花箭竹　海拔1450~2520米
青川箭竹　海拔1580~2500米
丰实箭竹　海拔1700~2800米
九龙箭竹　海拔2800~3400米

岩斑竹　海拔1400~2650米
团竹　海拔2400~3300米
华西箭竹　海拔2400~3200米
贴毛箭竹　海拔2360~2700米

扫把竹　海拔1400~3200米
缺苞箭竹　海拔1920~3600米
箭竹　海拔1600~2400米
油竹子　海拔800~1900米

少花箭竹　海拔2400~3200米
龙头竹　海拔1500~2200米
紫耳箭竹　海拔1400~1800米
拐棍竹　海拔1700~2800米

牛麻箭竹　海拔3000~3800米
短锥玉山竹　海拔1800~3400米
白背玉山竹　海拔2500~3200米
熊竹　海拔2600~3000米

石棉玉山竹　海拔2400~3150米
紫花玉山竹　海拔2400~3400米
空柄玉山竹　海拔2000~2600米
马边玉山竹　海拔1430~1900米

八月竹　海拔1700~2400米
龙拐竹　海拔1280~1320米
白夹竹　海拔700~1600米
硬头青竹　海拔800~1200米
水竹　海拔600~1500米

238

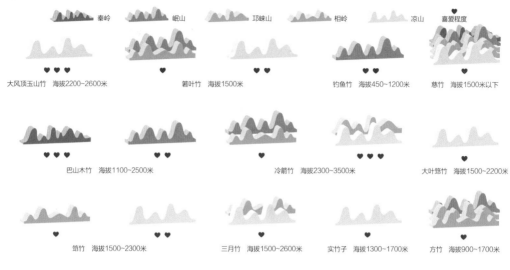

资料来源：四川省地方志编纂委员会编《四川省志·大熊猫志》，方志出版社，2018年

量较多的地区，主要生长在海拔1000~2400米的山地。冷箭竹几乎是所有地区的大熊猫都爱吃的品种，它们含水量高、口感良好，更重要的是冷箭竹的环境适应能力极强，在各大熊猫栖息地都有分布并且长势颇佳。

短锥玉山竹主要分布在卧龙、马边、天全、宝兴等自然保护区，多生长于海拔1800~3800米的高山针叶林或是溪流两岸，它与大熊猫对水分的需求一样大，这样的生长位置更加方便大熊猫进食后的饮水。短锥玉山竹的营养成分不及冷箭竹，宝兴大熊猫的食谱首选就是各部位营养质量更高的冷箭竹，只有在冬天和大量箭竹死亡时，它们才将短锥玉山竹作为主要食物来源。

三月竹多生长于海拔1200~2200米的常绿阔叶林下，与华西箭竹相比更为耐寒，也比一般寒竹生长得更快。石棉玉山竹在栗子坪保护区分布的海拔区间为2000~2800米，每年5月开始进入生长季节并逐渐出笋。

四姑娘山国家级自然保护区的大熊猫主要的取食竹种有冷箭竹、华西箭竹、拐棍竹、八月竹以及短锥玉山竹。拐棍竹是四姑娘山国家级自然保护区所在邛崃山大熊猫的特殊取食竹种。拐棍竹属于箭竹属，在四川的西部、陕西、甘肃

箭竹

以及云南等地均有分布，一般生长于海拔1700~2800米的地区，笋期一般为5个月。没有竹笋的季节，大熊猫主要食用拐棍竹的竹叶与竹竿。

与四姑娘山国家级自然保护区同处邛崃山山系的另一个大熊猫栖息地，是卧龙国家级自然保护区。卧龙的大熊猫偏爱食用生长在海拔2700~3100米一带长势良好的冷箭竹，到了出笋期，便追逐冷箭竹的出笋地点，直到其他竹类也开始出笋。

凉山大熊猫主要的取食竹种是刺竹、冷箭竹、斑壳玉山竹、石棉玉山竹以及八月竹。生长于海拔2400~2800米针阔混交林林下的白背玉山竹与八月竹是凉山大熊猫秋季主要的采食对象。而生长在海拔2800~3700米针叶林带中的竹类，除了部分白背玉山竹，就是大量的冷箭竹，这里是凉山大熊猫夏季的采食基地。大熊猫食用白背玉山竹时有自己的选择，吃竹笋时，尽量选择吃基径16毫米以上的，而吃竹茎时，则尽量选择吃基径12毫米以下的。因为白背玉山竹每年都会生长侧枝，大熊猫每年主要采食鲜嫩的侧枝，所以并不在乎白背玉山竹的竹龄。

圈养大熊猫的活动范围有限，所食竹子主要是人为采集提供。圈养大熊猫中有一部分曾经生活在野外，通常有口味偏好，喜欢食用家乡的竹子。如卧龙保护区曾饲养美姑县送来的大熊猫，它不拒绝工作人员投喂的当地出产的冷箭竹，但食用量小。工作人员发觉这一问题后，改投喂美姑当地所产的方竹与箭竹，它就很喜欢吃。另一只大熊猫来自宝兴，因为从前也是吃冷箭竹，所以工作人员投喂冷箭竹，它自然是来者不拒。

还有一部分大熊猫本身就在圈养环境下出生，接触的竹子种类限于人为提供。成都大熊猫繁育基地为大熊猫提供的主食竹主要有巴山木竹、白夹竹、苦竹、刺竹与箬竹5种。

箬竹叶片宽大，大熊猫通常只吃竹叶，冬季由于竹叶枯黄而被其他竹类替换。苦竹竹茎粗大，但营养成分较低，常常只作为大熊猫基地的备用竹类。白夹竹与苦竹相似，由于营养价值低，仅充作备用竹。刺竹竹茎过于坚韧，大熊猫通常只食用竹叶、竹笋。巴山木竹的竹叶是圈养大熊猫没有竹笋吃时的最佳选择，叶片肥厚、口感良好、营养价值又高，是圈养大熊猫冬季的主要食物。

春、夏、秋季时，人们会想方设法为大熊猫提供各类竹笋，如成都大熊猫繁育研究基地主要提供三月竹笋、方竹笋以及白夹竹笋。[①]

大熊猫的主食竹种类繁多，不同大熊猫栖息地所生长的优势竹决定着当地野生大熊猫的主要口味，而圈养大熊猫的主食竹主要依靠人为提供，可选择程度较低。但是，无论是野生大熊猫还是圈养大熊猫，一旦出现竹子大范围开花现象，生存都将受到威胁。

主食竹开花

青葱的竹林一年四季都保持郁郁生机，除了少量病株，几乎不会出现枯死的情况。如果出现竹子大面积枯死，极有可能是群体疾病或者这一带的竹子开花结实，完成了它的生理周期。自然界中有千百种开花植物，如稻、麦一生开花一次就结实枯死的粮食作物，又如梨、桃一类多年重复开花结实的果树。竹子与稻、麦类似，有自己的生长周期，生长到一定程度后，就会开花结实。开花抽取了竹子的所有营养，所以开花后大部分竹子会迅速整株枯死。

竹子何时开花，花期几何？俗语称"竹子开花，尽快搬家"。古时的一些记载，是研究竹子开花的重要文献资料。《山海经注》中记载："竹六十年一易根，而根必生花，生花必结实，结实必枯死，实落又复生。"这项记载与当今竹子开花结论一致。《晋书》中也有关于竹子开花的记载："晋惠帝元康二年，草、竹皆结子如麦，又二年春巴西群竹生花。"这项记载描述了晋惠帝时出现的多种竹子一同开花现象。

现代中国人在经历20世纪竹子开花危机后，也着手研究竹子开花现象，只因大熊猫以竹为主食，而大面积主食竹开花会给大熊猫家族带来沉重的打击。

---

① 屈元元，袁施彬，张泽钧等.圈养大熊猫主食竹及其营养成分比较研究［J］.四川农业大学学报，2013（12）：408—410.

竹子开花是难得一见的现象，大面积竹子开花更是惊人奇观。通过历史记载估算，大部分竹类的开花间隔为60年甚至更久。植物开花本来是正常生理现象，但竹子开花不同于一般植物，它会将所有营养集中于果实，而果实成熟后整株竹子便会枯萎死亡。同时，由于竹子的果实极富营养，会吸引老鼠、野鸡与野猪等动物前来觅食，这些动物会趁势在周围大量繁殖，危害周围生态。

大熊猫喜爱的主食竹无非是冷箭竹、缺苞箭竹、糙花箭竹、拐棍竹与巴山木竹等，但这几类竹子都曾在20世纪大面积开花枯萎。经走访调查，邛崃山山系的冷箭竹开花时间约为1893年、1935年、1983年，推测出的开花周期为45~55年，都是大面积开花枯死。岷山山系的缺苞箭竹与糙花箭竹同为1975年出现开花现象，据推测它们的开花周期为50~60年。邛崃山山系的拐棍竹曾在1987年出现大面积开花现象，据推测下一次开花时间为2045年。陕西省镇巴县的巴山木竹于

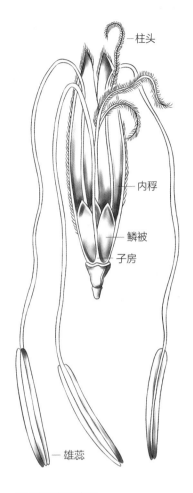

柱头
内稃
鳞被
子房
雄蕊

竹子花结构示意图

1978年与1983年分别开花，开花周期同为50~60年。[1]在甘肃文县与四川平武县，由于多种竹子开花而饿死的大熊猫就有138只。从1983年起，冷箭竹普遍开花，经过人们的救助，大熊猫死亡率有所下降。1987年竹子开花导致44只大熊猫死亡。[2]

---

① 刘颖颖，傅和金.大熊猫栖息地竹子及开花现象综述 [J].世界竹藤通讯，2007，(01)：1—4.

② 胡锦矗.追踪大熊猫 [M].南京：江苏少年儿童出版社，2001：88.

为了避免大熊猫饿死的惨剧再次发生，研究者开始关注大熊猫主食竹开花的原因，求证竹子开花对大熊猫种群的影响，研究如何应对大熊猫主食竹开花现象。目前针对大熊猫栖息地竹子开花的原因，专家提出了三种猜想，分别是生长周期说、营养说与外因说。

生长周期说认为竹子生长于竹鞭之上，竹子内部的发育节奏由竹鞭的年龄决定，不同竹种竹鞭的生长周期不同，一旦某条竹鞭发育成熟，所有生长于这条竹鞭之上的竹子都将开花结实并迅速枯萎。程有龙等研究者发现，即使将当地的竹种部分迁移至别处，它们的开花时间仍然同步。曾有报道指出竹子内部的生物钟不受地区因素影响，如英国移栽自印度的观赏竹，印度该竹种开花结实时，远在千里之外的英国观赏竹也开花结实。大熊猫主食竹在野外通常是自然传播，没有人为引种培育，大面积的竹林可能都属于同一鞭系，一旦该鞭系成熟，大面积的竹林都将结实枯死。

营养说试图通过相关实验验证大熊猫栖息地竹子开花是由于根系营养不足。如杜凡等人将未开花的空心箭竹从原产地开花竹丛中分蔸引种至外地，刚开始仍然开花，经过一段时间后便停止开花继续生长。他们认为开花的竹子都由老鞭发出，老鞭不及新鞭吸收营养成分的能力强，发于老鞭的竹子会因为长时间营养不足而提前开花枯死。

外因说认为竹子开花极有可能受到外界环境的影响。竹子就像普通粮食作物，前期主要为营养生长，后期主要为生殖生长。如果环境过于恶劣，无法满足竹子营养生长的需求，竹子就会提前进入生殖生长，出现开花结实现象。

大熊猫以竹为食，却不吃枯竹。不同竹种同时开花枯萎会造成食物短缺的困境，让大熊猫面临挨饿的风险。如何帮助大熊猫度过主食竹开花危机，是目前大熊猫保护事业的重点难题之一。针对大熊猫栖息地主食竹开花问题，目前日渐成熟的防护措施主要分为三方面：一是针对已开花区域进行补救，二是在竹子开花之前就开展相应行动防患于未然，三是着眼于能够移动的大熊猫。

已开花的竹种虽然都是大面积开花，但开花时间前后稍有差异。许多已开花的老竹丛中尚有未开花的小竹，只要将这些小竹移栽，加以人工施肥培育，还能生长出新竹与竹鞭；同时，尽早将已开花的竹株砍伐，并将老鞭挖出，促进新生竹的竹鞭延伸至开花区域，恢复该地带的竹林覆盖。

除了在竹林开花后进行补救，还可以在竹种种植之初控制开花时间。野生竹林多为自然传播，开花时间同步，不易人为改变。为了改变开花时间，育林工作人员可将多种竹种人为种植在大熊猫栖息地，即使一种竹子开花死亡，大熊猫还有替代食物；并且，可种植同种异龄的竹种，这样能够分散它们的开花时间，防止竹子全部枯死。除了在竹子身上想办法，也可以着眼于可以移动的大熊猫。加强大熊猫栖息地走廊带建设，化解栖息地破碎化的困境，使大熊猫即使面临所食竹都开的绝境也可以通过走廊带迁移至其他大熊猫栖息地寻找食物。

主食竹开花是否主宰大熊猫的生死？1983年至1984年，我国一度认为竹子开花决定着大熊猫的生死存亡，并发起保护国宝大熊猫的相关募捐活动，但21世纪以来，针对主食竹开花对大熊猫的影响，研究者众说纷纭。

一种说法认为主食竹开花并不能主宰大熊猫的生死，因为竹子开花是一种正常的生理现象，历史上有多次竹子大面积开花的记载，但大熊猫并没有灭绝，证明竹子开花不会主宰大熊猫的生死。

另一种说法认为20世纪80年代之所以出现大熊猫被饿死的现象，是因为高海拔地区的竹子全部开花，低海拔地区由于人类活动过于频繁或者低海拔地区的大量土地被开垦成农田，竹林面积缩小，大熊猫不敢下山而被饿死。大熊猫的生死与竹子开花无关，反而与人类活动深入森林相关。

还有说法认为大熊猫虽然偏食一种竹子，但面临生存危机时，会主动转移至其他竹种分布区进行采食，不会被饿死。竹子开花过程中被淘汰的常常是大熊猫中的老、弱、病个体，虽然这样会造成大熊猫数量的下降，但种群生存能力将会得到提升，能够适应未来新的挑战，未尝不是一件好事。

不同大熊猫栖息地内优势竹种略有不同，一处栖息地主食竹开花后，其他栖息地的主食竹可能尚且处于营养生长期。主食竹开花并不能主宰大熊猫的生死，虽然会造成小部分大熊猫因为食物短缺而饿死，但其余大熊猫可以主动进行转移，进入其他大熊猫栖息地，既可以继续存活，也加深了两处不同血缘体系大熊猫的信息交流。

竹子结实

无论是人类的生活环境，还是野生动物的生存环境，随处可见许多开花植物。开花罕见的植物中，人们熟知的不外乎昙花与铁树。竹子同样属于开花植物，但竹子开花的罕见程度比昙花、铁树有过之无不及。即使一个人居住在竹林中，穷其一生也未必能见到竹子开花。

竹子的繁殖方式极为特殊，它可以依靠地下竹鞭发笋长成成竹，也可以在开花后结实落在地上，生成新竹。竹子结实后有的果实像稻米一样细小，有的果实同梨体积相似，因此竹子的果实也被称为"竹米"或"竹果"。

关于竹米的功效，《本草纲目》有记载称："竹米，通神明，轻身益气。"现代科学研究也证明竹米富含淀粉与各种微量元素，其中的氨基酸含量比竹笋更高，有清热解毒之功效，具有较高的食用价值与药用价值。而竹米的性状早在《太平广记》中就有描述："其子粗，颜色红，其味尤馨香。"一般竹子结实都是如稻米般大小，而梨竹的果实体积和梨相似，口感与浆果相比也不遑多让。

竹米与竹果虽美味可食，但数量有限，并且竹子为了结实，会将所有营养聚集于果实之上，整株竹子会因营养耗尽而迅速死亡。固定区域内的竹子通常为同一鞭系，所以一株竹子开花就意味着同一鞭系的竹子即将全部开花死亡，波及范围很广。

竹子在自然生态系统中扮演着重要的角色，起到调节局部气候、给部分动物供应食物的作用。大面积竹株的死亡会给部分以竹为食的动物造成不可小觑的威胁。20世纪80年代，中国大熊猫栖息地的竹子大量开花，据统计，被饿死的大熊猫有138只。可见，竹子开花结实给大熊猫种群带来了不小的打击。除此之外，竹米、竹果营养与口感俱佳，成熟落地后会吸引大批觅食者，甚至引发新的生物灾害。

古人不知竹子开花的科学原理，认为竹子开花预示着灾难的降临。

印度生长有一般结竹米的竹类，还有一种结竹果的特殊竹类——梨竹。梨竹开花结实后所得果实饱满多汁、形状似梨，和一般竹种开花后所得的竹米都是当地一些小动物的美餐。相传，从前印度没有家鸡，印度的野鸡几乎都生活在竹林中，因此，印度人民将它们称为竹鸡。后来，有的印度人民发现，竹子开花结实后会有颗粒物掉落地面，此时野鸡便疯狂啄食这种颗粒物。大量进食后的野鸡会进入一个快速繁衍期，迅速产卵孵化，竹林中的野鸡数量一度暴增。受到启发的印度人民，开始将野鸡带回家中驯养，用稻米促进其下蛋孵化，家鸡由此诞生。

1911年、1962年、2006年，印度东北部的竹子曾三次开花，每次开花都吸引了数量庞大的印度黑鼠群。竹子主要依靠无性生殖，从地下绵延的竹鞭上发出新笋或者发出新鞭。竹鞭单体最长有40多米，何况竹鞭上的节还在不断发出新鞭，并且竹子的花期长达50多年，经过多年繁殖，竹林可绵延千里。一旦到了花期，结实面积巨大，加之所结竹米与竹果营养丰富，会不断吸引周围的印度黑鼠前来觅食。满眼望去，竹林中黑浪起伏，全是前来啃食竹米或竹果的老鼠群。

老鼠是哺乳动物中发育迅速、生存能力很强的一种动物，除南极洲以外全球范围内都有分布。印度黑鼠的繁衍速度更是惊人，一般幼鼠长到几个月后就可以开始繁殖，一年可进行多次交配，每次产崽多达10只。这些印度黑鼠聚集在结实的竹林中，会进入暴饮暴食的状态，不分昼夜地进食竹子的果实。由于竹子开花食物充足，而各地的鼠群又集聚一处，再次刺激印度黑鼠大量繁衍。当竹米或竹果被这些数量庞大的鼠群啃食殆尽后，它们便开始打附近农作物的主意，会大批涌入当地农民的家中与农田内，糟蹋农作物、破坏家具。

成千上万的印度黑鼠入侵当地农民的粮仓，这种灾害几乎每半个世纪就发生一次，印度人民因此将结竹果的梨竹称为"死亡之竹"。

竹子开花结实还会吸引野猪。野猪和老鼠相似，也是集群行动的动物，会因为气候、食物、地区与人类经济活动等因素改变集群数量。竹子结实时，竹米的高营养价值也会吸引周围的野猪前来觅食。食物的集中与丰富使野猪迅速繁衍，逐渐形成庞大的种群。

野猪在吃完竹米后，也会流窜至附近村庄，糟蹋当地的农作物以及果树。并且，野猪的攻击能力比老鼠强很多，即便是训练有素的猎狗也不敢单独攻击一只成年野猪。所以，竹子结实后吸引来大批野猪，造成的损失也不容小觑。有科学家指出，由于竹子开花结实具有一定周期，野猪又有随食物迁移的习惯，久而久之，部分野猪已经进化出追逐开花竹子迁移的习性。

无论是生活在印度竹林中的野鸡，还是造成鼠患的印度黑鼠，或是循食而来的野猪，竹子结实都促进了它们种群的大量繁衍。但竹子结实对大熊猫种群的生存却造成相反的影响，大熊猫没有因竹子结实而增加数量，反而有可能因食物匮乏而饿死。针对不同的动物种群，竹子结实会带来不同的影响，但竹子结实是否会造成大熊猫种群的灭亡却是众说纷纭。

竹子结实能促进老鼠、野猪、野鸡等生物的繁衍，却会给大熊猫这样以竹为食的动物带来生存灾难。一旦竹子大面积开花枯萎，就意味着大熊猫的食物数量会锐减，它们将面临饥饿的威胁。20世纪80年代，竹子大面积开花，许多大熊猫被饿死，部分人认为竹子开花主宰了大熊猫种群的生死，但另一部分人认为竹子开花并不能主宰大熊猫种群的生死，大熊猫生存的最大威胁仍是不断向高山蔓延的人类活动。

第六章　离群独居的自由之路

独居的种群

作为高级动物的人无法脱离社会，需要采取群居的生活方式生活，而其他动物是选择独居还是选择群居进行自身种群的繁衍生息呢？

群居指成群聚居，与独居相对，表示三个以上的个体生活在一起的状态，具有一定的社会性，如利他性、协作性、依赖性，以及相对高级的自觉性。蚂蚁选择群居，蚂蚁社会中存在分工协作、觅食退敌的行为，体现了群居的力量。虎、豹却是独居，凭一己之力在自然法则中生存。在通常的认知中，食肉动物多为独居，而食草动物为了防备食肉动物的捕杀常常聚集生活。选择群居生活的食草类动物有角马、羚羊、大象等，灵长目动物有金丝猴、黑猩猩、长臂猿等，啮齿目动物有兔子、老鼠等，鸟类有海鸥、麻雀、企鹅等。与这些动物相反，喜欢独自生活居住的动物有老虎、豹子、熊等。

有能力保护自身，不需要依赖集体力量的个体会选择独居生活，而个体能力不足，只能凭借群居生活分得相应资源的动物个体会选择群居生活，但自然界中总是存在许多例外。

狼是现存犬科动物中体形较大的，具有发达的犬齿与裂齿，若是以个体自保与攻击能力为标准，狼也算猛兽的一种，但众所周知狼是群居生活。狼群由头狼统治，捕猎时挑选精壮的狼群体行动，集中攻击一个目标。狼是猛兽，却并非独行。

　　刺猬是一种以蚂蚁和蠕虫为食的小型哺乳动物，它们体长不过25厘米，成年刺猬的体重也不过5斤左右。澳大利亚境内有些刺猬品种甚至没有人的手掌大，被当地居民当成宠物饲养。刺猬的天敌众多，个体自卫能力也并不强，却性情孤僻，喜欢独居生活。为了保护自己，它们通常白天蜗居在巢穴内，黄昏时才出来觅食。

　　群居生活能为个体防备捕食者的猎杀提供强有力的保护。草原上生活的羚羊一旦有一只发现天敌的踪影，会迅速报警通知所有成员。为了保护群体中的弱势群体，成年羚羊甚至会围成一个圈，将幼年羚羊与老年羚羊圈在其中，将羊角对外充当武器，保持戒备。有时弱小的羚羊被追捕，强壮的羚羊甚至会牺牲自己引诱捕食者转移目标，保护弱小的成员。

　　群居的动物更容易获得生存资源，通过信息交换与联合狩猎，可以降低获得食物的成本。如狮群与狼群都是采取联合狩猎的方式，捕食比自身更大的动物，供养整个群体。而非洲草原群居的角马群则会通过信息交流了解草场的情况，利用这些信息迁移至新的采食地。

　　群居生活的动物繁衍速度也会更快，分工更明确。群居动物到了繁殖季节，能够更快地寻找到合适的伴侣并进行婚配。群体内诞生新生命后同样会有明确的分工，如狼群捕食时，会有一只狼留下照看幼崽；未带崽的雌性海象会与带崽的雌性海象结为同伴，共同照顾小海象直到它能够独立生活。

　　简言之，部分动物选择群居的生活方式并非由于个体过于弱小，而是集群智慧能使这一物种更快地获得生存资源、躲避捕食者的猎杀、进行有效的繁殖等。群居生活有如此多的好处，为什么还是有部分动物选择独居生活？

　　动物独居，原因之一可能是食物不足以供应区域内的动物群体，只能为个体提供足够的营养。北极熊是体形仅次于阿拉斯加棕熊的陆地食肉动物之一，进食量十分惊人，冬眠前为了储存能量会吃得更多。但海豹与鲸都在水下游动，极难捕捉，北极熊只有在它们换气的时候发动攻击才有可能获得食物。如果北极熊这类大型食肉动物选择群居狩猎，所得一只海豹或一只鲸根本不足以供应它们的能量消耗，整个群体几乎不会有吃饱的时候。北极熊只有独居生活，捕获的猎物单独享用才能满足自身营养需要。

独居动物中多是猫科动物，选择独居有一个原因是性情孤僻。猫科动物与犬科动物相比，喜欢以伏击的方式捕杀猎物，爱好独居。如狼、鬣狗作为犬科动物喜欢群体行动，而豹、老虎、猞猁等猫科动物除了带崽时期都是独居。

独居还是群居，是动物在漫长的进化之路中为生存而做出的选择。选择群居，是为了保护自身安全和获得食物、配偶这类生存资源。选择独居，可能是因为要保证个体食物的充足，没有来自同食性生物的力量压制，性情孤僻。动物生活方式的选择是自然资源无形分配的结果，各因素综合，成就了现在不同动物的生活方式。大熊猫，经过百万年时光的沉淀，成为闻名中外的独居动物。

动物的生活方式并非由个体自由选择而来。根据最适性理论①，动物的习性是在漫长的进化过程中受到环境、遗传、食物等多种因素影响的结果，是自然为动物的基因遗传选择出的最佳方式。哪一种生活方式对它们的基因遗传有利，它们就会选择哪一种生活方式。

大熊猫每胎生产两只幼崽，只选择抚育一只。它们的幼崽是典型的"早产儿"，大小和老鼠相似，质量仅及母体体重的1/900。雌性大熊猫抚育幼崽成长并非一件易事，成长期很漫长，需要母亲的庇护，直到一岁半以后，它们才能开始独立生活。大熊猫幼崽没有自我保护能力，容易被金猫、豹、豺等食肉性动物捕食。所以，雌性大熊猫照顾幼崽时总是寸步不离，即使是饮水、觅食也会将幼崽衔在口中带走。

---

① 最适性理论的基本出发点认为，自然选择总是倾向于使动物更有效地传递它们的基因，也最有效地从事各种活动。

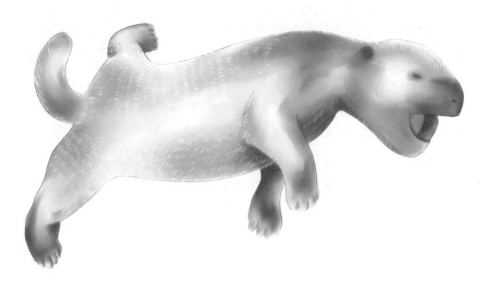

才出生的大熊猫幼崽体重在100克左右

　　雌性大熊猫照顾幼崽分身乏术，为何不采用海象那种群居的生活方式，带崽时期由其他未带崽的雌性大熊猫共同看顾一只幼崽？这是因为，大熊猫在数百万年的进化历程中，在群居与独居之间做出了抉择。

　　如果大熊猫的祖先曾经群居，它们是否也会像狮群一般集体狩猎，捕捉其他动物为食？但由于大熊猫如今仍具有很强的攻击能力，即使说它们的祖先像豹子一样独居生活，也说得通。大熊猫的祖先为了适应环境的变化而选择食竹。如果大熊猫的祖先是群居的，而它们在竞食链上又被更强大的食肉动物打败，长此以往，就会因食物匮乏而面临灭绝的危险。只有离群索居，获得的食物才能满足个体生存的需要。

　　根据现生大熊猫的生活习性，它们在亚成年期就离开母体独立生活，四处游荡，依靠铁杉、青杠树等树上的标记判断居住在此处大熊猫的年龄、雄雌以及数量。如果这片领域的大熊猫死去或迁移，亚成年大熊猫即在此安家落户。大熊猫无论雄雌都有自己的领地，雄性大熊猫的领地范围约7平方千米，而雌性大熊猫领地范围略小，约5平方千米。

通常有领地意识的动物并不会随季节或食物而迁移，而是长期生活在一个地方。群居生活而有强烈领地意识的动物多是食肉动物，如狮群在食物充足的地方建立的领地最小约20平方千米，而在食物稀少的地方建立的领地则大到400平方千米。大熊猫的领地最大仅7平方千米，它们的食量却与一般大型食肉动物相差无几，领地的狭窄决定大熊猫只能独居生活。一处领地往往只生活一只大熊猫。

自然界中，许多动物都会进化出与周围环境相似的保护色，大熊猫栖息之处绿意盎然，它们的皮毛却黑白分明、十分醒目，难道它们不需要保护自己吗？原来，大熊猫的黑白皮毛是一种天然的提示标志，当大熊猫在山林间穿梭时，遇到同类，未过分靠近就能进行避让，黑白皮毛是它们对外界发出的信号。并且，大熊猫不担心如此醒目的颜色会为自己招来天敌，因为它们有足够的防御能力与攻击能力。

大熊猫以竹子为主食，但仍然保持着曾经作为食肉动物的凶猛特性。它们拥有锋利的爪子和尖锐的牙齿，成年大熊猫的咬合力甚至仅次于北极熊。成年大熊猫没有天敌，只有大熊猫幼崽才会受到部分食肉动物的骚扰，群居生活能够保护个体安全的优势在大熊猫这里反而无关紧要。

大熊猫虽然也爱吃肉，但在野外的食谱几乎都被竹子占据，从植食的特性来看，大熊猫似乎更适合群居，但现实却恰恰相反，它们喜好独居，不愿跟随群体行动，崇尚自由。

大熊猫是独居的种群，它们零星地分布在中国西南山区，除了带崽时期与繁殖季节，都是独来独往。即使在繁殖季节，雄性大熊

成年大熊猫的身高和体重

猫与雌性大熊猫也不会共同生活。大熊猫种群实行多雄配多雌的婚配制度，繁殖时期雄性大熊猫会通过嗅味站的气味寻觅发情的雌性大熊猫，经过与其他雄性大熊猫的打斗争夺优先交配权，与雌性大熊猫交配完成后便会离开，寻找下一个发情的雌性大熊猫。

雌性大熊猫产下幼崽后也是独自照顾后代，雄性大熊猫并不提供任何帮助。如果大熊猫采取群居生活方式，即便雌性大熊猫能够和谐共处，雄性大熊猫也不能。因为雄性大熊猫在发情季节需要进行打斗争夺交配权，雌性大熊猫也并非只有一个交配对象，为了种族的繁衍，它们都会选择进行多次交配确保受孕。

在大熊猫的栖息地，漫山遍野生长的各种竹子是大熊猫的主要食物，为大熊猫的活动提供必需的营养，但竹子的营养成分有限，为了摄入足够的营养，大熊猫必须大量进食，同时减少自己的活动量。如果大熊猫是群居动物，即使漫山遍野都是竹子，以它们每日每只15千克的竹子进食量计算，一小片的竹子会被很快吃光，它们要不断地进行移动。更何况，大熊猫吃竹子并非不加选择，而是十分挑剔，太老的不吃，太细的不吃，面对竹笋与竹叶会优先选择竹笋，面对竹叶与竹茎又会优先选择竹茎。这样挑剔的大熊猫如果群居生活，在一片竹林停留的时间不会很长，就必须不断地移动觅食才能满足自身生存需要。如果移动消耗的能量大于摄入竹子转化的能量，反而不利于大熊猫的生存，得不偿失。

群居动物具有一定的社会性，存在相关的等级制度，不同等级有不同的分工。大熊猫活动十分简单，一天中有14个小时都在觅食，其余时间则呼呼大睡。日常活动如此简单，基本不需要群体分工也能完成。

大熊猫的学习阶段主要是跟随母亲生活的一年半，这段时间内它们会迅速地学习一切生活技能，确保自己离开母亲也能独立生存。因此，大熊猫在幼年与亚成年阶段，通过观察母亲与其他大熊猫的行为就能建立起完整、正常的行为体系，为未来繁殖时期与其他大熊猫的沟通打下基础，几乎不需要群体生活提供的教育环境。科研人员在野外调查时不止一次发现未成年大熊猫出现在发情、交配现场，据推测，这可能是大熊猫学习的方式之一。

大熊猫的祖先是群居还是独居，不得而知，但现生大熊猫是实在的独居种群。它们为了自身种群的发展在漫长的进化道路中选择了独居，独居之后为了种群的延续又发展出相适应的婚配制度，避免因独居产生的距离而阻碍繁衍。

自由之路

人类的生活环境与自然环境有别，钢筋水泥所铸的高楼大厦代替了灵秀挺拔的参天树木，平整笔直的道路代替了乱草丛生的兽径，这是对人类便利的生活环境，但对动物呢？

人类的生活环境中也生存着许多伴生动物，对人类或有害或有利。狗与猫都是驯化而来，狗变成忠诚的人类伙伴，猫是守护粮仓的卫士。人类社会中还生活着老鼠、蟑螂、麻雀、燕子等动物。更多的动物远离人类的生活环境，自由地生活在自然环境中，是真正的野生动物。城市中见到野生动物的概率很小，而大熊猫无论在哪儿，都是当地动物园的招牌，但曾经生活在野外的大熊猫是否适合生活在动物园的圈养环境中，是许多人争论的话题。

大熊猫的圈养历史大约分为三个阶段，第一阶段是以利益为导向圈养大熊猫，第二阶段是动物保护意识觉醒后以保护为目的圈养行动，第三阶段是以朱鹮的悲惨结局为借鉴发展出的野化放归。1983年，中国保护大熊猫研究中心（2015年更名为"中国大熊猫保护研究中心"）成立，研究中心的大熊猫一开始都是救助来的，后来便一直生活在研究中心。

成都市还于1987年建立了成都大熊猫繁育研究基地，旨在饲养、救治、繁育大熊猫。多年来，中国大熊猫保护研究中心与成都大熊猫繁育研究基地依靠最初救助而来和野外捕捉的大熊猫，繁育出了许多大熊猫，它们从小就生活在研究中心和繁育基地里。

最初由野外捕捉而来的大熊猫尚有野性，后来进行野化放归，也没有生存困难。但如果将出生在动物园、研究中心和繁育基地的大熊猫稍加训练便野放，并不是一个明智的选择。

大熊猫"祥祥"于2001年诞生于中国保护大熊猫研究中心，后来被选为野化培训对象。"祥祥"从小便与人相处，野性不足，研究人员决定先对"祥祥"进行野化培训，等到"祥祥"具有独立的野外生存能力时放归野外。起初"祥祥"的状态似乎不错，但是它并未像人们预想的那样，在野外生活下来，融入当地的野生大熊猫种群，而是在和野生大熊猫争夺领地和食物的打斗中伤重而亡。

这次失败使研究中心的野化放归工作停滞多年，重新总结经验制订了新的放归计划后，2015年，研究中心决定，让曾经生活在野外被救助到研究中心的"草草"带着孩子"淘淘"一同回归野外。这次实验成功了，"淘淘"成功地在野外生存，重回自然。

中国大熊猫保护研究中心和成都大熊猫繁育研究基地，都尝试过将圈养大熊猫野化培训后放归野外，这其中的每一次失败都令工作人员极为痛心。既然如此，为什么一定要对大熊猫进行野化放归？这是因为大熊猫是独居的种群，它们适合自由地生活在高山林海，而不是人为创造的生活环境。现在的大熊猫圈养环境设施再先进，员工知识再丰富，也无法弥补人工环境与自然环境之间的差距。

大熊猫繁育存在难以攻克的三大难题，分别是发情难、配种难和育幼难，但这些问题对野生大熊猫而言，并不是什么难事，反而是人工创造的环境阻碍了大熊猫的自然繁育。关于这一点，潘文石教授认为，动物园的大熊猫每日三餐都有人投喂，吃得又肥又胖，对交配没有兴趣是理所当然的。并且动物园帮助大熊猫繁育的做法是将雌性大熊猫麻醉，用比包办婚姻还严重的方式直接给雌性大熊猫输精液，这是违反大熊猫自然繁衍规律的。

大熊猫本应是一个自由的种群，但生活在人造环境中的大熊猫被剥夺了这项天然的权利。

食物方面，野生大熊猫对竹子的选择颇为挑剔，在大片竹丛中仅吃自己顺眼的一小部分，走走停停地觅食，渴了就寻觅溪流，困了就靠竹而睡。圈养大

熊猫由于远离野外，食物都是饲养人员定时投喂，投放的竹子也是根据季节从各地收集而来，大熊猫没有自由选择的空间。

行动方面，野生大熊猫无论雄雌都拥有自己的领地，可以在领地中自由活动，雄性大熊猫甚至时不时喜欢去邻居家"串门"，活动范围很广而不受约束。圈养大熊猫有自己固定的笼舍与活动场地，范围有限，行动距离远远不及野生大熊猫。

配种方面，野生大熊猫实行一种多配制度，雄性大熊猫之间必须经过打斗，由强壮的获胜者赢得与雌性大熊猫的交配权。圈养大熊猫没有自由选择配偶的权利，如果不发情，工作人员甚至采用电击取精的方式获得雄性大熊猫的精液，然后麻醉雌性大熊猫，将精液输入它的体内。这一现象目前部分地区已有所改善，采用"相亲"的方式，让圈养大熊猫选择婚配对象，但仍然不及野生大熊猫的繁育能力。

繁育方面，野生大熊猫能独立生活后会被母亲赶走，重新建立领地，避免近亲繁殖。圈养大熊猫发展至今，大部分大熊猫血缘关系接近，已经无法繁育出优良血统的后代，只能依靠捕捉野生大熊猫来稀释近亲血缘，但这一做法又与保护大熊猫的初衷背道而驰。

圈养大熊猫的初衷是争取壮大大熊猫的种群数量，将人工繁育的大熊猫放归野外，补充野生大熊猫的种群数量。虽然现在的大熊猫圈养已进入野化放归的阶段，但野化放归的方法以及各项跟进措施都尚不成熟，放归失败的案例居多。而且，不断有大熊猫幼崽在人为环境中出生，在人为环境中生活，即使长大后被选中送去野化培训，随后放归自然，但这样亲近人类，从小与同龄大熊猫一起玩耍的大熊猫，已经不同于独来独往的野生大熊猫，它融入野生种群的难度又增加了。

野化放归也有成功案例，其中的借鉴意义深厚，相信经过这些经验的总结，研究者能早日探索出一条更安全可靠的放归之路。大熊猫生性贪玩，喜欢四处闲逛，人类社会狭窄的一方天地并非它们的最佳选择，它们应当被放归野外，与野生大熊猫共同生活。现在的野化放归正是一个还大熊猫自由的良好开端，但属于大熊猫的自由之路还很漫长，等到哪天动物园再也没有年轻力壮的大熊猫时，这项工程才算真正完成。

从自由的山林来到人类世界，相信温饱并不是大熊猫的追求，拥有自由灵魂的它们，理应行走于云雾弥漫的高山，过无拘无束的隐士生活。正如潘文石教授在《熊猫虎子》中所说："大熊猫历经数百万年的演化而生存至今，并不是为了在动物园里取悦人类，动物园里的大熊猫不是真正快乐的大熊猫，大熊猫需要生活在自己的自由王国里，在那里经风雨，见世面，在那里自由觅食，寻求爱情，生儿育女，在野地里生，野地里死……"

自戴维科学发现大熊猫至今，人类与大熊猫的关系一直在不断变化，从最初的被猎杀，到后来的被捕捉，到现在的考虑野化放归，人类的观念不断进步。相信在不久的未来，人类终将还大熊猫一条自由之路。

第四篇

生命

密　　　码

第一章　竹与大熊猫

竹子闯进大熊猫的生活

　　大熊猫的祖先从食肉转为食竹已有上百万年的历史，竹子使大熊猫的身体做出了什么样的改变呢？竹子的纤维含量如此高，凭借肉食动物的肠胃是如何消化的呢？大熊猫或许已经从食肉动物转变成了食草动物，它的适应过程也一定更为漫长。

　　200多万年前的地球上，板块运动更加频繁，气候也出现了大幅度波动，物种开始在第四纪冰期中艰难求生，寒冷的天气使它们面临一次大洗牌。极端天气的出现改变了动物的饮食习惯和植物的生长方式。人类也是在这一时期加快了进化的步伐，开始在资源匮乏的恶劣环境中灵活运用各种工具，凭借群体智慧延续种族。

　　寒冬如期而至，那些无法适应环境、找不到食物的生物，就被这一次自然界的大洗牌淘汰了，大熊猫的祖先同样在寒冷的雪地中茫然行走，身体较为瘦弱的同伴显然无法抵御寒流，强壮的有皮下脂肪可以保暖，但食物又从何而来呢？

　　在欧洲中部的古地层中发现的葛氏郊熊猫化石表明，在冰期降临前的欧洲大陆上,大熊猫的近亲曾在此地生活、繁衍。但冰期降临后,它们不幸绝迹了,严寒的气候使它们没能经受住大自然的考验。或许,仍吃肉的葛氏郊熊猫在第四纪冰期中再也找不到充足的食物来供给生命所需的能量,就这样黯然退出了历史舞台。但是,在遥远的东方,现生大熊猫的祖先不断改变饮食结构,坚强地存活下来,书写出壮丽的生命诗篇。

和大熊猫祖先相伴走过一段光阴的剑齿虎,一度将版图扩张得极为广阔,在亚洲、欧洲、非洲、南美洲、北美洲都留下了它们存在过的证据。进入第四纪后,气候由温暖湿润转为寒冷干燥,曾经的密林被稀疏的草原渐渐替代,食草动物不断进行适应环境的进化,奔跑速度越来越快,体形逐渐变小,行动愈加灵活,剑齿虎这类以大型猎物为食的凶猛掠食者,就这样在冰河时代反复波动的气候中渐渐消亡。

从现在的化石来看,剑齿虎的上犬齿尖长巨大,同时造成了下犬齿的退化。但是,它们头部奇特的骨骼和强劲的肌肉,可以让它们张嘴时将头骨与下颌骨之间的角度超过九十度,让那对锋利的"剑齿"发挥作用。

剑齿虎不像其他猫科动物那样灵巧、轻盈,这是由它们的捕食对象决定的。那对尖长的牙齿是为了刺穿大型食草动物的皮肤而生。想想猛犸象那样为抵御寒冷而演化出厚厚毛发和坚韧皮肤的巨兽,我们就知道,这对长牙在捕猎时,是如何像利剑一般划破猎物的皮肤,刺穿肌肉,给猎物带来致命一击的。

在气候寒冷的冰期,大型食草动物数量众多,剑齿虎在这段时间生活得如鱼得水。但是,第四纪并不总处于寒冷之中,间冰期的存在使食草动物的数量和分布区域都有剧烈波动。这对剑齿虎来说并非幸事,受到领地争夺的限制,它们很难随着猎物迁徙,狼和鬣狗等竞食者的存在亦使它们获得充足食物的难度大大增加。

自然的法则从来都是"适者生存",不能适应猎物减少而改变饮食习惯的剑齿虎家族,退出了历史舞台。在巨大的环境变迁中,与剑齿虎拥有类似经历的物种还有很多,但大熊猫显然不在此列。在激烈的竞争环境中,大熊猫祖先对自身有着深刻认识。既然无法和其他肉食者竞争,吃素也是不错的选择。科

大熊猫季节活动图

南S

春 Spring　　夏 Summer　　秋 Autumn　　冬 Winter

资料来源：四川省地方志编纂委员会编《四川省志·大熊猫志》，方志出版社，2018年

研人员通过对大熊猫类化石的研究发现，作为始熊猫后辈的小种大熊猫，在很大程度上已完成了食性的特化，由食肉向食竹转变。

竹子这种生命力旺盛的植物，就这样闯进了大熊猫的生活，成为决定大熊猫种族延续的关键因素。与其他植物相比，竹类植物含有很高的纤维，是能抵御"饥饿"的食物，其结构的特殊让它们在竹节，尤其是竹笋和竹子的根部，储存更多的营养，含有丰富的蛋白质、氨基酸、脂肪和糖类。

因此，与第四纪冰期中的其他植物相比，竹子似乎是营养价值极高的食物。或许一开始，食竹对于大熊猫祖先来说，只是一种随机应变的应急措施，但它们吃竹子的时间太长了，体内的T1R1/T1R3基因发生了突变。这两种基因共同作用，使大熊猫在吃肉时感受到氨基酸的味道，也就是肉味。但是，当它们突变失活时，大熊猫在吃肉时不能感受到鲜味。根据研究，大熊猫T1R1基因的突变失活发生在420万年前，或许正是各种复杂的因素综合作用，大熊猫祖先最终一步步变成现在我们见到的样子。

在环境复杂多变的第四纪，大熊猫的祖先在饮食结构改变之后，身体结构也做出一系列的改变。气候寒冷，竹子提供的能量相对有限，它们采取多吃少动的策略来节省体力，同时逐渐增厚皮下脂肪来抵御严冬。因此，大熊猫"吃素"的时间如此之长，但还是没有瘦，也是"为生活所迫"了。

现生大熊猫几乎完全靠吃竹子生活，在漫长的岁月变迁中，大熊猫对什么地区的竹子最鲜美，什么季节吃竹子的什么部位，一清二楚。在大熊猫生活的山林中，它们经常食用的竹子分布在海拔跨度很大的地区，大熊猫会跟随季节和气候的变迁而"翻山越岭"，在山林中寻找最美味的竹子。

大熊猫会因季节改变生活环境，多是因为竹林的繁茂程度有所降低，它们会随着长势较好的竹林进行短距离搬迁。野生大熊猫对竹子的喜爱程度可想而知。在全国众多野生动物园以及大熊猫基地中，饲养员对每一只大熊猫都精心照顾。为了提高它们的生活质量，增强营养，为它们准备了营养餐。幼崽有香香的"盆盆奶"，成年大熊猫有杂粮、蛋糕，但是，它们有了新欢，也不舍旧爱，依旧无法抵抗竹子的"诱惑"。

由此看来，大熊猫的生活中不能没有竹子。从第一棵竹子闯进大熊猫祖先的生活，就注定了其与大熊猫之间密不可分的缘分。从最初的"不得已"，到如今的"爱竹如命"，大熊猫这样的森林独行侠，身边永远有多种多样的竹类相随。深居在山林中的大熊猫，不喜世间纷扰，不羡肉味，过着"宁可食无肉，不可居无竹"的生活，真的是山林中的隐士！

牙齿与竹子的对抗

清晨的山林雾气正浓，太阳光线透过树梢洒向地面的那一刻，一天才算真正开始。小雀最先叫醒树梢的晨露，几次振翅让水珠依次打碎在一片片竹叶上。竹尖上新嫩的竹叶还挂着露珠，清新的黄绿色储藏着一整天的生机。就这样，卧龙自然保护区睡醒了。

大熊猫也在这样的清晨醒来，从一望无际的竹林中醒来。在湿润的微风中，从一棵大树的枝丫上懒懒地翻个身，扭动着圆滚滚的屁股一点点地爬下来。这里无疑是大熊猫的天堂。

一只成年大熊猫靠在树下，不停地用爪子抓着耳朵，像是在给自己"梳头"。之后，它开始缓缓地在四周踱步，进入一片竹林，四处逡巡，像是在迟疑应该从哪根竹子下口。竹子本身就带有特殊的草木清香，当日光逐渐升温，山中的竹香也在这样温润的水雾中越发沁人心脾。

大熊猫就这样开启了一天悠闲而无忧无虑的生活。它确定了喜食竹子的位置，找了一个舒适的地方坐了下来。它不是直接大快朵颐，而是先背靠着竹根坐下，仔细地嗅了嗅竹子的香气。大熊猫高度近视，但嗅觉极其灵敏。它闻一闻，在竹子周围转了个圈，几个简单的动作后，就判断出这棵竹子嫩不嫩，味道好不好。

大熊猫对这片竹林很中意，以美食家的身份坐下来，开始享受美食。它将身体完全放松地靠着，然后偏偏头，向这根竹子的根部咬下去，再慢悠悠地把咬断的竹子拿在手里，咬成小节，将其中一节放在身子底下，然后津津有味地啃食竹子。坚韧的竹子在它的牙齿间竟变得酥脆，它用后齿咬下去，把竹子从中间劈开，在不断咀嚼之间，竹末像我们吃剩的甘蔗渣一样，掉落在它圆滚滚的肚皮上。

大多数竹子的生长速度极快，快速成林，而且高度惊人。竹子韧度极高，"曲而不折"。在四川，竹子可以用来做手工艺品，还是很好的建材。如此"坚韧"的竹子，其他动物都敬而远之，为什么大熊猫能大快朵颐，享其美味？那是因为，大熊猫拥有极其特殊的牙齿！

与食草动物相比，大熊猫的犬齿极为突出，在宽宽的头骨以及强有力的面颊肌的配合下，呈现出惊人的咬合力。难怪大熊猫被称为"食铁兽"。

大熊猫具有典型的肉食动物齿式，一共有40颗牙齿。上颌的中间是6颗门牙，旁边紧挨着2颗犬齿，其次是两边各3颗前臼齿，还有最后4颗臼齿，一共20颗。下颌与上颌的情况相似，唯一的差别是有两颗前臼齿变为臼齿。

这里还有一个用来表示动物齿式的公式，它是通过动物上颌骨和下颌骨的分区统计，以及从左右对称的中轴线向左或右计算的单边牙齿数。

$$\frac{门齿+犬齿+前臼齿+臼齿}{门齿+犬齿+前臼齿+臼齿}=\frac{齿数\times2}{齿数\times2}=牙齿总数$$

也就是说，用这样的公式来表示大熊猫的牙齿，就能得出如下的公式：

$$\frac{3+1+4+2}{3+1+3+3}=40$$

对于食肉动物来说，这样的齿式便于它们碾碎食物，比如咬碎其他动物的肌肉、切断气管等。比如，一只狼的牙齿有40～42颗，其齿式表达为：

$$\frac{3+1+4+2}{3+1+4+3}=42$$

一头成年狼的犬齿长度为4.5～6.3厘米，比其他牙齿长2～3厘米，而大熊猫的犬齿长度为4～5厘米，可见食肉动物发达的犬齿和有力的咬合肌是由其饮食结构决定的。

但大熊猫是以竹子为主食的动物，和传统的食草动物相比，它的臼齿数量继承了食草动物的牙齿特点，在臼齿的数量上十分相似。比如，一只野兔的齿式为：

$$\frac{2+0+3+3}{1+0+2+3}=28$$

大熊猫的臼齿很适合嚼碎和磨平食物。大熊猫的前臼齿不仅宽平，而且牙齿上有很多细小的齿尖，不平整的牙齿表面如同细小的齿轮，将坚硬的竹子磨碎，这样的牙齿特征和食肉动物有很大不同。如此看来，大熊猫的牙齿是结合了食肉动物和食草动物的牙齿特点，不仅有尖利的犬齿还有宽平的臼齿，这才能保证它能咬断坚硬的竹子，并且嚼碎下咽。那么它的牙齿结构会不会和人类的牙齿结构十分相似呢？

按照齿式计算，人类应该有32颗牙齿，但很多人最后一副臼齿并不能完全发育，那一副牙齿就包括我们所说的"智齿"。很多人只有28颗牙齿。人类的犬齿牙根很大，有锋利的牙尖，用来撕裂食物和塑造面部外形，臼齿和前臼齿也同样宽平有细小的齿尖。如此看来，大熊猫的牙齿和人类的牙齿特征十分相似。

犬齿可不仅仅被用来撕碎和切割食物，在塑造面颊形状上，也发挥着重要作用。大熊猫的脸颊圆鼓鼓的，看起来肉感十足，其中一对犬齿功不可没。此外，本就偏圆形的头骨加上发达的咀嚼肌更使大熊猫的头部显得浑圆可爱，这也注定它们凭借乖巧可爱的外形大受人类喜爱。

大多数熊类都拥有圆圆的头和脸蛋，但是和生活在北方的棕熊相比，大熊猫的嘴和鼻子有很大不同。棕熊的嘴和鼻子明显要更长更尖，更加线条化和具有立体感的鼻子和嘴部，使棕熊显得很"硬朗"，在庞大身躯的映衬下，圆圆的脑袋萌态全无，取而代之的是令人生畏的凶悍感。这不是棕熊的错，居住环境让它们体形变得更巨大，尖长的鼻子是为适应北部的冷空气而演化的。更长的鼻腔能够充分地温暖空气，使得吸入体内的空气不会因为太冷而造成肺部不适。同样，尖尖的鼻子意味着更窄小的鼻腔，吸入的冷空气也会更少。

为了适应逐渐特化的食性，大熊猫的牙齿结构变得越来越复杂。科研人员还发现了大熊猫牙齿具有的一种神奇功能——自我修复。根据研究，"大熊猫牙齿的矿物质像树木一样垂直紧密地排列，从而形成牙釉质的'坚固森林'，而有机质则填充在'矿物质树'之间微小的缝隙中，牙釉质的变形、损伤与自动恢复，微观上都是通过这种微小的缝隙实现"[1]。天然形成的有机质在水合条件下发生了一系列的转变，而大熊猫唾液中的水分子在这一过程中扮演了催化剂的角色，帮助牙齿实现自我修复。

在长期的进化中，大熊猫的牙齿逐渐适应了以竹子为主食的饮食习性，从大熊猫坚韧的牙齿上，我们能够窥探它们如何在气候恶劣的第四纪冰期中顽强生存、繁衍至今。

如何应对竹子纤维高

大熊猫拥有强有力的咬合肌以及为适应食竹而进化的牙齿，这使竹子在大熊猫的口腔中就开启了"消化"之路。在牙齿的咀嚼之下，坚硬的竹子已经被分为细小的竹段，反复咀嚼，这些小竹段就被切得更碎。

胡锦矗教授参加大熊猫保护事业多年，在研究、保护、繁殖大熊猫等领域

---

[1] 赵汉斌. 复杂牙齿结构助熊猫成生存竞争赢家［EB/OL］.［2019–11–11］. http://digitalpaper. stdaily.com/http_www.kjrb.com/kjrb/html/2019–11/11/content_434521.htm?div=–1.

取得了巨大的成果。在野外考察期间，为了统计大熊猫的数量，又不让人类影响到大熊猫的生活，胡锦矗教授开始思考如何在不捕捉大熊猫的情况下判断出大熊猫的年龄。

这个问题有些像曹冲称象。如何在没有合适工具的情况下，得知一头大象的重量呢？那么，如何在不打扰大熊猫生活的情况下，判断它们的年龄呢？曹冲将大象放在船上，通过测量使船下沉到同样位置的石块重量，来得知大象的体重。大象的重量可以被转换为同等石头的重量，那么大熊猫的"年龄"可以转换为什么呢？对于脊椎动物来说，"骨骼"是最好的判断其生命阶段的依据，但这同样要求捕捉到大熊猫才能进行测量。

那么，如何在不捕捉大熊猫的情况下，观察到大熊猫的骨骼呢？胡锦矗教授突然想到，还有一种特殊的骨骼可以测量——牙齿。是不是要到野外去寻找大熊猫脱落的牙齿呢？当然不是。胡锦矗教授发现，大熊猫在咀嚼竹子时，会用牙齿将竹竿切断，长年累月，牙齿的磨损就会在它们吞咽的竹段上体现出来，这样一来，大熊猫的年龄不就能判断了吗？于是，在野外考察中，胡锦矗教授开始对大熊猫的粪便进行研究，他发现不同大熊猫的粪便中竹段的长短不一样，而竹段的长度就是大熊猫牙齿间隙的宽度。

亚成年大熊猫经历换牙之后，新牙的使用率相对较低，这意味着此时的牙齿缝隙以及消耗程度都相对较小；到了老年时期，大熊猫不仅无法将竹子咬得更为细碎，而且牙齿的缺损也会体现在食入的竹段中。

那么，为什么通过大熊猫的粪便还能看见这些特征分明的小竹段呢？

这和大熊猫的消化特点有很大关系。当一根竹子被大熊猫用坚硬的牙齿分割成小竹段后，就顺着食道进入胃部，但它们的肠胃还保留着肉食动物的特征，所以对纤维含量很高的竹子利用率很低。

长期以来，研究人员对大熊猫体内的基因组成反复研究，没有发现大熊猫拥有能够编码纤维素和半纤维素等消化酶的基因。2010年，中国科学院动物研究所魏辅文院士领导的研究团队发现，野生大熊猫肠道菌群中的梭菌类物种，在很大程度上能够帮助大熊猫消化纤维素与半纤维素。在肠道菌群的帮助下，大熊猫无法完全消化竹子中的纤维素与半纤维素，但是约8%的纤维素和27%的半纤维素都能得到吸收。[1]

尽管如此，大熊猫对竹子的利用率仍十分低。大熊猫像一个大胃王，总是在不停地进食，只有这样，大熊猫才能获得足够的能量维持生命活动。大熊猫无法消化吃下的竹子"大餐"，所以排泄物十分特殊。

近年来，成都大熊猫繁育研究基地开展了一个志愿者项目，人们可以在周末参与为期一天的大熊猫饲养活动，可以近距离接触大熊猫。圈舍是日常喂养大熊猫的场所，外场是供大熊猫玩耍的游乐场，周围环境绿树成荫。志愿者要做的事，就是清理落叶和打扫大熊猫数量惊人的粪便。

一只成年大熊猫每天约吃30千克的竹子，粪便的数量也十分惊人。大熊猫因为无法完全消化竹子，粪便呈现的颜色是竹子的青绿色。坚硬的竹子如果进入肉食性动物的肠胃里，可能就会划伤它们的消化道，但大熊猫的消化道里有一层厚得像果冻一样的保护膜，即使尖而硬的竹子进入，也不会使大熊猫的消化道受伤。新鲜的熊猫粪便上有一层亮晶晶的薄膜，那就是因为蹭上了保护膜上分泌的黏液。

食肉动物如老虎、狮子等，主要吃肉，肉的蛋白质比较多，蛋白质消化后就会产生有臭味的气体。而食草动物像牛、马之类，食物里的植物纤维比较多，不好消化，它们的肠子一般比较长，食物会在里头停留很久，慢慢发酵，在这个发酵过程中，就会产生臭味。

大熊猫几乎不吃肉，食物里蛋白质含量很低，分解不出什么臭味。而它的消化道又很短，竹子在里面基本上没怎么发酵，也不会产生臭味。所以，大熊猫的粪便里主要是没怎么发酵过的竹子纤维，闻起来，有一种竹子的清香味，甚至有一节一节的竹子纤维。这种粪便甚至能做成纸，叫作"大熊猫纸"，闻起来也是有竹子清香的。

---

[1] 中国科学院网.动物所揭开大熊猫消化竹子纤维素和半纤维素之谜［EB/OL］.［2011-10-21］.http://www.cas.cn/ky/kyjz/201110/t20111021_3379744.shtml.

第二章　奇妙的繁殖方式

大熊猫的繁殖

大熊猫谈恋爱要看时间，一般在每年的3月至5月。雄性大熊猫的发情时间相对长一些，7天至1个月。雌性大熊猫显得羞涩一些，时间最长不超过一周，有些更害羞的只有一天。这样看来，"国宝"的恋爱真的需要天时地利人和。

在野外，大熊猫的性格更为活泼。在冰天雪地的冬季，雄性大熊猫就开始筹划来年的求偶活动了。它会先扩大活动范围，穿梭在植被茂密的丛林中。这样的闲逛看似悠闲，其实它是在寻找可以留下记号的大树。它走着走着，突然停在了一棵树边，它已经想好了，于是翘起了后腿，在树干稍高的位置留下了自己的气味。这就是求偶的第一步。对于独居的大熊猫来说，谈恋爱的第一步是发出信号，向周围的"姑娘"发出求偶的信号。

从这一点来看，大熊猫和人类谈恋爱的步骤有相似之处。通过信息传递，周围的大熊猫从自我的小世界中"走出来"，知道自己的周围都有哪些大熊猫。整片森林就像一个聊天室，这个冬天，雄性大熊猫就开启了定位信息，雌性大熊猫也查找到了附近的人。到了次年，春意渐浓的时候，大熊猫之间的"短信"一条接一条。在这样的阶段，除了气味的标记，暗送秋波和咩咩叫也是重要的交流方式。这些都是雄性大熊猫为了引起雌性大熊猫的注意而花的小心思。有的时候，"姑娘"会闻声赶来赴约。有的时候，"小伙子"独自享受春光。等到春意最浓的4月，"姑娘"终于有所触动。不知道是春深山林的美景使然，还是小伙子的"深情"打动了芳心。

"姑娘"的魅力总是更有吸引力。雌性大熊猫一旦发情，会吸引更多的雄性大熊猫。而此时的"小伙子"，就不得不为了爱情而战了。

但是，研究者发现，在圈养条件下，围墙之内长大的"姑娘"和"小伙子"，并不按"套路出牌"，在春意盎然的时候，并没有成双成对的眷侣。这急坏了大熊猫研究者，如果圈养的国宝无法做到正常"恋爱"，将给大熊猫保护事业带来巨大的难题。

如今大熊猫繁育技术方面已取得较大突破，但圈养大熊猫中有三分之一需要接受人类的帮助。圈养大熊猫为什么不能像野生大熊猫一样正常发情交配繁殖？

1963年早春4月，清晨，胡锦矗教授和助理开始观察两只一岁的大熊猫。它们一个叫"冰冰"（雌性），一个叫"都都"（雄性）。他们发现，在大熊猫一到三岁时，开始有了强烈的探索行为，开始从独乐乐，转变为渴望众乐乐。"冰冰"和"都都"从初相识到成为朋友的过程，就如同青春期的少男少女。

胡锦矗发现，这两只大熊猫的嬉戏方式，主要是身体接触，它们会抱抱对方的头，咬一咬对方的耳朵，甚至互相摔跤、压倒，在看似打架的日常中，结果会以一方示弱屈服而告终。有的时候，"都都"抱头发出嗯嗯的求饶声，而"冰冰"以取胜的姿态得意扬扬。这就如同在幼儿园的小孩儿，女孩子似乎比男孩子早熟，会在一些小打小闹中占上风。

这样的相处模式在成年大熊猫中同样存在，有学者认为，这是动物之间的一种游戏性格斗行为，是一种成年动物之间取胜型的相处模式。对于处在青春期的"冰冰"和"都都"来说，除了日常的嬉戏，它们还出现了青春期的懵懂。

胡锦矗发现，"都都"常常有趴在同伴背上的行为，这就是青春期男孩子的暧昧行为，用这样的方式讨好中意的姑娘。同时，在其他雄性大熊猫中也同样存在趴背的动作。野生雄性大熊猫在幼年时期和同伴嬉戏就会出现这样的动作，使它们在成年交配时的爬跨行为得到锻炼。

这说明了以"都都"和"冰冰"为代表的圈养大熊猫，幼年期同样具备青春期的懵懂，在日常活动中都会出现正常的行为分化，开始展现出第二性征的行为。这就意味着圈养大熊猫在生理上是完全具备生育条件的，并不是"性冷淡"。从嬉戏时的行为来看，在心理上它们已经具备异性之间的亲昵和关系的紧密。那么，身心健康的圈养大熊猫为什么到了成年期会"性冷淡"？

繁殖行为是动物的先天获得行为，圈养大熊猫在少年时期可以在玩耍嬉戏的基础上获得第二性征的萌发，但是，这锅生米还是没有煮成熟饭。在春季，胡锦矗观察到一些雄性大熊猫出现发情的状况。当时卧龙中国保护大熊猫研究中心的雄性熊猫"乐乐"出现过急速奔跑、翻筋斗等行为。研究人员在观察时，见到雌性熊猫也发情了，甚至对"乐乐"做出交配姿势，但"乐乐"没有及时回应，这次原本有希望的繁殖失败了。

这样看来，圈养大熊猫并不是真的没有情趣。它们在少年时期、成年时期出现了正常的情感反应。但是由于圈养条件下，大熊猫之间缺乏后天实践的机会。本该是正常、自然而且先天的行为，在进一步发育的过程中出现了延缓和停滞。所以"乐乐"发情的时候没有进一步找雌性交配。华盛顿动物园的大熊猫"兴兴"在成年时期也有同样的情况。这也是因为圈养大熊猫的性本能在成年时没有得到正向的发展。

成年时期的圈养大熊猫失去了在野外环境中竞争交配的机会，在群体环境的改变下，圈养大熊猫不能通过学习和模仿进行交配，这其实是本能发育上的脱节，是一种延缓和抑制。研究者还推测，中年时期的圈养大熊猫会因为减少个体活动，比如竞争交配等活动，出现早衰。因此，圈养大熊猫总是在情感萌芽和真正的发情之间徘徊，却始终没有逾越这条鸿沟，没能进入真正的

发情的大熊猫

发情期。

这样看来，大熊猫的数量稀少不是因为它们真的是"性冷淡"。排除了这一原因，胡锦矗和科研人员又愁上了心头。圈养大熊猫是因为性发育迟缓而导致交配不规律，而野生大熊猫发情规律，有更多的交配经验和竞争机会，为什么野生大熊猫的数量依旧不可观？

科研人员意识到不能仅仅分析客观原因，问题的症结还是出在大熊猫自身。成都大熊猫繁育研究基地开始对大熊猫的繁殖行为做进一步研究。从雄性大熊猫的精子活力，到雌性大熊猫的排卵、受孕等一系列过程中排查问题的症结。

中国保护大熊猫研究中心和成都大熊猫繁育研究基地共同努力，发现母体大熊猫的身体状况是其增长难以维持的重要因素。野外生存的大熊猫可以自然交配和发情，但雌性大熊猫的受孕率不高。对于野生大熊猫来说，生存环境相对复杂，幼崽的存活率也逐渐降低。这两个原因导致新生大熊猫数量不可观。

北京动物园从1955年开始饲养大熊猫，同样意识到圈养大熊猫的繁殖问题。经过反复讨论，决定对圈养大熊猫实行人工授精。1978年4月，北京动物园的科研人员开始为四只雌性大熊猫进行人工授精，只有一只圈养大熊猫成功受孕，它就是"涓涓"。经过130多天的妊娠期，"涓涓"成功产下两只大熊猫宝宝。其中一只幼崽顺利成活，出生时体重达125克；另一只幼崽在出生两天后不幸夭折。北京动物园的首次大胆尝试，是大熊猫保护事业上的一次壮举。

这次实验引起了业内的广泛关注，成都大熊猫繁育研究基地和卧龙研究中心尝试为成年的圈养大熊猫进行人工授精。但是20世纪80年代发生在大熊猫基地的事情，让繁殖研究雪上加霜。当时因抢救野外大熊猫，成都大熊猫感染出血性肠炎，先后有7只大熊猫因为该病死亡，这使当时成都大熊猫圈养种群险些全军覆没。熊猫数量的锐减，加上当时受到种种因素的限制，成都大熊猫繁育研究基地的精液来源几近枯竭。

在精源稀缺的情况下，成都研究人员还遇到了前所未有的难题。北京首次人工授精的"涓涓"没有出现流产的状况，受孕的概率非常高。但是，大熊猫基地在实验的过程中，最高的流产率达到过6胎。屡次失败让研究人员意识到，大熊猫的生育问题情况十分复杂，各个环节都需要深入的研究。

经过长时间的实验，研究人员总结出了大熊猫数量锐减、繁育困难的三点原因：发情难、配种受孕难、育幼成活难。野生熊猫存在的繁殖问题，圈养大熊猫同样存在。圈养大熊猫没有野外生存的经验，更不用说交配和繁育后代的经验。它们因为环境的改变而出现受孕率降低，对如何养育幼崽一窍不通，迟迟无法成为合格的父母。

"性教育"与自由恋爱

发情难、配种受孕难、育幼成活难，三个难题牵制了大熊猫保护事业中的其他工作的开展，尤其是在迁地保护和种群扩展方面。据资料显示，1980年至1990年，全国圈养大熊猫种群数量从97只增加到104只，只有7只的净增长数量，使圈养大熊猫种群难以维持自我繁殖。1991年，"三难"科技攻关的研究项目正式成立。卧龙中国大熊猫研究中心和成都大熊猫基地两个单位互帮互助，成了特别研究中心，于2002年完成了这一课题的研究，成功解决了大熊猫的繁殖问题。

一切问题的源头是圈养大熊猫发情难，解决这一问题，成为卧龙中国大熊猫研究中心和成都大熊猫基地的首要任务。卧龙中国保护大熊猫研究中心主任张和民及下属13名科研人员深入分析了圈养大熊猫发情困难的原因，认定环境因素的改变导致圈养大熊猫生理上及习性上的改变，饮食结构的变化导致圈养大熊猫缺乏营养。

20世纪的圈养方法都是按照人们的"美好的愿望"以及圈养其他动物的经验上得来的，这样的方法基于人类一日三餐的习惯，而忽略了大熊猫之间的活动交流。野外大熊猫有较长的进食时间，有丰富的活动。张和民发现，圈养大熊猫随着人类的饮食习惯接受一日三餐，造成了营养不良的现象。缺乏营养的大熊猫连健康都几乎难以保证，如何能产生有活力的精子？

张和民和科研人员根据大熊猫的消化特征，成功为大熊猫研制出营养餐。这种营养餐根据时令改变配餐，其中包含特别研制的高纤维窝窝头和饼干，由竹粉做主料制作而成。竹粉是利用大熊猫采食剩下的竹子碾碎制成的。这样的做法，能增加大熊猫饮食中的高纤维，促进大熊猫的肠胃蠕动，保证其消化系统的健康，实现对有限的竹子资源的再利用。

研究人员摸清了大熊猫的食量，平均一只成年大熊猫每天要吃15~20千克的竹笋，才能维持每天所需的能量。[①]研究人员认为，不能仅仅让大熊猫多吃、吃饱，营养的均衡也十分重要。除了特制的饼干和窝窝头，大熊猫的食谱中有蜂蜜、鸡蛋、鱼、山药、灌木叶、橙子或香蕉以及特制的食物。同时，在喂养方式上采取少食多餐制，从原来的一天三顿变成一天八顿饭，对于食物的选择也是先粗后精，以及全天管理的饲养方式。

同时，卧龙中国保护大熊猫研究中心还和国际组织合作，在国内首次采取环境富集技术。大熊猫的圈养环境堪忧，用水泥筑就的圈舍狭窄，只有几十平方米甚至只有几平方米，没有充足的阳光和大片的山林。所以有的圈养大熊猫行动呆板，终日昏昏欲睡；有的烦躁不安，不停地转圈。张和民和研究者认为，大熊猫在长期的"囚禁"中失去了野性，没有自然的竞争，一代不如一代。整个研究中心立刻开始实施大熊猫生活环境的改造，首先是扩大居住面积，同时美化居住环境。

张和民认为，要治好圈养大熊猫的"性冷淡"，除了提高圈养大熊猫的体质和生活环境，还要对处在发情期的大熊猫做出正确的诱导，确保其完成正常发情。在一段时间的人工诱导中，科研人员对雌性大熊猫进行发情诱导，使中心90%的育龄雌性大熊猫正常发情，使80%性成熟的雄性大熊猫能够自然交配。[②]20世纪90年代，科研人员运用嗅、视、听觉诱导和"观摩学习"等方法，

---

① 何全.中国地理杂志：做一只真正的熊猫［J］.博物，2016（3）：60—63.

② 张和民，李德生.重振雄风——卧龙圈养大熊猫的"性教育"［J］.野生动物，2006（2）：26—28.

先后培育了5只具有良好自然交配能力的雄性大熊猫——"全全""盼盼""新兴""大地""希梦"。[①]

科研人员将"性教育"分为短期培训和长期培训。首先，针对当下青年期大熊猫和成年期大熊猫采用激素诱导的方式，在其发情期配以相应激素的催情，确保发情期的时间和质量。其次，这些青年期大熊猫和成年期大熊猫大多是两岁时从野外救回研究中心的，几乎没有任何交配经验，"性教育"对它们而言也是至关重要的一课。

研究人员决定更真实地还原大熊猫的野外生活情况。先用激素诱导部分处在发情期的大熊猫实现交配，让待发情以及未发情的大熊猫在旁现场围观，结果是可喜的。这是成年大熊猫"性教育"的第一课——"看"。第二课是"嗅"与"听"，让雄性大熊猫进一步了解雌性大熊猫，开始自由选择"意中人"。在雌性大熊猫发情之时，将雌性大熊猫的屋舍和雄性大熊猫对调，让雄性大熊猫在雌性大熊猫生活过的圈舍嗅闻异性的排泄物，熟悉雌性大熊猫在发情期的体味，同时播放雌性大熊猫发情求偶的叫声。渐渐地，雄性大熊猫在情真意切的环境之中被打动。一旦它们开了窍，明白了传宗接代的"责任"，就将雌、雄放在相邻的圈舍。接下来几天的接触，是一段自由恋爱的过程，两只大熊猫如果情投意合，会隔着栏杆彼此嗅闻，各自不断地在栏杆上蹭，用体味向对方传递信息和愿望。这样的"性教育"和自由恋爱方式，解了大熊猫基地和卧龙中国保护大熊猫研究中心大熊猫繁殖问题的燃眉之急。

雄性大熊猫"盼盼"的事例，最能说明圈养大熊猫也可以具有强盛的繁殖力。"盼盼"是在1990年于宝兴野外被救助的大熊猫。接受短期的"性教育"后，"盼盼"于次年与"冬冬"交配，产下一对双胞胎。之后两年，"盼盼"又相继与"冬冬"产下两胎雄性，分别叫"大地"和"希梦"。1994年和1995年，"盼盼"与"佳佳"产下"迪迪"和"琳琳"。1998年以后，"大地"和"希梦"也

---

① 张和民，王鹏彦.大熊猫繁殖研究［M］.北京：中国林业出版社，2003.

成了能够自然交配的大熊猫。由此可见，圈养大熊猫接受"性教育"的逐步引导后，可以完成自由恋爱的自然交配过程。

身强体健是提高生育能力的关键。研究人员开始逐步提高大熊猫幼崽的身体素质，进行提高性能力的相关锻炼。2000年开始，卧龙中国保护大熊猫研究中心建立"幼儿园"，为可爱的幼年大熊猫提供秋千、滑梯、树架等娱乐设施，让圈养大熊猫接近自然，在半野生的状态下生活，有等多的活动量，提高自身的体质。同样，在"幼儿园"中，饲养员会逗那些馋嘴的大熊猫宝宝吃饼干，来促使它们用后肢站立，还原雄性大熊猫的交配姿态。

在圈养条件下，自然交配是提高大熊猫繁殖力的一个重要方法，因此，恋爱自由和婚姻自由是十分重要的。在这样的状态下，繁殖的成功率也会大大提高。

交配对雄性大熊猫而言是一个极其消耗体能的过程，为了弥补生理缺陷，它们必须具有安抚雌性的魅力和保证交配成功的技巧。对于那些不能通过"性教育"获得启迪的雌性大熊猫，研究中心采用人工授精的方法，人为地留下它们的遗传因子。这是为了尊重大熊猫的野外生存的习性，进一步改进现有的圈养方式，使大熊猫的群体行为得到有效的表达，继而逐步提高圈养大熊猫的繁殖力，以便在条件成熟时将圈养大熊猫放归自然。

人工授精和自然基因库的建立

20世纪末，科研人员积极投身大熊猫保护事业，通过对大熊猫的一系列训练和"性教育"，摸索出了一条幼崽到成熟大熊猫的培育之路。2002年，可以本能交配的雄性大熊猫已经有4只。四川卧龙中国大熊猫繁育中心通过自然交配和人工授精相结合，解决了大熊猫的繁殖问题，还有效地建立了大熊猫基因库，使大熊猫种群向生物多样化趋势又迈进了一步。

在20世纪的大熊猫救助行动中，通过"性教育"训练大熊猫自然交配，并非短期见效的方法，但"配种受孕难"的问题迫在眉睫。科研人员选择对成年的大熊猫进行人工授精。

1978年4月，"涓涓"在北京动物园受孕成功。它是同批次雌性熊猫中唯一受孕的，同样也是第一个人工授精怀孕的大熊猫。这个消息迅速从北京动物园传到了全国从事大熊猫保护事业人的耳中。在一片欣喜声中，大家怀着期盼的心为这只熊猫妈妈日夜祈祷。终于，在同年9月8日18时左右，"涓涓"在北京市动物园十三陵饲养场的兽舍中顺利产崽。虚弱的"涓涓"依靠在墙壁上，时不时睁开眼睛注视着臂弯中的新生儿。它是如此娇小，粉嫩的皮肤皱巴巴地贴在身上。当时只有一位北京动物园的饲养专员是这一刻的见证者，看到这一幕的他，迫不及待地要和同事分享这个喜悦。这个在黄昏时刻降临的小生命，送太阳西沉，成为那晚挂在天幕的第一颗星辰，工作人员为它起名为"元晶"。

国内外大熊猫保护组织纷纷尝试人工授精。自1978年"元晶"出世，到20世纪末，国内外有12个动物园和1个自然保护区人工繁殖大熊猫106胎（国内92胎，国外14胎）[①]。21世纪到来，研究人员发现，为圈养大熊猫人工授精，依旧无法保证大熊猫的多样性。精源逐渐稀缺，人工授精的大熊猫血缘越来越近，流产率大大提升，幼崽的存活率又不断降低。

国内外研究者意识到，大熊猫的活体数量稀少，不利于后代的繁殖和基因的多样性，多年之后大熊猫之间就要出现近亲结婚的现象。这意味着大熊猫后代质量会受到影响，在遗传学上意味着大熊猫的基因多样性受到极大影响。很多的遗传病症会反复出现在后代之中。

2002年，成都大熊猫基地认为成立"大熊猫基因库"刻不容缓。经过批准后，成都大熊猫基地和美国斯密桑林国家动物园保护研究中心、美国国立癌症研究所以及英国彻斯特动物园合作研究"大熊猫基因库建立"的项目，并在2004年完成。如此一来，不仅可以将每个大熊猫个体所包含的基因永久

---

① 张和民，王鹏彦.大熊猫繁殖研究［M］.北京：中国林业出版社，2003.

保存，还能够成立大熊猫精子库、细胞库以及一系列的遗传分析研究组。这样从大熊猫的生命体本身去研究其生存问题，为进一步将大熊猫放归野化做准备。

成都大熊猫基地联合了全国圈养大熊猫的动物园和各自然保护区。各地科研人员紧锣密鼓地对大熊猫展开一系列检查。先检查大熊猫个体的健康，同时对人工授精的大熊猫和生病的大熊猫做皮肤采集，甚至血样采集。并且利用意外死亡的大熊猫采集口腔皮肤、雌性大熊猫卵巢以及雄性大熊猫睾丸等生物材料。最关键的是收集大熊猫的精液。

大熊猫的采精主要靠电击刺激其前列腺来完成。科研人员表示，采精的时间并不分布在全年，像秋冬季，有部分雄性大熊猫不会分泌精液。工作人员会在春季，在大熊猫发情期进行1~2次采精活动。工作人员通常将一根电击棒插入雄性大熊猫的直肠，通过刺激其前列腺释放精液。这是经过多次尝试，对采精率和安全性进行综合考量后制订的方案。

从1963年开始，科研人员逐步研究大熊猫精子储存的有效方法。起初，人工授精遇到很多阻碍，客观因素中，精源储备问题是亟须解决的，保证精子活性是主要的难题。20世纪，各个动物园尝试的大熊猫人工授精实验大多都无疾而终，人工导入的精子活性不高，导致无法完成着床甚至流产。

1978年，北京首例鲜精源授精成功。1980年，大熊猫基地采用冷冻精源授精成功。科研人员借鉴牛精子的冷冻技术，研制出第一代大熊猫精子冷冻技术。但是，在具体应用时，科研人员发现，靠颗粒冷冻后的大熊猫精子活性很低。人工授精的步骤节省了"小蝌蚪"游向卵细胞的时间和精力，但"小蝌蚪"自身积极性不高甚至不完整，导致人工授孕的大熊猫怀孕概率低。根据后期的研究数据统计，早期冷冻技术下的精子平均活力为35%，而精子的整体完整度也较低。而且第一代冷冻精子运动状态不佳，几乎没有直线运动，没有办法和卵细胞成功结合。

后来，经过"大熊猫基因库"项目组员侯蓉和同事的不断努力，通过改变冷冻方式、冷却液体的实验，终于找到适合大熊猫精子储存的冷冻技术——细

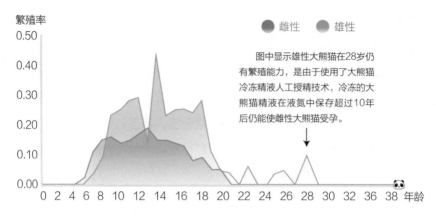

圈养大熊猫的繁殖率

繁殖率

● 雌性　　● 雄性

图中显示雄性大熊猫在28岁仍有繁殖能力，是由于使用了大熊猫冷冻精液人工授精技术，冷冻的大熊猫精液在液氮中保存超过10年后仍能使雌性大熊猫受孕。

资料来源：赵学敏编《大熊猫——人类共有的自然遗产》，中国林业出版社，2006年

管冷冻技术。[1]科研人员将电刺激法收集到的大熊猫精液，加入稀释液后，在4℃的状态下冷藏4个小时后，将精液分装在细小的试管中，做好密封工作。再将小试管做进一步冷冻。在需要使用的时候，将小试管放在37℃的水中，水浴加热45秒后稀释使用。

在具体应用时，侯蓉发现，细管法比颗粒法更能保存熊猫精子的活力和完整度，极大地提高了精液的质量。在细管冷冻法确立后，有效地调节冷冻方式、温度以及保护剂的种类，最终确定大熊猫精子的最佳保存方法，从而建立大熊猫精子库。在此基础上，再从活体熊猫中采精，也能从刚死亡的大熊猫生殖器中分离精液，进行冷冻保存。这样的技术同时运用到了大熊猫卵子库、胚胎库以及细胞库的建立中。科研人员研究出的细管冷冻法，成为大熊猫基因库顺利建成的重要保证。

在建立大熊猫基因库的项目中，科研人员和美国斯密桑林国家动物园繁殖学家深度合作，提高了大熊猫的繁殖水平，使圈养大熊猫的产崽率从之前的44%提高到项目建立后的63.8%，有效地促进了大熊猫种群数量的增加。[2]人工

---

[1]　张和民，王鹏彦.大熊猫繁殖研究［M］.北京：中国林业出版社，2003.

[2]　张和民，王鹏彦.大熊猫繁殖研究［M］.北京：中国林业出版社，2003.

授精的成功率提高，也意味着圈养大熊猫基因之间加强了交流，走向基因多样化的道路。同时，科研人员可以深入研究大熊猫的遗传因素，为将来的基因重组、疾病的防治都起到至关重要的作用。

但是，现阶段对人工授精技术广泛运用存在争议。2019年4月，苏州动物园一只90岁的斑鳖在人工授精后去世了。这种动物在全球只剩3只。分析它的死因的同时，我们是否应该反思"人工授精"到底适不适合广泛运用？大熊猫受精后也时常出现流产的现象，一味追求繁殖数量，会使大熊猫频繁流产，身体受损。动物保护不应该是科研成果，不应该是可以量化的事情，而应该是人和自然的和解，是人和自然全新的相处方式。

大熊猫的"独行侠"式育儿

大熊猫是不折不扣的"独行侠"。野外生活的大熊猫，都是独来独往，即使在生育幼崽后，大熊猫爸爸也不承担养育的责任，这是这个种群进化百万年得到的最优生存方案。大熊猫这样"独行侠"式的育儿行得通吗？

在群居动物中，繁衍是形成群体的重要因素之一，都是以家庭或家族为单位生活在大自然中，比如狮群和"家庭观念"很强的企鹅。父母共同育幼，可以提高幼崽的生存质量，但是大熊猫在进化中选择了独居。对于圈养大熊猫来说，如何让这些准爸爸、准妈妈养育儿女，是迎面而来的又一道难关。

1963年9月，北京的早晚有了秋天的凉爽，可是，北京动物园一间狭小的大熊猫兽舍中的饲养员们却大汗淋漓，目不转睛地看着舍内的状况。此时，一只雌性大熊猫正在分娩。它一只前爪按在地上，身体倚靠在墙上，呈半蹲动作。工作人员看着它的肚子一鼓一鼓地在使劲儿，心里也在暗暗加油。

终于，大熊猫妈妈顺利产下一对双胞胎。就在大家欢呼庆祝的时候，让人意想不到的事情发生了。这只大熊猫妈妈在极度虚弱的状态之下，将其中一只幼崽直接压死了，另一只也被压伤了。饲养员迅速展开救援，但来不及了。另一只幼崽仅存活了几小时，就因压伤而身亡。起初，研究人员认为这只是偶然现象，但是数年之后，这样的情况频频发生，他们意识到，这是大熊猫妈妈本能的反应：弃崽。

这一发现是研究大熊猫繁殖行为重要的一步。大熊猫雌性的产崽数就相对较少，无论是野生大熊猫还是圈养大熊猫，普遍的繁殖规律都是一胎产一崽或两崽。人工授精的大熊猫中，一胎产两崽的情况非常多。到目前为止，只有1975年上海动物园一只大熊猫妈妈一胎产三崽的情况。

大熊猫的产崽率相对于其他哺乳动物来说是较低的，幼崽的存活率也不乐观。张和民想找出原因。他认为，可能是圈养大熊猫在分娩时受到人类的影响，因惊吓而延长了生产过程，使幼崽在产道中窒息而亡。1980年，北京动物园就发生过这样的悲剧。当时大熊猫"岱岱"羊水已破，准备分娩，但研究人员没有意识到人类的行为对其分娩是一种干扰，致使它在破羊水后38小时才产出幼崽，此时大熊猫宝宝已经死亡。

而另一种可能是这些初为熊母的大熊猫妈妈不谙养育之道，在哺育幼崽的时候，因为不小心而失去自己的孩子。但是，野外生存的大熊猫在产下双胞胎时，会精心哺育其中的一只。圈养大熊猫却时常发生弃崽的行为，当然，有些大熊猫妈妈不舍得抛弃幼崽，但在之后的哺育中也十分艰难。有时两只幼崽会让大熊猫妈妈手忙脚乱，使它在疲惫慌乱中顾此失彼，误伤了幼崽。而野生大熊猫在育幼能力上，稍强于圈养大熊猫，但在保护幼崽和防御天敌的方面也缺乏经验，所以大熊猫宝宝时常被猛兽叼走。因此，圈养大熊猫和野生大熊猫的幼崽存活率是相似的。

幼崽的存活率极大地影响了大熊猫的繁衍速度，研究人员在解决大熊猫繁育"三难"的问题中，终于走到最后一关，开始冲击"幼崽成活难"的问题。张和民说，我们既然可以让它们（大熊猫）出生，也可以让它们长大。于是，大熊猫的人工培育课题在1991年正式展开。

在大熊猫基地正式研究之前，国外的马德里动物园以及墨西哥动物园都尝试过人工哺育大熊猫。20世纪80年代，对国外的研究有详尽的报道。这两家动

物园先后人工哺育过3只未吃过母乳的大熊猫幼崽，其中存活时间最长的仅为3天，因感染导致并发症死去。

1980年，北京动物园展开人工哺育课题，到1991年，11年间只有一例成活的大熊猫幼崽。那是1986年出生在卧龙中国保护大熊猫研究中心的一只雌性大熊猫。这件事情是大熊猫保护事业的里程碑，消息瞬间传遍全球。世界自然生物基金会主席英国菲利普亲王亲自为它取名为"蓝天"。

张和民及其他科研人员在摸索中找到了希望，在次年计划人工培育一只被弃的熊猫幼崽，它就是"绿地"。1991年9月7日下午，卧龙保护区的"冬冬"开始分娩了。这是"冬冬"第一次做妈妈，张和民不知它能不能顺利完成生产。大家通过视频监控看到一只粉色的小生灵从产道口挤出来时，热烈地鼓起了掌。"冬冬"将它的宝贝紧紧地抱在怀里，开始舔舐它粉色的皮肤。没过多久，"冬冬"产下第二只幼崽，它就是之后的"绿地"。

大家以为"冬冬"依旧会舐犊情深，但结果出人意料。此时"冬冬"已经筋疲力尽，没有力气再去抱第二只幼崽。它直接转过身去，不理会这只刚出生的幼崽。"绿地"只好在妈妈的周围爬着，叫着。但是，"冬冬"转过身去，不予理睬，甚至几次试图用身体压在"绿地"的身上。张和民立刻判断出"冬冬"要弃崽，立刻开始实施营救。

　　经过仔细检查，工作人员发现"绿地"没有受伤。在人工饲养期间，"绿地"的身体状况一直没有由"冬冬"亲自照顾的幼崽好。140天之后，"绿地"因误吸离世。在研究人员看来，这是一个人工饲养和母兽自我饲养的对比。在人们看来，母兽的照顾粗枝大叶，是造成幼崽存活率低的主要原因。但是，在研究人员精心照顾下的大熊猫幼崽，还是在短短4个月后就死亡了。可见，熊猫"独行侠"式的育儿方式未必就是不好的。

第三章　细菌带来的威胁

大熊猫常见疾病

　　大熊猫是野外"独行侠"，但也有脆弱的一面，也会有生病的时候。和其他野生动物相比，野生大熊猫的免疫力不算好，这也是野生大熊猫平均寿命较低的原因。对熊类的疾病防治，中国动物医学界有一定的经验，科研人员分析大熊猫疾病时，也采用了相同的思路，令研究人员意外的是，野生大熊猫感染率极高的疾病是寄生虫病。

　　大熊猫对居住环境的要求苛刻，为什么体内还会染上这么多的寄生虫呢？这与它们的生活方式有很大关系。大熊猫食量巨大，对竹子的消化同样是迅速的。也就是说，大熊猫经常出现边进食边排泄的情况。在饮食和水源周围的排泄，会对再次摄入有所影响，尤其是蛔虫病的感染。

　　粪便排出造成了环境的污染，寄生虫的受精卵经过发育，就可以通过风、空气和其他动物广泛传播，从而污染更大面积的水源和竹林。只要大熊猫再次进食，就会被感染。也就是说，这种"病从口入"的感染方式，造成野外大熊猫感染寄生虫病的概率是100%。[①]

---

① 胡罕，张旭，裴俊峰，苏丽娜，张洪峰，刘艳，吴晓民.野外大熊猫肠道寄生虫形态及感染情况调查［J］.经济动物学报，2018，22（2）：106—111+124.

蛔虫病在人类的生活中也十分常见，经过有效防治能够将危害降低，野生大熊猫却不是这样，其感染率是100%，死亡率会达到66.67%，有三分之二的大熊猫会因感染蛔虫而丧命。[①] 在一次野外救助时，研究人员发现了一只死亡的大熊猫，在它的体内发现了2304条蛔虫，充满了它的整个肠胃。[②]

除了肠胃的蛔虫，还有寄生在体外的蜱虫。这是一种吸血性寄生虫。这也是一种人畜皆可传播的疾病，在大熊猫身上的发病率是100%。一旦染上这种疾病，严重时可见数百只蜱虫在大熊猫毛发稀疏柔软的地方吸食它的血液。

还有一种寄生虫是大熊猫蠕形螨，这是大熊猫独有的寄生虫，只寄生在大熊猫的身上。主要发生在大熊猫的幼年时期，一经感染，就会产生较为严重的病变，而且很难根除。

在野生大熊猫中，发病率排在第一位的是寄生虫疾病，消化道疾病排在第二位，呼吸道疾病排在第三位。圈养大熊猫并非如此。圈养环境清洁和消毒情况良好，因此，圈养大熊猫的皮肤、营养代谢类疾病排在第四位，反而是消化道疾病排在第一，呼吸疾病排在第二，传染病排在第三。

在20世纪，卧龙等大熊猫保护机构为圈养大熊猫做了病例集，对不同疾病的易发病年龄段做了划分。根据他们的研究结果，幼年大熊猫由于抵抗力差，没有得到野外生存的锻炼，在抵抗病毒上能力较弱，更容易患脑炎；少年大熊猫则容易出现营养不良，这甚至会影响它成年之后的身体状况，之前营养不良，意味着胃肠道会出现吸收不好、胃肠道能力较弱的潜在威胁，在青壮年时期就会出现肠道阻塞等消化问题。圈养大熊猫往往寿命更长，但老年大熊猫会出现更多疾病，例如消化、进食问题，以及容易出现神经类疾病如癫痫、肿瘤。

大熊猫之间也会出现众多传染性疾病。成都大熊猫基地出现过一次传染性的急性便血肠炎，这使当时大熊猫基地的大熊猫数量锐减。研究发现，这属于大熊猫的细菌性传染病。科研人员将其传染病分为三种：病毒性传染病、细菌性传染病以及其他病原类传染病。

---

① 同上。

② 中国野生动物保护协会编.大熊猫疾病治疗学术论文选集［M］.北京：中国林业出版社，1987.

在传染病的防治中，疫苗是很好的措施。20世纪80年代末，四川省研究员邬捷通过对16只野生动物进行研究，发现多数野生动物都会自然感染乙脑炎，这为研制疫苗做出了贡献。

常见的呼吸疾病如感冒、肺炎，也是大熊猫经常出现的疾病，雌性大熊猫还会出现阴道炎、宫颈炎等妇科病。人类吃五谷杂粮，难免会生病。大熊猫吃竹子，也会出现这样的病症。近几年的大熊猫疾病中，肿瘤和癌症也逐渐增多，几乎涉及所有组织和器官，如淋巴肉瘤、脂肪瘤、肝癌、皮肤癌等。这些难治之病症也是大熊猫的疑难杂症。

从20世纪开始，科研人员一边在野外拯救大熊猫，一边建立大熊猫的病理研究机构。成都军区总医院就成立了研究小组，与成都动物园、四川大学合作，对大熊猫病理生理和临床救治进行了全面深入的研究。

大熊猫幼崽免疫力低

圈养的大熊猫大多没有生育经验，在哺育幼崽时会显得马虎大意，大多数动物园的饲养员都会参与辅助人工育幼。这就意味着，部分的大熊猫宝宝会出现非母乳喂养的情况。人类在婴幼儿时期缺乏母乳喂养，会极大影响免疫力，因为乳汁中有母体分泌的微量元素，能够提供天然的保护屏障。

免疫力逐渐降低，大熊猫宝宝就要独自抵御外界的细菌威胁，真的能挺过这关吗？

动物园及繁殖中心的饲养环境还没有普及如今的现代化圈养技术时，闷热的水泥房以及水源的消毒不及时等因素，就像一个大的细菌培养基，成为各种病原的发源地。

1992年7月18日，重庆动物园一只自然繁殖的大熊猫宝宝出生了。但是，产房温度日益增高，成了一个"大烤箱"，闷热的环境和不流通的空气，使刚出生就和大熊猫妈妈分开的幼崽被空气中滋生的细菌感染，过了44天，它就被确诊患有肺炎。

9月1日早晨，饲养员发现它萎靡不振，精神显得非常疲惫，眼睛半睁半闭，耷拉着脑袋，躺在大熊猫育儿箱中。饲养员立即请来医生为它做仔细的检查。这只大熊猫宝宝呼吸时鼻子是齉齉的，有明晰的痰鸣音。它大多数时候都仰卧着，四肢软软的，没力气，鼻子周围分布了很多细密的汗珠，周围有些湿润，像是有鼻涕。

在检查的过程中，这只大熊猫宝宝常常扭动身体，表现出不舒服的感觉。它粉色的小嘴时张时合，像是因为口干在不停地吞咽口水，偶尔睁开眼睛看看周围的情况。下午4点，这只大熊猫宝宝整个眼睛完全闭上了，没有了早上难受时焦躁的扭动，只有呼吸时非常重的痰鸣音。它的鼻孔周围出现了明显的黏液，也就是开始流鼻涕了，用嘴呼吸的情况变得更加频繁。此时测量的大熊猫宝宝的体温是37.1℃，没有明显的发热迹象。但是，在检查肺部的时候，医生通过肺部听诊器听取两侧肺上的啰音，发现两侧都出现了不同程度的湿啰音，右侧尤为严重。而且，它呼吸的时候带有明显的痰鸣音，气管内有痰咳不出来。

刚刚出生44天的大熊猫宝宝，平躺在大熊猫育儿箱中，难受地伸直着脖子，不断咳嗽，眼睛紧紧地闭着，小脑袋软绵绵地晃动着。饲养员用奶嘴吸引它，它已没有吮吸的反应，呼吸也只通过口腔来喘气。医生和饲养员都十分担忧，已经确诊它患上了肺炎，处于病危的状态。

重庆动物园并非专门的大熊猫饲养基地，工作人员焦急地商量治疗方案。有医生提出，人类肺炎和严重感染要使用抗生素，建议也用到大熊猫身上。除了给大熊猫宝宝注射了轻微剂量的抗生素，也用生理盐水对它的口腔、鼻腔进行了清洗，让它呼吸通畅。

又有医生提出对它使用喷雾和雾化的治疗方式来改善呼吸道的严重病症。大熊猫宝宝在接受喷雾治疗时，感觉十分舒服，身体不再焦躁地扭动，也非常配合工作人员。经过一系列治疗，大熊猫宝宝的呼吸顺畅多了，头也可以随意摆动，痰鸣声也渐渐减轻了。

但是，大熊猫宝宝还是十分弱小，无法自主排痰。第二天，工作人员发现

大熊猫宝宝又开始精神恍惚了，又没有了吸奶的力气，病情反复。工作人员将它从育儿箱中转移到一个完全的无菌环境中，加强管理。

经过一周的治疗，大熊猫宝宝的病情渐渐有了好转，开始主动找水喝，呼吸也顺畅了起来，开始自主地爬动。经过近一个月的治疗，这只大熊猫宝宝完全恢复了健康，为大熊猫宝宝肺炎的治疗积累了经验。

2012年7月5日，东京上野动物园发生了一件非常大的喜事，中国赠送给日本的大熊猫"真真"在这一天产下了第一只幼崽。大熊猫"真真"分娩之后，工作人员决定将母子分开，让幼崽得到更好的照顾，这样能尽快稳定幼崽的情况，而且有利于大熊猫妈妈的恢复。五天之后，工作人员认为它们已经度过了过渡期，决定把幼崽送回到"真真"的身边。

7月10日下午，大熊猫"真真"母子团聚了，并开始进行母乳喂养。动物园安排工作人员24小时不间断看护。他们发现"真真"母子的身体状况良好，没有出现任何不适，也没有任何生病的前兆。这只大熊猫幼崽活泼好动，趴在妈妈的肚子上玩耍，也在大熊猫宿舍内爬行，就像一个好奇的小朋友。

工作人员回忆，在7月10日下午，曾听见大熊猫宝宝咩咩的叫声。第二天清晨6点半左右，动物园开始了一天的工作，工作人员进入大熊猫"真真"的舍内，却发现幼崽已经停止了心跳。工作人员立即对幼崽进行了人工心脏按摩、心脏复苏等一系列治疗。两个小时之后，依旧没有起色，大熊猫宝宝在7月11日上午死亡，死亡原因就是肺部感染。

大熊猫的医生

圈养大熊猫在科研人员和饲养员的精心饲养下，能够减少细菌感染和蛔虫病的概率，但同样会受到疾病的困扰。大熊猫一旦患病，就需要大熊猫医生的诊断和治疗。

一只成年大熊猫有40颗牙齿，犬齿尖长，前臼齿宽平，还带有细小的齿尖，便于嚼碎和研磨食物。大熊猫的口腔疾病十分常见。成年大熊猫口腔使用率增加，会引起口腔外伤、龋齿、牙龈炎等问题。大熊猫幼崽在哺乳期会因为奶具不洁、细菌及真菌感染导致舌炎、颌炎等多种炎症。口腔病情严重的大熊猫会出现口腔紧闭，用爪子反复抓嘴巴的行为，幼崽会发出哼哼的声音。

大熊猫"团团"和"圆圆"在2004年于成都出生，2008年赠送给台湾。它们在台湾孕育了小生命。2018年年末，工作人员发现"团团"出现食欲不振的现象。原来，步入老年期的大熊猫"团团"，在吃竹子的时候，因为竹子太硬，损伤了犬齿。

2018年12月9日清晨，台北动物园的工作人员对"团团"进行例行体检，发现"团团"左上犬齿牙冠发生断裂，牙髓腔暴露。医疗团队先对它进行局部的根管治疗及补牙，并决定为它安上假牙。

12月12日，为让"团团"保全牙齿、维持进食功能，并避免该犬齿再次断裂，医生对它进行了牙髓治疗，将局部发炎感染的牙髓组织移除，装填了三氧矿化聚合物保护并活化神经。12月23日上午，医疗团队再次合作，顺利为"团团"戴上了钛金属牙牙套。钛有生物相容性，无毒，不被身体排斥，且有耐高温、耐低温、高硬度、抗强酸碱等特性。"团团"装上了闪亮的"银假牙"。

大熊猫还会出现胃肠道问题，比如"消化不良"造成的便秘。

2016年12月，成都医学院第二附属医院核工业416医院的普外科医生接到了一只大熊猫。它是一只出生于大熊猫基地的3岁亚成年大熊猫，饲养员发现这只大熊猫不思饮食，经过检查，发现它的"排出量"出了问题。饲养员为它做了灌肠治疗，效果不显著。

长时间便秘会诱发肠梗阻，甚至会出现肠道感染、穿孔。成都大熊猫繁育研究基地立即向医院求助。第二天上午，成都医学院的医生再次为这只大熊猫进行超声波检查，确诊为肠梗阻。"给它灌肠，希望能自己排便，但还是不行"，其中一个医生希望大熊猫自己排便，这样对大熊猫的伤害最小。但灌肠等常规治疗仍不能为其缓解症状，医院决定为大熊猫实施手术。手术参与人员众多，成都医学院第二附属医院的医生和大熊猫基地的科研人员、饲养员都参与其中。

整个手术的过程顺利，共进行了两个小时。

2006年12月3日上午11点，手术正式开始。据当时做手术的医生回忆，这场手术是个艰巨的任务。切开大熊猫的肚子时，他们才意识到了一个重大问题：他们小看了大熊猫的食量！医生和科研人员震惊于它的粪便阻塞的数量。这只大熊猫长期消化不良，但每天的进食量仍非常大，吃进去的竹子无法被肠道消化，就形成了堆积在肠道中的巨型粪便。

医生切开大熊猫的肚子，顺着肠道清理粪便。但是这只大熊猫的进食量实在太大，掏出来满满一大盆，才清理了不到一半。主治医师刘伟回忆，整台手术的配置和人类做手术没有太大的差别，也是常规手术，在技术上没有太大的难题，主要是对无菌环境的要求更高。术后康复是一个重大的问题。大熊猫没有自制力，可能会因为不适而去抓扯伤口，导致再次感染，术后的康复和护理也十分重要。

外科手术介入对大熊猫疾病的治疗是一把双刃剑，医生的每一次尝试都是小心翼翼的。1985年，科研人员在野外探索时，救助了一只白内障大熊猫，为它做了白内障摘除手术，取名为"迎春"。2002年，北京动物园的大熊猫"乐乐"因腹壁疝气接受了一次外科手术。北京大学人民医院外科和北京动物园联合为"乐乐"进行了手术，十分成功。现代医学飞速发展，对于动物来说也是一大福音。但是，对于动物来说，手术的康复往往比手术更具有挑战性。

2008年9月27日，即将迎来国庆节的成都大熊猫基地从早上开始游客就络绎不绝，在园内气氛渐渐热闹起来时，一个意外也悄然到来了……

工作人员路过大熊猫"缘小"的圈舍时，发现它走路的姿势有些不对，而且发出咩咩的叫声。"缘小"在2006年出生于成都大熊猫养殖基地。工作人员通过检查发现，"缘小"的右后腿骨折了。工作人员调查后发现，"缘小"在和表哥"五一"玩耍的时候，不小心从高处掉了下来，摔断了后腿。

经过进一步的检查，成都大熊猫基地兽医院院长蓝景超判定"缘小"是后胫骨和远骨端骨折。蓝景超认为骨折的最佳治疗期是14天。也就是说，必须在14天之内选定有效的方案，进行对症治疗，否则骨骼断开的伤口就会生成骨骺，那时再进行治疗就毫无意义了。那意味着"缘小"将落下终身残疾。

工作人员群策群力，想到了两种治疗方案。第一种采取手术治疗的方式，对"缘小"的骨折部位进行内部固定。这要求手术室的无菌消毒达到非常高的级别。当然，这种客观因素中的困难是可以克服的，但大熊猫自身的问题很难解决。它们不会像人类一样安静地养伤，而是会反复舔舐伤口，这对术后恢复不利。工作人员一致决定应该采用第二种方案——外部固定的保守疗法。

工作人员联系了成都军区医院八一骨科医院的管胜利医生，请他来共同治疗"缘小"的骨折。他们将"缘小"的骨头接好，然后打上了绷带、石膏。为了让康复更方便，工作人员将"缘小"下肢的毛发剃去。有趣的是，"缘小"下肢的黑色毛发被剃去后，露出了白白的肉，就好像是被脱了裤子一样。

有两名饲养专员专门看护"缘小"，防止它挣脱石膏。可是，第二天早上，令人担心的事情还是发生了。"缘小"将绑在它腿上的石膏和4条绷带挣脱。工作人员立刻将它带到医院进行恢复治疗。然后，改为6名饲养人员对它专门看护，轮流值班看护它。但是，它再次挣脱了绷带。这已经是它骨折后的第六天。

蓝景超心急如焚，决定采用第一种方案——为大熊猫做手术。他们必须在8天之内攻克所有难关，尽快为"缘小"进行手术。

但是，手术时需要切开大熊猫的皮肤，如果不能保证手术室的无菌环境，大熊猫很可能发生二次感染，甚至炎症会扩散形成败血症。医院专业的手术室将是"缘小"手术的首选。但是，军区医院距离成都大熊猫基地有一段车程，路程颠簸对大熊猫的伤口恢复非常不利，来回还要对大熊猫进行麻醉，伤害非常大。

蓝景超决定在大熊猫基地的兽医医院进行手术，请管胜利医生到这里为大熊猫做内部支架固定。前期准备工作如火如荼地进行，管胜利医生突然意识到有一个问题：大熊猫的后备血源从哪里来？蓝景超思考后提出，如果在做手术时用热烙刀将血管封住，保证它的静脉血流循环，就没有问题。

那么，只剩下最后一个难题了——大熊猫手术时的麻醉问题。成都大熊猫基地副主任王成东说，任何一点疼痛感都会刺激大熊猫在手术时做出肢体反应，会造成医生误伤大熊猫，因此，麻醉剂量是极为重要的。王成东提出，将化学麻醉换成气体麻醉。

大熊猫"缘小"骨折13天了，这意味着要在一天之内将手术的一切问题解决，相关材料也要准备好。工作人员将大熊猫"缘小"转移到成都大熊猫兽医院门口的广场上，开始做医学"备皮"——将手术区域的皮肤做消毒处理。他们将"缘小"下肢的毛剔除，用碘酒反复擦拭需要进行手术的区域。"缘小"在受伤14天后，进入了医院手术室。军区医院的医生和成都第二人民医院的麻醉师来到了手术室。他们准备将气体麻药送入大熊猫的肺部，麻药剂量逐渐加大的时候，王成东又紧张了起来。他担忧大熊猫会在这种全身性的麻药中出现短时休克，"缘小"的生命将受到威胁。

　　万幸的是，"缘小"的麻醉剂量恰到好处。在切开大熊猫肌肉时，又一个意外出现了。管胜利医生和助手带的骨骼支架是使用于人类的，用在大熊猫的后腿上会出现一些偏差。

　　管胜利医生做过很多场手术，但给大熊猫做手术还是第一次，在决定要进行手术后，他日夜研读大熊猫的解剖资料，在成都大熊猫基地认真观察标本。但是，直到他切开"缘小"的皮肤前，他从来没有真正对着一只"国宝"举起过手术刀。幸好，整个手术过程紧张而有条不紊地进行着。三个小时之后，大熊猫"缘小"的内固定骨骼支架就做好了。

　　之后，经过两个月精心的调养和护理，大熊猫"缘小"的骨折完全康复了。在治疗大熊猫的过程中，管胜利医生和蓝景超医生的合作是奇妙的相遇，也是他们医疗生涯中的独特经历。同样是救死扶伤，"兽医"没有"医生"听起来高尚。成都大熊猫基地兽医院院长蓝景超却觉得工作让他很有成就感。将大熊猫医治好并送还给自然的时候，他能感受到使命完成的骄傲和欣慰。动物医生在治好"病人"时，从未听到它们的一句"谢谢"，但是，他们内心的坚定和责任感才是成就的源泉。

　　王成东是如此，蓝景超是如此，大熊猫基地的工作人员是如此，全球的大熊猫保护者都是如此。对大熊猫的牵挂，以及和它们建立的感情，是促成他们成为一个好的动物医生的因素。对于大熊猫来说，疾病的防治和康复是对它们的有效保护。救助和圈养大熊猫的最终目的，是进行野化放归，而不是驯化大熊猫。

第四章　距离的诱惑

人类和大熊猫的相处方式

普通人都非常羡慕大熊猫宝宝和饲养员的亲密日常。圆滚滚的小可爱很萌，还很黏人。但是，在圈养之前，大熊猫并不是一种喜欢亲密关系的动物，它们是森林里的"独行侠"。大熊猫每天花费大量时间进食，进食量惊人，但竹子的生长不像想象中那么快，无法承受三五成群的大熊猫聚集在一起共同进食。如果大熊猫群居，它们之间的关系更多是竞争，而不是合作。

动物间群居关系的建立，主要是相互合作和共赢。比如，羚羊会在草原上群居，共同抵御天敌的捕猎。遭遇草原狮群的攻击时，公羚羊会自动站在外围，将幼崽围在中间。但是，大熊猫两三百斤的体重以及锋利的前爪、牙齿，会让任何食肉动物闻风丧胆。在野外设置的摄像机经常能拍到一些老虎从大熊猫身边乖巧地经过的镜头。

圈养之初，饲养员没有经验，将大熊猫安排在集体宿舍中。他们发现，大熊猫打架斗殴现象频频发生，屡教不改。此时，学者提出大熊猫更符合独居动物的生活习性，应该让它们住单独的宿舍。改进之后，圈养大熊猫又出现了新的问题——繁殖问题、健康问题、饮食问题。人类经过努力，解决了圈养大熊猫的各种问题之后，人类和大熊猫的关系似乎越来越亲密……

近几年，大熊猫养殖基地常常招募志愿者，让公众更加了解大熊猫，亲身参与大熊猫保护事业。距离成都150千米的雅安碧峰峡大熊猫养殖中心，曾招募志愿者参加大熊猫的哺育日常。穿上志愿者的衣服，才算真正开启了和大熊猫的亲密接触之路。志愿者会被分配不同的任务，照顾不同大熊猫的日常生活，进行屋舍打扫。

圈养大熊猫和人类日渐亲昵，究竟是两个物种间的不断亲密，还是人类对大熊猫的伤害？每一只圈养大熊猫的出生、死亡，人们都了如指掌。在养殖基地哪一只大熊猫居住在哪儿，都会有一个标签。但是，除了大熊猫，还有哪些动物受到了同等的待遇？过分关注圈养大熊猫，就会逐渐减少对野外大熊猫的关注。

圈养大熊猫能够很好地防止它们灭绝，但仅仅靠人工繁殖来拯救野外种群是不可行的。圈养大熊猫和繁殖计划的积极意义，是建立人类和大熊猫的联系，而让所有物种间建立一种恰当的联系是十分重要的。

中国人一向主张"人定胜天"，但自然一定是人类赖以生存的根本。几十亿年前，地球就孕育了生命，而人类的历史不过几千年。人类对待大熊猫的方式，就是人类与自然相处的方式。亲密式的圈养，更多的是一种亲密的占有，而并非相互尊重，和平地在自然中相处。人类应该学会尊重自然，适应自然环境，顺应自然规律。人类不能用先破坏再治理的心态来面对自然和人类发展的冲突。只有真正意识到人和自然的相处是一种共生状态，明白只有在生活中积极参与环保，才是动物保护的最终目的。

自然保护区和栖息地

第二次世界大战之后，西方世界受到很大的冲击，战后创伤以及精神的荒原成为"时代病"。西方社会开始反思自己的生存问题。在对理性的渴望和呼唤中，历史的重温和再解读在接下来的20世纪60年代接踵而来。文明社会的重建以及现代工业的日益壮大，钢铁城市和自然的进一步疏远，让环境和生存问题成为这个时代最严峻的问题。这迫使人们在资本发展之余，开始对环境保护和资源利用进行思考。

1968年，美国加利福尼亚大学一些先锋派学生发起了一场轰轰烈烈的生态运动，政客和环保主义者渴望通过变革生产、消费、生活方式进行对生态系统的调整，在社会发展和环境保护中找到平衡。这意味着民众意识的改变，从最初的人与自然对立关系中和解，从征服自然到与自然和谐相处，就体现在生活方式的改变。

对于中国来说，自然观念的转变并不是一件容易的事情。中国是农业大国，农耕经济持续了几千年。在四川乡村，靠山吃山是生活的基础。在大熊猫栖息地居住的农民，将山林改为耕地是天经地义的事。和生态问题紧密相连的就是经济建设和社会的发展。20世纪80年代，中国乡村经济从改革开放中渐渐复苏，在粗放型策略的建设下开始侵占林地。现代工业的发展以一种不容商讨的态势大刀阔斧地进行。

自然保护区功能区划分示意图

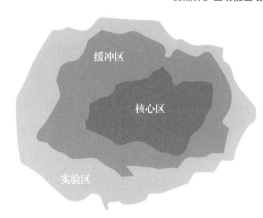

保护区的一般模式
包括3个部分：**核心区**、**缓冲区**、**实验区**。这样的功能分区将生物多样性保护与生物资源的持续利用结合起来。

核心区受到严格保护；
缓冲区中人类活动受到监控和管理，并可开展研究；
实验区在外围，允许持续利用和实验研究。

资料来源：四川省地方志编纂委员会编《四川省志·大熊猫志》，方志出版社，2018年

各山系大熊猫栖息地面积统计图

秦岭位于甘肃和陕西
面积**352914**公顷
比例15.31%

岷山位于甘肃和四川
面积**960313**公顷
比例41.66%

邛崃山位于四川
面积**610122**公顷
比例26.47%

大相岭位于四川
面积**81026**公顷
比例3.52%

小相岭位于四川
面积**80204**公顷
比例3.48%

凉山位于四川
面积**220412**公顷
比例9.56%

资料来源：四川省地方志工作办公室和四川省林业和草原局编纂《大熊猫图志》，方志出版社，2019年

　　西方环境保护的"深层生态"主义者认为，自然界最了解自己（Nature knows best）。然而，在发展中追求最大生产量和保护中最大保护力度之间是相互冲突的。工业社会所做的是非此即彼的选择，重心偏向人类一方。"深层生态"主义者提出两者兼顾、"顺应自然"的资源管理模式，和中国朴素的人与自然观有着异曲同工之处。这一思想在西方的林业管理和野生保护中产生了积极作用。

　　20世纪60年代，国家开始意识到环境在社会发展中的地位。1956年，第一次人民代表大会第三次会议同意"划定天然林禁伐区"。1958年，卧龙自然保护区成立。人们意识到大熊猫的数量急剧减少，就地保护是当时首要采取的方式。但是，当时环保意识还很青涩，救助的措施也是在未知中摸索，收效甚微。

　　除了就地保护的方案，科研人员还提出圈养保护以及迁地保护的措施。主流学者推崇就近保护。但一部分学者认为应该将大熊猫迁移，另辟新栖息地进行保护，提出将陕西西安、湖北神农架、浙江等地作为大熊猫迁居地的备选项。他们认为这些地点都有较好的生态保护区，能够为大熊猫提供良好的居住环境。况且，在保护麋鹿和羚羊的时候同样采取了迁地保护的手段，收到了不错的效益。

以胡锦矗为代表的学者则认为，对大熊猫的保护是为了恢复其自然种群，让其能够在自然中独立自主地继续生活。人类短时间的打扰和救助，并不是要改变自己，而是要去顺应自然。因此，胡锦矗不赞成将大熊猫迁地保护。

胡锦矗认为，在清朝，在以上迁居地或是其他地点都出现过大熊猫，但当下并没有在这些地区发现大熊猫的踪迹。这就证明大熊猫不适合在这些地方居住。虽然羚羊和麋鹿的迁地保护取得了成功，但不能用在大熊猫的保护当中。大熊猫的饮食习惯并不像羚羊和麋鹿，它们不能接受饮食结构大幅度的调整，主食的单一意味着它们栖息地的单一。

进入21世纪，一些学者开始以大熊猫的遗传多样化丧失以及近亲繁殖为由，再次提出对大熊猫进行迁地保护。但是，当下大熊猫保护区和栖息地初见成效，野化放归道阻且长，一味让大熊猫迁居别处并不是明智之举。

胡锦矗认为，对于中国的大熊猫保护来说，建立自然保护区，逐步恢复栖息地生态才是首要任务。大众的环保教育也需要同步进行。在建立自然保护区之后，对当地居住人群的环保意识教育是第一要紧的事情。国家禁止砍伐原始森林，同时要退耕还林，要教会保护区的人群意识到这些规定的意义，让他们意识到和自然的关系不仅是索取和对立，还有热爱和尊重。

根据国务院指示精神，1963年起，四川建立了汶川县卧龙、天全县喇叭河、平武县王朗、南坪县（九寨沟县）白河等第一批以保护大熊猫及其森林生态系统的自然保护区。

学者根据大熊猫的生活地秦岭、岷山、邛崃山、大相岭、小相岭和凉山这六大山系确立了保护地。这些栖息地主要分布在四川省、陕西省、甘肃省。其中秦岭山系的大熊猫与其他山系的大熊猫隔离时间较久，在外形和行为上有所

各省大熊猫种群数量图

四川

种群数量：1387 只
所占比例：74.41%

陕西

种群数量：345 只
所占比例：18.51%

甘肃

种群数量：132 只
所占比例：7.08%

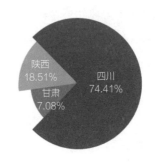

陕西
18.51%

甘肃
7.08%

四川
74.41%

资料来源：四川省地方志工作办公室和四川省林业和草原局编纂《大熊猫图志》，方志出版社，2019年

区别，从外观上来看，秦岭大熊猫鼻吻较短，头部更圆。

　　大熊猫喜欢在海拔较高的山地活动，喜欢栖息在有一定乔木覆盖的竹林中，为喜湿凉的中高山动物。野外大熊猫活动的地区，一般在人类活动难以触及的原始森林，而建立保护区的目的之一，就是要禁止对原始森林的破坏。大熊猫喜欢居住在原始森林中，但挑剔程度远不止于此。在自然保护区，或是人工"打造"的森林中，它们会居住得不习惯。而且，很多原始森林过于茂密，并不适合大熊猫居住，所以植被中树木的比例以及竹子、灌木的比例十分重要。

第五章　大熊猫的归处

野化放归之路

大熊猫数量稀缺，首要解决方案是增加它的数量。人类的解决方案，第一是建立自然保护区，让大熊猫自然恢复。第二就是人类介入，科学繁育大熊猫。对于濒危物种来说，就地保护、自然恢复的速度较慢，人工繁殖见效更快。圈养大熊猫之后，中国的科研人员一直在研究大熊猫的繁育、生存问题。

20世纪末，中国对大熊猫的人工繁殖取得了一定的成绩，开始考虑大熊猫的野外生存问题。大熊猫繁殖率低，野外环境恶劣，幼崽的存活率也不高，人工养殖的介入改善了这一问题，对大熊猫"生"的问题有所保障。那么，如何让这个物种在野外"存"下去呢？

为了更好地保护大熊猫，中国和相关的国际组织以及科研机构展开合作，开展研讨会以及世界范围的课题。1991年，华盛顿召开讨论会，主要讨论了大熊猫和小熊猫的野外保护，评估大熊猫的研究状况以及放归要遇到的问题。之后几年，我国相继开展了众多讨论，提出了大熊猫的野化培训和放归的构想与计划。1997年，林业部在世界自然基金会的帮助下，邀请到了中外30余位专家共同讨论大熊猫放归的可行性，借鉴之前生物生存情况以及放归情况的案例进行分析，针对大熊猫的生存状况、环境、社会生物等方面提出解决的方案。

人工繁殖大熊猫取得较好成效时，人们开始对接下来的保护行动极富信心。但是，一些不成系统的实践都以失败告终。放归不可能一蹴而就，也并非一切野生动物保护的灵丹妙药。那些曾经放归成功的野生动物，没有实际摆脱种群危机或者再次面临新的威胁。20世纪中实施的所有大熊猫放归项目中，只有11%初见成效[①]。

野生动物的放归是拯救野生动物的重要手段，这一历史甚至可以追溯到古罗马时期。最初古罗马人为满足捕猎和饮食的需要，将一个物种迁移到其他地方。他们将穴兔从西班牙南部移到西欧大部分的区域，将黇鹿从地中海带到法国和英国。

但是，野化放归和放生有很大差别。放归，意味着将野生动物救援，经过人工圈养后再放回野外。而放生，指将在被捕猎或其他灾害中救出的野生动物直接放归野外。放生的动物是未经过人工饲养的，但放归的动物和人类相处过，野性退化，重新适应野外是一大挑战。

早在20世纪30年代就有野化放归的案例。截至20世纪末，放归野外的项目有138个，包含了120个物种、1400万个个体[②]。根据持续的科研报告，很多动物在放归野外后成功建立了具有自我保护意识的种群。这就意味着，动物的野化是在自然当中逐渐形成的。动物保护者渐渐有了信心，开始尝试放归更多的野生动物。

在全球范围内野生动物放归主要集中在北美和澳洲，在非洲和欧洲的放归项目在逐渐增多，南美洲的放归数量最小。在20世纪的放归项目中，最早的熊类放归计划在1933年由美国开始实施，将30只美洲黑熊从约塞米蒂国家公园送到安吉利斯国家公园。[③]

---

① 胡锦矗.大熊猫生物学研究与进展［M］.成都：四川科学技术出版社，1990.

② 大熊猫野化放归监测队.大熊猫野化放归任重道远［J］.四川动物，2015（1）：60—63.

③ 古晓东.大熊猫"盛林1号"放归检测［J］.中国科学院成都研究所，2009（5）.

1958年至1968年，254只来自明尼苏达州和马尼托巴地区的美洲黑熊被放到美国的阿肯色州。该种群在20年后增长到2500只以上，这可能是世界上最成功的大型食肉目动物放归项目。委内瑞拉通过放归成功使濒危的黄肩鹦鹉种群从1989年的700只增长到1996年的1900余只[①]。

20世纪80年代，我国开始实施大熊猫的保护计划，建立"五一棚"观察站，在野外追踪大熊猫。此时的科研人员主要观察这个物种的行踪。研究有了初步成果后，研究人员尝试将短期喂养的大熊猫放归。

1984年6月，科研人员准备将来到"五一棚"5个月的雌性大熊猫"贝贝"放归野外。科研人员认为"贝贝"能够快速地适应自然，但是，一周之后，"贝贝"自己回到了圈养场。科研人员发现它身上有了很多伤口，他们为"贝贝"做了治疗，打算在3个月后进行第二次放归。

9月26日，科研人员给"贝贝"戴上了无线电颈圈，放归到距离"五一棚"50千米左右的山里。49天之后，"贝贝"又回到了"五一棚"营地的厨房、帐篷里寻找食物。当时"五一棚"中有美国学者乔治·夏勒，他认为"贝贝"像要断奶的小孩子，勒令不给食物。强行断奶，让其快速自理是狼性爸妈的做法。这样的方式是否能让"贝贝"快速适应野外生活？

科研人员怀着无限的担忧，看着无线电颈圈发来的数据来分析"贝贝"的近况。当时的设备条件有限，科研人员对"贝贝"情况的分析没有经验。"贝贝"被强行赶至野外生活后，不到3个月，科研人员发现了"贝贝"的尸体。

这次放归经历了近一年的观察和追踪，科研人员一直抱有极大的信心，但结果让人心灰意懒。大熊猫"贝贝"和人类相处的时间并不长，但适应了人类的喂养习惯，如同被父母惯坏的孩子，在独自面临社会时没有足够的能力。科研人员没有想到，人类和大熊猫短暂的相处，改变了大熊猫的生活习性。根据这一次野化放归经验，科研人员意识到放归应该减少人类对大熊猫野生习性的干预。

---

① 张泽钧，张陕宁，魏辅文，王鸿加，李明，胡锦矗.移地与圈养大熊猫野外放归的探讨 [J].兽类学报，2006（3）：292—299.

20世纪放归的大熊猫几乎都无法适应野外的生活，最后依照自然法则优胜劣汰。

20世纪80年代，青川县西阳沟发现了一只为豺所伤的大熊猫。科研人员对它实施了救助，因担忧原救助地的生态环境对它有威胁，就决定将它放归到距原救助地20千米以外的唐家河自然保护区。科研人员认为这是一个合适的距离，既不会破坏大熊猫巢穴附近的生态环境，也可以让大熊猫在这段时间适应野外生活。这次放归依旧为大熊猫戴上了无线电颈圈。但是，这只大熊猫没有朝自己巢穴的方向前进，而是向相反的方向移动。这令科研人员十分惊讶，他们以为这是大熊猫的应激反应。在接下来的观察中，科研人员依旧发现，显示屏上显示大熊猫在向相反的方向移动。科研人员最后判定，它在高山的灌木丛中死亡了。

卧龙中心在1984年放归的"桦桦"在1995年发现死亡。1994年逃出苏州国家森林公园的"白雪"在野外生存了80天后，体重下降了11公斤。1997年大熊猫"遥远"放归野外失败后，再次回到研究中心。

20世纪，我们做了很多关于大熊猫野化放归的尝试，这些尝试都不是有目的、有计划地放归，放归之后没有对大熊猫进行系统跟踪和监测。在缺乏大熊猫野化放归经验的情况下，我们做出的尝试都是一种资料的积累。

20世纪末，科研人员开始集中数据，研究失败的原因。研究人员当时在认识中抱有了太多先入为主的思想。圈养大熊猫时，人们开始只是按照一日三餐进行喂养。当圈养大熊猫普遍出现缺乏营养的情况时，人们才继续研究野外大熊猫的饮食习惯。在大熊猫放归之中，人们按照自己的方式去思考，从一种先入为主的急迫态度认为大熊猫能适应野外的生活，认为人类的救助能为它们的生存锦上添花。对于动物的认识和探索以及人和野生动物关系的重建，是需要一个过程的。当人类意识到和野生动物的关系并非我们站在无上的制高点实施一些怜悯，而是相互依赖的平等关系时，才为人类和自然的关系改进做出新的改观，这在动物野化放归的计划中起到了很大的作用。

2001年，大熊猫的野化放归渐渐研究成体系。2003年，研究人员将全球第一只人工饲养大熊猫"祥祥"放归野外。

"祥祥"是出生在卧龙自然保护区人工圈养条件下的雄性大熊猫。2002年8月25日，和它一起出生的还有它的同胞弟弟"福福"。这对双胞胎一出生就被选中为放归研究的对象。科研人员决定将"祥祥"作为放归大熊猫进行野化培训，将弟弟留在保护区人工饲养，作为研究的比较对象。

卧龙研究中心非常重视"祥祥"的放归计划。研究中心主任张和民牵头，建立工作组，5名教授级高工、4名的高级工程师以及8名工程师共同组成了圈养大熊猫的野化放归科研课题组[①]，对"祥祥"的饲养管理、行为活动以及栖息地和主食竹进行研究。还组建了专门的兽医小组，多头并进，共同将大熊猫"祥祥"的野化和放归顺利推进。

卧龙研究中心对大熊猫"祥祥"的野化计划分为两期。第一期时长15个月[②]。2003年7月8日，将"祥祥"放归到小型野化圈内。此时的"祥祥"是一个一岁多的胖小子，体重达到62.2千克。第一期的野化圈放归地点，位于卧龙研究中心的东南部，面积为2.7万平方米，海拔在2070米至2140米。

卧龙自然保护区的环境优美，在山脉平缓的起伏中，绿色植物覆盖率很高。清晨，林间的风吹动树梢叫醒整座大山。这样的环境，将会是"祥祥"新的家。

在第一阶段的观察中，专家借助无线电颈圈来辅助研究。新的无线电颈圈选用了更低频率的无线电信号，降低人类观察对野生动物的干扰。放归小组还对大熊猫"祥祥"的取食情况及疾病防御情况、行为变化情况做观察研究。根据无线电颈圈发回来的线索，"祥祥"初到野外后有些紧张和不安，进食时警惕性非常高，对周围的事物都有防备。

一段时间之后，"祥祥"在卧龙保护区的山林中越来越自由地生活，从初到自然的小男孩儿，成长成了见识过大自然魅力的少年。"祥祥"和周围的小动物

[①] 张和民.圈养大熊猫：野化培训与放归研究［M］.北京：科学出版社，2013.
[②] 张和民.圈养大熊猫：野化培训与放归研究［M］.北京：科学出版社，2013.

大熊猫"祥祥"野外放归地理位置图

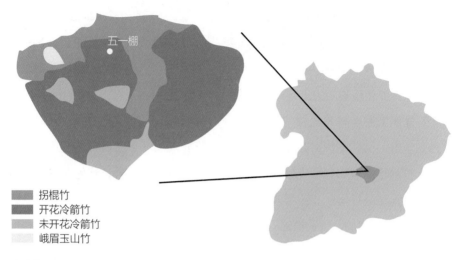

拐棍竹
开花冷箭竹
未开花冷箭竹
峨眉玉山竹

五一棚

资料来源：四川省地方志编纂委员会编《四川省志·大熊猫志》，方志出版社，2018年

大熊猫"祥祥"放归活动位点图

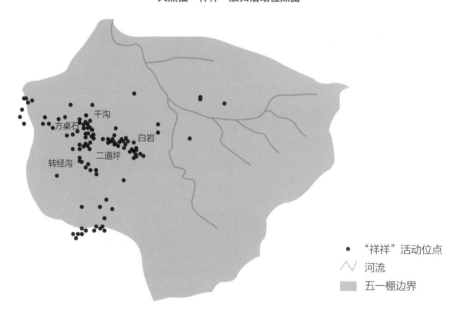

干沟
方桌石
白岩
转经沟　二道坪

● "祥祥"活动位点
∧ 河流
■ 五一棚边界

资料来源：四川省地方志编纂委员会编《四川省志·大熊猫志》，方志出版社，2018年

渐渐处成了朋友,当林间的小松鼠越过枝头时,它会感到开心。15个月下来,"祥祥"基本适应了野化环境,能够随着季节变化取食竹子的不同部位,体重从62.2千克长到了68.2千克,身体状况良好,对疾病也有一定的防御能力。

科研人员认为"祥祥"在第一期野化训练中表现非常好,于2004年9月15日将"祥祥"转至第二期野化培训圈。此时海拔上升到2200米至2500米,面积比之前扩大了将近10倍,这就意味着第二期的训练是更逼真地模拟自然。一年之后,科研人员发现"祥祥"的适应能力非常好,在林间的生活也越来越悠然自得,在取食及警戒方面比第一期的野外培训更加自然,决定将"祥祥"正式放归大自然。

2006年4月28日,大熊猫"祥祥"被放归到卧龙自然保护区西南部,也就是20世纪80年代的"五一棚"观察站。

这里的地势和环境比之前的训练营要严酷,处在将近3000米的高海拔地区,山势险峻。这里气候属于青藏高原气候区,夏季凉爽多雨,空气湿润,湿度可达85%甚至以上。冬季气候相对干燥寒冷。暖和的季节温度在16～19℃,最冷的时候温度会降到冰点。此处森林覆盖率相对较高,但由于海拔差异,植被类型丰富,主要包括针阔混交林及亚高山暗针叶林。这里有适合大熊猫食用的冷箭竹,生长在海拔2300米至2600米,还有在2700米以下生长的拐棍竹,在海拔2600米生长的少量的华西箭竹,以及在2450米生长的短锥玉山竹。[①]

科研人员发现,"祥祥"开始有在树上嬉戏的习惯。当科研人员在野外观察它的时候,发现"祥祥"开始躲在树上观察他们,起初它会判断进入它领地的人是熟悉的工作人员。但在野外居住的时间越长,"祥祥"对人类就越不亲近。它完全融入大自然时,对之前熟悉的工作人员就视而不见了。"祥祥"不会再靠近人类,连之前反复确认的情况都不再出现。

春季的时候,"祥祥"会自然发情,与其他雄性大熊猫形成竞争关系。2007年早春,"祥祥"和其他野生大熊猫争夺领地受伤。2月19日,"祥祥"被发现

---

① 邸志鹰.坎坷回家路:大熊猫祥祥的故事［J］.大自然探索杂志,2007(9).

死亡。工作人员判定，它在之前有过激烈的打斗，造成了严重的内伤。

"祥祥"最后的死亡存在很多争议，但是，这一次的野化放归是大熊猫保护中的重要里程碑。"祥祥"没有在自然中度过自由的一生，但为大熊猫放归计划铺垫了很好的开端。

2005年7月16日凌晨，龙溪虹口保护区发现了一只受伤的成年大熊猫。它出现在都江堰市区江安河畔的一棵梧桐树上。当地政府和热心群众将它救下后，对它进行了救助。大熊猫的炎症有所控制，身体状况越来越好。这件事惊动了全国大熊猫保护事业的爱好者、国家林业局局长周生贤，他认为这是生态改善的好事，提笔写下"盛世兴林"四字，并以此为大熊猫命名——"盛林1号"。

经过治疗和检查，科研人员确认"盛林1号"已经康复，决定将这只大熊猫放回山林。这次放归具有里程碑的意义。"盛林1号"是第一只放归的成年大熊猫，而且是首只闯入闹市被成功救护的野生大熊猫，也是中国首次放归带有定期自动脱落的GPS颈圈的大熊猫。这标志着中国野生动物野化放归实验的正式启动，也标志着中国野生动物保护工作进入一个良性发展的轨道。

由于积累了更多的经验和科技进步，之后野化放归的大熊猫存活率逐渐升高，放归成功率大大增加。2012年，中国保护大熊猫研究中心人工繁育的大熊猫"淘淘"成功放归自然。2013年，中国保护大熊猫研究中心人工繁育的大熊猫"张想"成功放归自然。

大自然的"独行侠"，拥有自由灵魂的大熊猫，终于迎来回归自然的真正自由。

在大熊猫保护区、栖息地生态逐步恢复后，大熊猫的放归计划也在紧锣密鼓地筹备。这些保护区建立了较好的生态，但大熊猫是独居动物，这意味着大熊猫很容易被分隔为无法相互交流的孤立群体。一部分大熊猫在一片区域里生活繁殖，对同一片地区的生态有很大影响，对于种群基因的多样化也不利。科研人员认为，不能让大熊猫彼此住在"孤岛"之中。

当时，这不是大熊猫保护的当务之急，技术也无法做到促进隔离种群的基因交流。但是，科研人员认为，改变自然环境，为基因多样性提供客观因素的朴素方法，也能达到同样的效果。打破"孤岛"最好的办法就是搭"桥"。如果在大熊猫分布区内建立相互联系的森林带，就能将这些分隔开的孤立群体重新建立联系，提高大熊猫的自然远亲交配机会，改善基因的单一化，减缓基因衰退的速度。这样的森林带，就那座联系"孤岛"的"桥"。

1985年至1988年国家林业部、世界野生动物基金会联合组织的调查表明，大熊猫主要分布区内有15条至关重要的走廊带。其中只有2条走廊带分布在其他省市，剩下的13条都分布在四川省。这些走廊带在大熊猫的活动范围中，就承担着"桥"的作用，将相对封闭的几大保护区联系在一起。保护区和走廊带建立后，能有效建立更好的生态系统，在保护大熊猫的同时，也为同一地区的其他物种提供了更好的居住环境。大熊猫作为生态系统中的旗舰物种，让周边的动物都得到了更好的保护。

与自然和解

环保应该是一种生活方式，是生命中最自然的事情。这也意味着人和自然关系的重建。人们要从20世纪朴素的自然观中走出来，意识到"靠山吃山"的粗放型经济不是长久之计。从21世纪开始，"绿色发展"的理念渐渐普及，我们要从当下改变对自然的意识，对环境保护的工作要立刻落实。人们开始着力保护大熊猫时，自然保护区也开始建立。人们在粗放型发展中重新面对自然，止步于破坏和污染。以保护大熊猫为契机，重新建立人和自然的关系。人们需要渐渐从旧的发展方式模式中走出来，意识到保护生态不是口号，社会的发展也不仅仅是经济的上涨。改变和超越旧的发展模式尤为重要。尤其是在具体的环境保护中，特别是在保护大熊猫的野外落实政策。

北京大学保护生物学教授吕植在记录保护动物经过的文章中，提到这样一件事。正是这件亲身经历的事，让她意识到动物保护和保护区居民有密不可分的关系，让她思考"为什么我们要保护大熊猫"①。

从事动物保护工作的吕植教授，有长期的野外工作经历，要与珍稀野生动物打交道，还要与当地的居民接触。20世纪90年代的一个冬天，吕植到达秦岭自然保护区。这一天，她要和助手翻越秦岭主梁，走120里山路，去参加村子里的婚礼。清晨，她在一阵吵闹声中惊醒，发现村民在打一只怀孕的母鹿。她亲眼看见一只在山林中神采奕奕的雌鹿瘫倒在地上，口吐白沫，腹部不停地抽搐。小鹿即将流产，村民却神采飞扬地对她说，你运气真好，一来就有肉吃。

吕植看着这头母鹿气息奄奄，劝说的话到了嘴边又咽了回去。村民一年只能吃上一次肉，只能盼着过年时杀年猪，家境稍好的会将肉熏干，偶尔取一小块招待客人。孩子凑上来眼巴巴地看着桌上的肉，都会被大人呵斥。这样一头闯进村子里的鹿，无疑是对他们极缺的蛋白质的补充，在此时，保护国家级保护动物的说辞显得苍白无力。这件事敲醒了吕植教授，动物的保护不是国家说说，小学生开开知识讲座的事，而更多关系到一部分人切切实实的生活。国家要做的不仅是科学研究，还要为环保付出。

"天然林保护工程"，是国家和政府在保护的决心和力度上的最好体现。无论是环境保护还是野生动物的保护，抑或是小到大熊猫这一种动物的保护事业，都需要有整体的大局观。不只是坚持10年、20年的事情，而是要随人类社会一直延续。如今以巨大代价做的自然保护措施，是对从前挥霍的赎罪，如果人类和自然的关系无法得到改善，结局只会更坏。

我们的保护大熊猫行动，是以它为原点来保护其他的动物。退耕还林、保护野生动物的行动，是在21世纪和大自然做出的一次重要和解。环境如水，发展似舟。水能载舟，亦能覆舟。脱离环境保护搞经济发展是竭泽而渔，美好的环境与富裕的生活，完全可以共生共赢。超越和扬弃旧的发展方式和模式，生态文明、绿色发展日益成为人们的共识，引领全社会形成新的发展观、政绩观

---

① 周晓红.大熊猫专家吕植："我的保护目标不仅仅是大熊猫"［EB/OL］.［2004-02-20］. http://www.people.com.cn/GB/huanbao/8220/30473/31759/32140/2351100.html.

和新的生产生活方式。这一切，为实现"美丽中国"之路铺下了最坚固的基石。

　　吕植在村子里遇到母鹿这件事情，或许在全国很多村庄都在发生。他们伐木毁林不是有意破坏，而是为了生计，为了生存。在大熊猫的保护中，需要让村民意识的不是让他们不伐木砍林，而是要让他们转变心态，转变一种观念。大山的村民没有商贸圈，只有半自给自足的小农经济，但这样的经济方式不能以破坏环境为前提。

　　大熊猫对环境的要求十分苛刻，如果要实施大熊猫野外的放归计划，就意味着改善环境也是重要的一步。中国人的环保意识是近几年才逐步建立的。经历长时间的粗放型发展，中国人要在自然中摆正位置，在保护熊猫的同时做好环境重建。当人们开始和自然和解时，就是人和自然关系重建的开端。正如吕植所说，人们要做的不只是保护大熊猫，而是对整个人类行为的反思和对环境的保护，以及与自然和解。

第五篇

环　　游

世　　　界

第一章　大熊猫是和平的使者

动物外交官"平平"

有时候，两国进行外交活动时，一方或双方赠予对方一种代表自身国家的动物作为国礼。这些动物自然是比较珍稀少见的，或是在文化上拥有特殊寓意，或是受到本国人民的尊重与喜爱，用以寄托对友国深厚的情谊。

在古代，动物外交一般归为朝贡一类，古代藩国或外国使臣向强国贡献方物，其中以东亚地区最为典型。方物多为当地珍贵品种，大象、狮子、老虎等动物是藩属国与外国使臣向强国上贡的大礼。

随着文明的进步与演变，动物外交变得更具人情味，变成两国以平等关系互赠"友谊兽"的友好行为，使这种动物成为两国友谊的缔造者。代表国家前往他国访问的动物满载国民希冀远行，为异国人民带去别样风情。动物外交的影响多是正面积极的，可以缓和两国关系、推进两国某些计划进程、促进两国生物的遗传延续等。它有饱含生命的载体，具有特殊寓意，是赠送国的文化大使。

20世纪开始，大熊猫的魅力开始征服世界，许多来中国访问的国家都将被赠送大熊猫视为一项殊荣。"以和为贵"的思想，深深根植于中华民族的血脉之中。中华人民共和国成立初期，百废待兴，大熊猫被赋予特殊的使命，成为沟通中外的友好桥梁。

雄性大熊猫"平平"成为中国第一次通过大熊猫向世界递出的橄榄枝，被赋予沟通两国人民情感的任务，终其一生都在为中国与世界的和平而奋斗。

"平平"是一只出生在四川宝兴的大熊猫，每日跟随母亲在高山深谷中穿行，大部分时间在吃竹觅食，偶尔小憩，自在逍遥。它和妈妈生活在远离人类聚居地的大自然中，几乎不离开核心领地。但是，"平平"并不知道，某一天的出行会变成例外，它会因此成为中国的"国礼"，远离故乡与妈妈。

1953年，雅安市宝兴县和平乡的民兵发现了两只大熊猫。全村几乎全部出动去追赶它们，企图阻止这两只大熊猫逃进山林。乡政府的人迅速赶到现场，当时场面已经十分混乱。两只大熊猫一大一小，大的身长一米左右，小的像个刚一岁的孩子。它们被村民的驱赶声、喊叫声惊动，头也不回地扎进了山林。大的那只行动敏捷，迅速消失在丛林中，而小的那只慌不择路地爬上了树。树下围着一圈一圈的人，都抬头搜寻大熊猫宝宝的踪迹，甚至有人捡起地上的泥块向树上投掷，其中一块不偏不倚地砸中了大熊猫宝宝，它受到惊吓，跌下树来。众人蜂拥而上，捉住抱头掉落的大熊猫宝宝。

村民都不敢擅自做主，决定请示上级，几番消息传递，上级的指示传达了下来：必须好好照顾这只大熊猫。第一，大熊猫的居住地要进行消毒，保证它的安全；第二，科学喂养，不许乱投喂，竹笋与牛奶可以喂食；第三，避免惊扰大熊猫，尽量保证它独处。为了达到这三点要求，工作人员用竹篓将大熊猫宝宝背到盐井区公所照顾。

当时国家正实行计划经济政策，物资都是计划调配，人尚且缺衣短食，大熊猫的饮食又该如何解决呢？盐井区公所的工作人员愿意按照中央的指示好好照顾大熊猫，即使缩减公费给熊猫宝宝投喂竹笋与牛奶也在所不惜，可当时是5月，附近哪有新鲜竹笋供它食用呢？况且周围也无处购买牛奶。这让工作人员犯了难。

关于这个幼年大熊猫的伙食费，中央给定的标准是每月90元。此时中国所有干部的伙食都是根据级别的高低进行分类的，整个宝兴县最高伙食待遇的当数县委书记，不过是每月14.5元，这只幼年大熊猫的伙食费相当于6个县委书记。

当务之急，是让幼年大熊猫吃好喝好，如果连最基础的生活条件都达不到，怎么能算是好好照顾，这不是辜负了中央的信任吗？照顾大熊猫的工作人员决定从别的渠道改善这只大熊猫宝宝窘迫的饮食菜单。本身新鲜牛奶就供不应求，5月的四川正处于天气转热的阶段，山区条件有限，根本无法保证新鲜牛奶多日不变质。工作人员灵机一动，觉得既然大熊猫可以喝牛奶，那奶制品应当也行得通。他们在脑海里回忆了一遍中国现有的奶制品，想到了炼乳。炼乳是鲜牛奶或羊奶经过浓缩制成的奶制品，食用时只需加入少量的水就能达到与牛奶营养相当的效果。

盐井区公所的工作人员行动起来。四川多山，又交通不便，为了尽快买到大熊猫需要的营养品，专门指派的通信员尽量走狭窄的山路，翻山越岭，足足走了两天才走到雅安市区，买到了珍贵的炼乳罐头。幸运的是，这只幼年大熊猫对炼乳很感兴趣，工作人员的努力没有白费。据负责照顾它的炊事员介绍，自从开始食用炼乳，这只大熊猫宝宝的体重持续增长了5千克左右。

不久，中央又有了新指示：将大熊猫送到北京。这可难倒了众人，四川雅安距离北京直线距离都有2000多千米，何况四川的山路是出了名的"九曲十八弯"，如何将这只大熊猫送到北京呢？经过商议，他们决定先将大熊猫送到成都。众人一合计，决定采用"抬"的方式，用当地的"滑竿"抬着大熊猫先去雅安，再转车去成都。这只大熊猫宝宝虽然体重有所增加，但毕竟年幼，三个成年人抬着它，倒也不怎么费劲。虽然山路崎岖，但工作人员两天就将大熊猫送到了雅安。后来考虑到坐车的安全问题，雅安方面也用"抬"的方式将这只大熊猫送到了成都。

这只年幼的大熊猫到达成都后，不少成都市民想来参观，但北京动物园的接待人员早已等候在成都省政府，对这只幼年大熊猫进行简单的身体检查后，

外出访问的大熊猫

将它带回了北京，暂时安置在北京动物园。周恩来总理前来参观，工作人员希望总理为大熊猫取个名字，周总理反问大熊猫是在何处捕获的，工作人员便将在宝兴县和平乡捕捉大熊猫的过程讲述了一遍。周总理略加思索，说："那就叫平平吧！"

"平平"作为首只进京的大熊猫，受到人们极大的关注。《人民日报》刊发了一组题为"平平日记"的新闻图片，报道了"平平"的日常生活。北京人民纷纷涌向动物园，只为看一眼珍贵的大熊猫。随后，北京动物园又接纳了一只大熊猫，同样由周总理为它命名，因它来自宝兴县硗碛乡，故得名"硗碛"。

1955年，苏联最高苏维埃主席团主席伏罗希洛夫访华，他在中国领导人的陪同下参观了北京动物园内的两只大熊猫宝宝，表示希望中国能赠送一对大熊猫给苏联。中国领导人答应了。"平平"与"碃碃"都被选中赴苏巩固中苏友谊。出发之前，两只大熊猫接受了全面的检疫流程，作为中华人民共和国的"动物外交官"，正式踏上了访问之旅。

"平平""碃碃"与伏罗希洛夫同乘一架飞机到达苏联，定居在莫斯科动物园。苏联的气候变化大，冬季极寒，夏季酷暑，"平平"与"碃碃"是幼年大熊猫，对环境的适应性弱，受了不少罪。"平平"在天气热的时候酷爱洗澡，喜欢把自己泡在水里，享受清凉、躲避炎热。据动物园的工作人员回忆，"平平"吃完饭后喜欢休息和睡觉，当它被激怒或感到饥饿时，才会发出不耐烦的声音，有点像绵羊的叫声，就像撒娇似的。毕竟，"平平"性情温顺，不会主动攻击人，这大概与它从小就与人相处有关。

总的来说，"平平"是一只温柔的大熊猫，它和"碃碃"在莫斯科动物园受到了精心的照顾。每年的5月至10月，莫斯科气候温和的时候，它们会被放在一片露天的空地上，接触模拟野外条件而创造的自然泥土与花草。为了应对夏季的酷暑，莫斯科动物园专门为它们修建了一个凉爽的遮阳洞。夏季气温高时，它们就躲在洞里。其他几个月，会安排它们住在一个封闭式的院舍，温度保持在12～16℃。两只大熊猫互相陪伴，日子像流水一般过去。

"平平"与"碃碃"到达莫斯科后，针对大熊猫的特殊食谱也在不断改进。苏联没有大片的竹林，只有两个地方生长一些竹子，从中国进口竹子成本又过高，莫斯科动物园只得想办法让这两只年幼的大熊猫适应本地的食物。没有新鲜的竹子，就用鲜嫩的白桦树叶与柳叶代替，再添加燕麦粥、果汁、胡萝卜等辅食。慢慢地，"平平"与"碃碃"适应了这个新食谱，再也不闹别扭了。

当时全球对大熊猫的生活方式与生育条件都不甚了解，大熊猫幼年时期更是"雌雄莫辨"。半年之后，因为"平平"与"碃碃"没有任何发情的动静，苏联觉得中国弄错了"碃碃"的性别，要求换一只雌体大熊猫。中国便将"安安"作为"平平"的配偶送往苏联。但不幸的是，被送还给中国的"碃碃"才是一只雌性大熊猫，而新送去苏联的安安是一只雄性大熊猫。人们想尽办法安排"平平"与"安安"接触，争取有交配的机会，都以失败告终。

"安安"的性格也非常温顺和善，乐于享受工作人员的抚摸，只有在不高兴时才会用爪子抓来抓去发泄自己不满的情绪。"平平"与"安安"平安无事地相处着，但"平平"失去了亲密伙伴"碛碛"之后，明显孤单起来，于1961年便去世了。

值得注意的是，"平平"去世30多年后，中外研究人员经过合作研究发现，大熊猫属于动物中的"早产儿"，必须由母亲照顾培养至少两年，过早离开母亲身边的大熊猫幼崽往往适应能力不强，身体素质差。"平平"早早去世可能与其过早离开母亲有关。

和平的使者们（上）

大熊猫的往来进一步加深了中国与苏联的友谊。朝鲜见苏联收到两只大熊猫后，也多次向中国表达了同样的想法。中国与朝鲜在抗美援朝之后关系紧密，朝鲜在中国"三年困难时期"曾与中国共渡难关。面对这样真挚的朋友，中国先后送给朝鲜5只大熊猫。可爱的"1号""2号""凌凌""三星""丹丹"定居在平壤动物园。大熊猫抵达朝鲜时，朝鲜人民身穿传统服饰，载歌载舞，以表欢迎。不过，5只大熊猫的后续生活情况中国无从了解，最终大熊猫何时去世也没有消息。

20世纪70年代，中国恢复了联合国合法地位。1972年2月，尼克松访华。2月25日晚，尼克松举行答谢宴会。席间，周总理对其夫人表示要送给美国人民一对大熊猫。尼克松夫人惊喜万分，当即高兴地呼喊尼克松："理查德，周恩来总理说送给我们两只大熊猫，动物园会被挤垮的！"[①]

之后，林业部担负起赠美大熊猫的挑选任务，筛选出了"玲玲"与"兴兴"

---

① 四川省地方志编纂委员会.四川省志·大熊猫志 [M].北京：方志出版社，2018：339.

这两只年轻的大熊猫。"玲玲"与"兴兴"乘坐专门的运输飞机前往美国,令美国人民兴奋不已,8000多名美国市民冒雨迎接。美国动物园的熊猫馆开馆第一个月,参观者就多达100余万人。这是所有赠送大熊猫历史中最轰动的一次,巩固了中美刚刚建立的友好关系,也向广大美国人民展示了中国的诚意。

1972年9月,日本首相田中角荣和外相大平正芳率团来北京进行建交谈判。来访期间,田中角荣一再表示日本国民对大熊猫的渴望,为了巩固两国友好关系,中国同意赠送一对大熊猫给日本。日本为了迎接珍贵的大熊猫,尽心为它们创造良好的生活环境,花费4000万日元建造了近300平方米的熊猫舍,一切基础设施完备。日本没有饲养大熊猫的经验,北京动物园特意就饲养大熊猫方法一事给日本发去电报。随后,日本紧急推出"大熊猫饲养计划",指派经验丰富的饲养员与医术高明的兽医负责大熊猫的生活。同年10月,"兰兰"和"康康"落户东京上野动物园,每天都有约14600名日本市民专程来看望它们。

一开始,大熊猫面对人海表现得十分兴奋,饲养员却感到不安。大熊猫是喜静的动物,面对这么多人不害怕,反而很兴奋,一定有问题。果然,随后"兰兰"与"康康"的体检报告显示心跳异常加速。为了不再惊吓到"兰兰"和"康康",保证它们的身体健康状况,上野动物园决定将公众展示时间缩短到2个小时。许多日本市民慕名而来,排队3小时,只能看到大熊猫10秒钟。

1980年,日本正经历泡沫经济,苦不堪言,中国将一只雌性大熊猫"欢欢"赠给日本,抚慰了日本国民备受经济煎熬的身心,加深了中日的友好关系。

20世纪70年代,诸多国家元首来华访问,美国带头与中国建交,其余欧洲国家纷纷来华访问,与中国建立外交关系。

1973年9月,法国总统蓬皮杜访华。在访华之前,他让先遣官多次向中方人员暗示法国也想获得一只大熊猫,但一直没有得到准确的答复,紧接着又表示法国愿意用许多外国珍稀动物与中国交换,仍没有回应。最后,蓬皮杜亲自在告别宴会上提出此事,周总理笑着答应了。法国总统喜出望外,为中法友谊连干三杯。随后,大熊猫"黎黎""燕燕"落户巴黎文森动物园,受到了法国人民的热切欢迎,在各个领域掀起一股"熊猫热"。

1974年，英国首相希思在访问中国后，给本国人民带回了两只新居民。"佳佳""晶晶"分别只有22个月和24个月大，经英国首相请求，被中国政府赠予英国人民。英国人民对大熊猫有着非比寻常的感情，大熊猫"明"曾陪英国人民共度烽火时代，大熊猫"姬姬"更是整个英国放在掌心宠爱的宝贝。接替去世的"姬姬"，"佳佳"和"晶晶"享受到明星级的待遇：飞往伦敦时乘坐专门为大熊猫改装过的飞机；为保证大熊猫舒适的生活环境，经过科学考察后特意修建了大熊猫馆；初次露面时，民众不顾倾盆大雨等待大熊猫出现，使这个雨天成为伦敦动物园有史以来观众最多的一天。首相希思表示："这对大熊猫的到来，显示了中国政府对英国人民的情谊，它们必将受到英国人民的热烈欢迎。"

1975年，国务院副总理陈永贵访问墨西哥，将仔细挑选的"贝贝""迎迎"送给墨西哥查普尔特佩克动物园。"贝贝""迎迎"被墨西哥人民照顾得很好，不易生育的它们前后孕育了7个孩子。1981年，为了庆贺大熊猫"多威"（意为"墨西哥的男孩儿"）的出生，墨西哥政府甚至组织了200万名少年儿童跟随在装有大熊猫模型的彩车后面，唱着他们为大熊猫谱写的歌曲，场面热闹壮观。往后几十年，"贝贝"与"迎迎"的后代仍然自在地生活在墨西哥。中国的大熊猫成为中墨两国友好的象征。

西班牙于1978年9月获赠一对大熊猫，它们是"绍绍"和"强强"，令整个西班牙都陷入狂热状态，每一位市民都期望能够与它们见面并合影留念。

1980年，准备被送往联邦德国的大熊猫"宝宝"和"天天"在成都举行交接仪式。联邦德国总理与夫人第一时间在大熊猫馆开馆时进行了参观。在开馆后的几天，许多被印上大熊猫模样的商品都被抢购一空。

大熊猫作为一种只产于中国的珍稀动物，身材圆滚滚的，憨态可掬，深受各国人民的喜爱。大熊猫作为"动物外交官"，向他国人民表达了中国的善意。可爱的大熊猫被运送到别国后，有助于促进旅游产业的收入，也提高了国民的幸福指数。但是，我国送出的大熊猫再也无法回到故乡，将一直生活在国外，这也是令人悲伤的事情。

大熊猫到过的国家（1936年—2005年）

爱尔兰	法国	瑞典	奥地利	韩国
泰国	澳大利亚	荷兰	西班牙	比利时
加拿大	新加坡	朝鲜	美国	新西兰
德国	墨西哥	英国	俄罗斯	日本

资料来源：赵学敏编《大熊猫——人类共有的自然遗产》，北京：中国林业出版社，2006年

20世纪50年代—80年代赠送外国大熊猫一览表

赠送时间	获赠国家	大熊猫	来源
1955年	苏联	碛碛、平平	四川宝兴
1957年	苏联	安安	四川宝兴
1964年	朝鲜	1号、2号	四川宝兴
1970年	朝鲜	凌凌、三星	四川宝兴
1972年	美国	玲玲、兴兴	四川宝兴
1972年	日本	兰兰、康康	四川宝兴
1973年	法国	黎黎、燕燕	四川宝兴、四川平武
1974年	英国	晶晶、佳佳	四川平武、四川宝兴
1975年	墨西哥	贝贝、迎迎	四川越西、四川宝兴
1978年	西班牙	绍绍、强强	北京动物园
1979年	朝鲜	丹丹	四川宝兴
1980年	联邦德国	天天、宝宝	四川天全、四川宝兴
1980年	日本	欢欢	四川宝兴
1982年	日本	飞飞	四川

资料来源：赵学敏编《大熊猫——人类共有的自然遗产》，北京：中国林业出版社，2006年

中国前后将24只大熊猫作为国礼赠送给苏联、朝鲜、美国、日本、西班牙、法国、墨西哥、联邦德国等国家，促进了与这些国家的友好交往。大熊猫是中国的稀有物种，自身憨态可掬的行为举止也赢得了全球人民的喜爱。但是，大熊猫本身是濒危物种，如此赠送，不利于它们的繁殖与生存。20世纪80年代末，中国考虑到大熊猫物种的延续，取消了赠予方式，改为租借模式。

　　原因之一，是捕捉赠送大熊猫可能危害野生大熊猫的生存。中华人民共和国成立初期，北京动物园没有大熊猫的踪影，大熊猫"平平"就是四川宝兴和平乡的村民捉来的，其他的赠送大熊猫也有许多来自野外。据统计，中国送出的24只大熊猫有22只来自四川。它们先被村民或国家专业人员捕捉，再被送往北京动物园，专业的兽医对它们进行身体检查之后，就会送往异国。这一行为给野生大熊猫造成了伤害。雌性大熊猫产崽后会将熊猫幼崽带在身边两年，才会让大熊猫幼崽独立活动、自力更生。赠送外国的大熊猫多是这类刚脱离母亲的幼年大熊猫，此举破坏了大熊猫的繁衍制度，危害了野生大熊猫的生存。

　　原因之二，送往国外的大熊猫的身体健康状况与心理健康状况不佳。野生大熊猫对野外环境的依赖性强，因疾病、不良气候和生育的影响，平均寿命大概是14岁，最长寿的大概是26岁。动物园饲养的大熊猫，食物来源固定、气候因素稳定，本应寿命长过野生大熊猫，但就当时的情况来看，平均寿命比野生大熊猫还要低。它们被送往国外后，必须学会适应新环境与新气候，要改变食谱，甚至进食非常规的食物。大熊猫"平平"仅在苏联存活了6年。粗略计算，出国大熊猫的平均年龄约为10岁。

　　当时中国与国外的动物医疗技术都比较落后，遇上大熊猫患病，往往束手无策。大熊猫会得的疾病多种多样，既有和一般动物相同的发病机理，症状表现也有其特殊性。野生大熊猫受细菌感染患病的概率比圈养大熊猫更高，但圈养的大熊猫也并非十分安全。毕竟，早年出国的大熊猫多数死于肠胃消化系统的病变和生理紊乱性疾病。即使是生活在美国的长寿的"兴兴"，也患有睾丸癌、晚期肾脏病等疾病，最后接受了安乐死。

　　这些出国的大熊猫几乎都是成对赠送，只能在异国他乡终年相伴。大熊猫的婚配制度在自然状态下是多雄配多雌，以保证雌性大熊猫受孕繁衍后代。但赠送出国的大熊猫如果对官方选定的配偶不满意，会影响生育，还会影响心理健康。出国大熊猫的所有权已经不属于中国，中国不能对它们的生活状况进行干涉。

出于对赠送国外大熊猫的生存状况与国内大熊猫物种繁衍的长远考虑，中国决定不再向其他国家赠送大熊猫。但是，大熊猫这一可爱的物种早已俘获全球人民的心，这是其他珍稀野生动物无法比拟的。一只大熊猫会给所在动物园带来巨额收入，各家动物园都想要一只大熊猫作为"镇园之宝"。中国取消了赠送方式，意味着他们绝不可能再获得大熊猫。国外友人纷纷表达了想看大熊猫的强烈愿望，中国于是选择了采用租借的方式向国外输送大熊猫。租借的方式不同于赠送方式，中国可以获得租金或是本国相关人员出国考察的机会。况且，租借只是暂时将大熊猫寄居在某地，大熊猫的所有权与管理权仍然属于中国。

和平的使者们（下）

1980年到1992年，中国先后选派31只大熊猫出访，游历日本、安哥拉、澳大利亚、美国、加拿大、瑞典、爱尔兰、荷兰等国家，受到热烈欢迎。这些环游世界的大熊猫有着自己的传奇故事。

1983年初夏，时隔8年的竹子开花危机再次席卷四川，邛崃山、岷山等地冷箭竹大面积开花枯死。原本青葱翠绿的竹林被无数紫褐色的竹花取代。潘文石教授认为，当一种竹子开花时，大熊猫会找到替代的食物资源。即使是大熊猫分布区中只生长一种竹子，它们也会迁移到别的竹子生长区，满足自己对食物的需求。不过，20世纪80年代，不只是冷箭竹，好几种大熊猫食用竹都开花枯死了。据世界野生生物基金会发表的新闻公报称，中国四川卧龙自然保护区内大熊猫食用的竹子，有90%以上已经开花。[①]

---

① 四川省地方志编纂委员会.四川省志·大熊猫志［M］.北京：方志出版社，2018：339.

　　这一段时间，深入密林的研究人员不止一次看见饿死的大熊猫尸骨。人们在甘肃文县、四川平武、南坪等县相继发现138具大熊猫尸体。中国政府迅速组织救援团队，同时动员广大人民群众在野外遭遇饿病大熊猫时施以援手。

　　首先要做的事情就是对箭竹开花的重点县与自然保护区加强巡逻，由林业部专业人员组成巡逻小队，追踪生活在附近的大熊猫踪迹，记录它们的日常动向，如果有异常情况，可以进行捕捉。一旦发现缺食、病饿的大熊猫，就近选择它们能吃的东西进行投喂，保证它们的生命安全。如果有疾病严重的大熊猫，立即请示上级，将它们送到就近的动物医院就医，防止耽误病情。同时要保护附近山林，禁止村民安套、鸣枪、放狗等狩猎活动进一步破坏山林生态环境，禁止对山林进行砍伐，退还大熊猫的天然栖息地，帮助大熊猫栖息地快速恢复。这些活动需要大量资金支持，为了大熊猫保护事业，人们还开展了社会捐助、拯救大熊猫的一系列活动。

　　这一时期，国家林业局专业人员与老百姓抢救了不少饿病的大熊猫。例如，1983年6月，宝兴县村民外出采集野菜，发现一棵白杨树的树杈上坐着一只大熊猫幼崽。大家担心大熊猫妈妈就在周围，都十分警惕。做了母亲的大熊猫会一改往常温顺可爱的样子，如果有人突然靠近它的幼崽，它必定发怒咆哮，甚至直接攻击入侵者。他们等了半天，也没有等来大熊猫妈妈，只好将干粮递给饥饿的大熊猫宝宝。随后，他们将大熊猫宝宝带回村里，用加了糖的粗粮糊喂它，它很给面子地全部吃光了。这只大熊猫幼崽最开始由捡到它的尹氏夫妇命名为"尹尹"，但是，四川方言中"尹"和"永"的发音相似，事后媒体报道时，"尹尹"被称为"永永"。

1984年，大熊猫"迎迎""永永"飞往美国，出席洛杉矶第二十三届奥运会，收获了满满的人气，仅在奥运会展出期间，便有200万人前去参观。"永永""迎迎"出访美国，属于应邀做客。早在1982年，美国石油总裁哈默访华期间，便向中国领导人提出希望能借一对大熊猫参加洛杉矶奥运会，中国欣然应允。在奥运会结束后，"永永""迎迎"又应旧金山市女市长范因斯坦之邀，前往旧金山动物园。大熊猫展出的短短4周，旧金山动物园便接待了游客150万人次。

1987年至1988年，有6只大熊猫被美国借展，它们是"永永""玲玲""巴斯""元元""乐乐""南南"。1984年至1988年，仅北美地区就有洛杉矶、纽约、圣地亚哥、旧金山、佛罗里达州、亚特兰大等从中国租借到了大熊猫。

1988年是一个熊猫借展的波动年，中国的大熊猫租借在此时开始走向转折。中国有大熊猫，但其他方面都需要他国的援助，通过租借大熊猫可以促进两国间的多领域合作，甚至提供相关的技术援助。大熊猫租借被认为是利于大熊猫保育的事情，让世界上许多国家了解、关注大熊猫这一濒危物种，希望通过多国努力解决大熊猫的繁育问题。因此，中国的大熊猫借展行为在全球有大量的支持者，其中包括国际自然保护联盟、世界自然基金会以及旨在保护濒危动物的华盛顿公约。不过，这些环保团体与专业组织渐渐注意到大熊猫租借中暴露的危害。

大熊猫是一种娇贵的动物，发情时间短得可怜，常年在国家间辗转，会扰乱其生物秩序，推迟甚至贻误大熊猫的最佳交配季节。1988年，各大环保团队向美国租借大熊猫的机构施压，要求中国方面对输出的大熊猫提供证明，保证租借行为不会对大熊猫造成损害，且收取的租金确实用于大熊猫保护事业，否则就停止美国动物园对中国大熊猫的一切借展行为。

大熊猫还去"枫叶国"加拿大进行了一番旅行。1985年是中国与加拿大建交15周年，受美国成功借展大熊猫的影响，加拿大向中国申请租借一对大熊猫到多伦多动物园进行展览。经过考虑，中国决定将卧龙自然保护区的"青青"与"全全"送到加拿大。

加拿大举国上下欢呼庆祝，为"青青""全全"准备专机。1985年7月15日，"青青""全全"到达多伦多动物园，住在特意为它们修建的大熊猫馆。它们到达多伦多动物园后，仅展出100多天，就有120万参观人数，足见加拿大人民对大熊猫的热情。4年之后，加拿大再次向中国租借两只大熊猫"成成"与"冰冰"。"成成"与"冰冰"入住为前辈修建的大熊猫馆，同样受到加拿大人民的狂热追捧，大量报道大熊猫日常生活的媒体出现，动物园的收入是往常的几倍。

借展大熊猫需要不菲的租金与一系列硬件设施，因为大熊猫的生活习性相对苛刻，仅食物是竹子这一项便难倒许多国家。当时北美洲的美国与加拿大经济发达，完全能够达到饲养大熊猫的水平，做客这两个国家的大熊猫，食用的新鲜竹子是空运过去的。十几只大熊猫做客北美洲时，食物新鲜充足，居住环境舒适广阔，每天都有很多人来探望它们。

现生大熊猫主要以高山竹类为食，生活在海拔较高温暖潮湿的山地。大熊猫多活动在坳沟、洼地、河谷等地段，一般温度都在20℃以下，海拔为2400~3500米。这些地方具有优良的生存条件，食物、水源、气候各方面都很充足，适于大熊猫快乐地生活。观测数据表明，大熊猫的繁育发情与温度光照密切相关，特别是雌性大熊猫，温度过高或过低都会抑制它们的发情，所以发情或交配的最适温度为10℃左右。光照是与温度密切相关的因子，光照过强同样会抑制雌性大熊猫的发情行为。只有云层覆盖达到75%以上时才适合大熊猫的发情与交配。[①]

中国出国旅行的大熊猫中，"平平"在莫斯科的生活不比在老家四川安逸。

---

① 张文和，张安居.大熊猫繁殖与疾病研究［M］.成都：四川科学技术出版社，1991.

莫斯科纬度过高，一年有大半时间处于低温状态，夏季温度又过高，而且莫斯科动物园第一次饲养大熊猫，经验不足，让"平平"吃了不少苦头。

因此，我国在租借大熊猫时，除了审查该国家是否具有负担大熊猫生活的经济条件，还将季节这一因素纳入了考虑范围，选择合适的大熊猫抵达时间。欧洲的纬度远高于大熊猫的故乡四川，气候的变化可能不利于大熊猫的生存繁育。尤其是冬季气温过低，即使是进口的新鲜竹子，也不能长久保存，低温天气也不利于大熊猫的运输与观赏。但欧洲多是温带海洋性气候，夏季温度在20℃左右，仍在大熊猫的接受范围之内。

1986年，瑞典希望租借一对大熊猫。瑞典斯德哥尔摩市政委员会对大熊猫的呼唤，得到了四川成都动物园的回应，成都动物园的"锦锦"和宝兴大熊猫"川川"被选中赴瑞典展出。瑞典的斯德哥尔摩位于瑞典南部，属于温和的海洋气候。中国于4月24日派遣两位"和平大使"前往瑞典的埃斯基尔斯图纳市。为了迎接这两只大熊猫，瑞典人民呼吁政府竭尽全力照顾它们。

瑞典修建了大熊猫馆，既有用来纳凉的户内休息室，也有户外展出时专用的活动场，有工作人员为大熊猫准备口粮的小厨房，甚至有雨雪天气时的室内玩耍场地。瑞典不产大熊猫的主食竹，但为了大熊猫饮食的健康，选择进口竹子。瑞典从法国进口新鲜的竹子，从意大利、阿根廷进口苹果，从美国进口胡萝卜，还从泰国买来泰国香米，只为大熊猫能在瑞典生活得舒适。

展出期间，参观大熊猫的除了瑞典的本国居民，还有欧洲邻国的大熊猫爱好者，他们特意来到瑞典，只为看一眼呆萌的大熊猫。人口只有10万的埃斯基尔斯图纳市，在大熊猫展出期间，竟接待了300万人次的游客，大熊猫的魅力可见一斑。

1986年是联合国的国际和平年。"锦锦""川川"在瑞典展出期间，还带动了周围国家的居民涌入瑞典旅游消费。本国的消费与跨国旅游，驱使着瑞典的经济马车，大熊猫俨然从一个"和平大使"，变成了招财的商务参赞。它们在瑞典的旅行日记，经媒体报道传遍整个欧洲，其他欧洲国家纷纷表示也要向中国租借大熊猫。

同年，大熊猫访问的下一站是爱尔兰。

爱尔兰是一个人口百万、面积为70273平方千米的国家。6月11日，四川省平武县北山大熊猫饲养场接到爱尔兰租借大熊猫的请求，派"明明""平平"去爱尔兰共和国展出110天。"明明""平平"在爱尔兰享受到了外宾级的待遇，欢迎它们的开幕式在爱尔兰首都都柏林举行，连爱尔兰共和国副总理都前来参加。据粗略计算，展出期间售出门票约45.82万张，创造了爱尔兰共和国展出史上参观人次最多的纪录[①]。

展出期间，几乎每天都有媒体对"明明""平平"的生活以及相关的活动进行报道。电视台还录制了纪录片，制作了宣传书刊和图片。更有抓住商机的商人，将大熊猫的形象印在各种商品上，提高商品的销量。为了纪念此次展出，展出团在飞往爱尔兰时曾携带几百枚熊猫纪念章，除了自身佩戴，全部送给动物园的工作人员以及相关人士。这种熊猫纪念章受到了热烈的欢迎，许多没有收到纪念章的人愿意出钱购买，但展出团的熊猫纪念章已然送完。爱尔兰人民请求再制作一些熊猫纪念章，展出团收到这些请求后，立即向国内请示批准。随后，国内各地又邮来4000多枚熊猫纪念章，迅速销售一空。

同年9月12日正好是大熊猫"明明"的7岁生日，爱尔兰人民决定为"明明"举行盛大的生日会。动物园为"明明"准备了生日蛋糕，前来参加"明明"生日会的人们为它唱起了生日歌。"明明"的生日夜就售出400多张票，人们可以住在动物园提供的帐篷里陪"明明"过生日。第二天，许多孩子被老师和家长带来动物园，给"明明"带来了自己做的生日卡以及自己画的"明明"肖像。动物园更是积极配合孩子们完成一系列庆祝"明明"生日的活动，场面热闹欢庆。

前往荷兰展出的大熊猫"苏苏"的经历也十分波折。

"苏苏"大概出生于1983年，两岁左右的它，外出觅食时与地里劳作的农民相遇。农民没有看清是大熊猫，误以为是凶猛的野兽，无情地对"苏苏"开枪。"苏苏"受伤逃走时，农民才看清那是一只大熊猫。他意识到自己犯下了错

---

① 四川省地方志编纂委员会.四川省志·大熊猫志［M］.北京：方志出版社，2018：344.

误，赶紧回村向村干部说明了这一情况，村里立即派人去追踪这只大熊猫，却无论如何也找不到它的活动痕迹。

两个月后，有一只大熊猫误闯村庄被捕捉，送往成都动物园体检时，兽医在它体内发现了火药铁砂。人们这才明白，它就是那只被村民误伤的大熊猫，它受伤后强忍疼痛活了下来。经过一番抢救治疗，大熊猫体内的铁砂被取出，但受伤的眼睛再也不能复明。后来，"苏苏"一直生活在成都动物园，受到悉心照顾，身体逐渐恢复健康。这是"苏苏"第一次死里逃生。

1987年3月，原定赴荷兰展出的大熊猫"苏苏"在体检时突发状况，一度暂停呼吸三个半小时，经过专家全力抢救，"苏苏"脱险。又经过2个月的休养，"苏苏"身体恢复，5月准时前往荷兰展出。这是"苏苏"第二次死里逃生。

抵达荷兰后，荷兰贝纳特亲王与前女王朱丽安娜乘专机出席并主持了大熊猫展出的开幕式，升起纪念旗。世界野生动物基金会荷兰分会主席特维·范卫恩夫人在开幕式上宣布，自今日起，荷兰会为中国的大熊猫举行募捐活动，"苏苏"为远在中国的大熊猫同胞争取到可观的保护基金。[①]

"苏苏"在贝克贝根动物园总共展出3个月，这是荷兰动物园第一次展出大熊猫，慕名而来的游客把动物园的熊猫馆围了个水泄不通，争相目睹来自遥远中国的国宝，盛况空前。

向中国成功借展大熊猫的国家，除了经济发达的北美与欧洲国家，还有中国的亚洲邻居。

所有国家中租借大熊猫最多的国家，是我们的亚洲邻居——日本。1972年，继中美关系破冰建交，日本首相田中角荣访华实现中日建交。20世纪80年代，中国全方位对外开放，在外交方面与所有国家进行交往。这种为经济建设服务的外交政策，摒弃了为政治利益而牺牲经济利益的不明智做法，使中国外交趋于务实、成熟。[②]

---

① 曹祥元.妙手令熊猫苏苏回春（我和大熊猫的故事）[EB/OL].[2007-03-01].http://paper.people.com.cn/rmrbhwb/html/2007-03/01/content_12381693.htm.

② 计秋枫.中国外交历程1949—1989[M].南京：南京大学出版社，2018：186.

20世纪80年代至90年代，日本共向中国借展了13只大熊猫。日本获赠的"兰兰"与"康康"相继死于1979年与1980年。因它们的离世而伤心的日本民众听说中国大熊猫可以运到国外展出访问时，向政府请愿，希望政府能够从中国借到两只大熊猫。

1980年，日本成功向中国租借了大熊猫"珊珊""宝玲"。"珊珊""宝玲"原本居住在广州动物园，被福冈动物园租借后，赴日进行为期2个月的展出。为了迎接这两只大熊猫，福冈动物园专门建造了一座150平方米、通风良好的敞开式熊猫馆，食料更是特意从冲绳运来的新鲜的泰山竹、绿竹和麻竹。广州天气炎热，"珊珊""宝玲"到达日本后，反而喜欢上了凉爽的福冈，生活得有滋有味。展出期间的盛况，据陪同两只大熊猫出访的饲养员回忆，当时动物园天天都像过节一样，十分热闹。

1981年，上海杂技团的"伟伟"应邀到日本大阪演出，吹喇叭、蹬大球、爬滑梯、骑木马等都是"伟伟"的拿手好戏。结束大阪之行后，"伟伟"又造访了东京、横滨、静冈和名古屋，为当地的人民带去精彩的演出。东京与静冈还专门为这位明星发行了纪念章，日本各地掀起了一股"大熊猫热"。"伟伟"所到之处，当地制作的大熊猫模样的点心、大熊猫形象的公仔玩具与大熊猫图案的邮票等商品，都深受日本人民的喜爱。

"伟伟"访问日本才短短一年，日本再次向中国借展大熊猫，并且一次性借了4只，它们是"庆庆""振振""蓉蓉""寨寨"。因为日本港湾神户于1981年建成了一个具有完整独立城市功能的人工岛，3月到9月将在岛上举办有35个国家参加的国际博览会。大熊猫就是去国际博览会做客，为博览会增光添彩的。出国之前的筹备，让工作人员忙坏了，其中最重要的便是对大熊猫的"适应训练"。

为了使"寨寨"与"蓉蓉"能够适应各种交通工具，工作人员与饲养员为它们制定了长达15天的适应训练。他们准备了大小两辆车，带着大量的鲜竹与药品，从天津出发，辗转各地，最后再返回天津，其间不断更换交通工具，就是为了观察大熊猫的反应。所幸"蓉蓉"和"寨寨"表现良好，情绪稳定，没有丝毫怯场，具备出国资格。代表团到达日本时，红地毯、仪仗队奏乐、摩托车队排列、警车开道、电视直播，这场面将饲养员魏金林吓了一跳。

"寨寨""蓉蓉"的到来可是不容易，日本神户两年访华期间不断提起此事，希望中国能够同意日方借展大熊猫。经过天津与神户的多方努力，国务院才批准了天津大熊猫的赴日展出活动。这两只大熊猫为天津与神户这两个城市的合作交流做出了不小的贡献。

1984年，天津政府与神户政府签署了《关于神户市协助天津港进行管理和建设协议书》，并聘请以神户市港湾局局长鸟居幸雄为团长的港口顾问团来津工作。当时，中国在科学技术层面有所欠缺，天津港务局领导最大的"心病"就是积压了10多年的压船压港问题。日本专家一到天津，就深入码头、货场、仓库、锚地、船闸进行测量，还深入铁路、公路、外贸、内海航运等30多个部门进行调研。随后，神户专家制订出港口紧急改造方案，解决了天津港常年压船压港的问题。

大熊猫的出借，使日本与中国在诸多方面进行交流、融合、借鉴，就技术欠缺的问题都能因出借而得到解决，促进了改革开放阶段中国的快速发展。

1988年，新加坡向中国提出借展大熊猫的要求。此时中国与新加坡尚未建交，但国务院批准由中国野生动物保护协会提供"安安"和"新兴"这两只大熊猫去新加坡展出。"新兴"的名字意为"新加坡繁荣兴盛"，用心良苦。新加坡对待我们的国宝也同样细心呵护。新加坡气候湿热，为了迎接两只熊猫的到来，专门在大熊猫的卧室内装上空调，也为它们扩建了室内和室外的活动场地，制定了专门的营养食谱。

1990年9月30日，大熊猫展览开幕，两只圆滚滚的大熊猫正式入住新加坡万里动物园。"安安""新兴"共在新加坡逗留了110天，动物园开放期间，共有50多万名游客前来观赏大熊猫，几乎是新加坡总人口的五分之一。"安安""新兴"的出现，令万里动物园赚取了近200万美元。为了感谢中国的支持，新加坡捐赠20万美元用于中国大熊猫保护事业。1990年10月3日，大熊猫展出后第三天，中国与新加坡建立了外交关系。

1992年，大熊猫"亚庆""川川"应泰国之邀，与泰国人民相见。"亚庆"于1990年出生于北京动物园，出生于亚运会期间，为了纪念这个特殊的时间而被取名"亚庆"。

"亚庆"送到泰国展出时，正好是两岁，萌态十足，活泼好动。"亚庆"与来自四川成都动物园的"川川"被安排居住在曼谷野生动物园。泰国没有饲养大熊猫的技术与经验，中方高度重视此次合作，成都动物园特意派出年轻有为的牛李丽医生负责大熊猫的饲养和医疗保健。牛医生在泰国陪两只大熊猫居住了半年，尽心尽力地照顾它们，积极预防相关的大熊猫疾病。"亚庆"与"川川"在泰国期间，深受普通民众与泰国王室的喜爱，当时的泰国国王为表示感激，还向中国赠送了用他头像印制的礼物。

中国取消熊猫赠送，转而开展熊猫借展，不仅满足了各国人民想看大熊猫的愿望，也在另一层面践行着中国对外开放的外交方针。

第二章　走向世界的大熊猫合作

世界对大熊猫故乡的回访

中国派遣多位大熊猫使者出使各国，这些国家都感受到了中国的友好。大熊猫为中国与世界各国的友谊奠定了基础，世界各国政府与非政府团体遵循礼尚往来这一全球通用礼仪，纷纷回访大熊猫的故乡——卧龙国家级自然保护区。

1979年，中国曾将一对大熊猫送给德意志联邦共和国。1980年11月举行交接仪式时，德意志联邦共和国驻中国大使修德和夫人亲自到场。1994年8月，德国政府来访卧龙国家级自然保护区，援助中国大熊猫项目考察团4名专家，并组织代表团对中国现有的大熊猫项目进行考察。

此时的德国，以一个新面貌来到中国。德国援助考察组的4人分别是生物学与生物疾病研究领域的专家，随行大熊猫考察组深入它们的栖息地，利用自身专业知识，结合中方大熊猫专家的实践经验，研究大熊猫疾病的诊疗方法与大熊猫生存环境对繁育的影响，在大熊猫保育领域贡献自己的力量。

大熊猫出访瑞典时，引得附近挪威、芬兰、丹麦、冰岛等国家的人民不惜跨国，也要来埃斯基尔斯图纳市看大熊猫。这些国家并未向中国借展大熊猫，但这些国家的人民对大熊猫的喜爱毋庸置疑。

1985年，丹麦亲王一行4人与林业部外事司副司长杨禹畴等参观了卧龙国家级自然保护区。1983年年初，多种大熊猫食用竹大面积开花枯萎，大熊猫丧失食物来源、面临生存危机。丹麦亲王与林业部此行除了访问大熊猫保护研究中心，也是为了调查大熊猫的受灾情况，了解受灾大熊猫的现存数量与生活状况。

1992年，大熊猫"亚庆"与"川川"在泰国展出，为泰国人民带来了欢乐。中国提出改革开放政策时，已与泰国建交三年，此后，中国的经济建设从泰国华裔处获益良多。泰国华商的投资为中国人民提供了大量的就业机会。例如，泰国正大集团仅在中国的农牧业企业，雇用的就业人员就有约6万人，间接就业达上百万人。[①]泰国华商还会自发带动大量外资投资中国。他们充分利用自身在泰国的人际关系与文化基础，介绍其他泰国企业来中国投资，还利用在国际市场熟悉行情、消息灵通、经验丰富等优势，为国际资本来中国投资牵线搭桥，创造出"以侨引侨、以侨引台、以侨引外、港桥台外联合投资"具有中国特色的引资方式。[②]1992年，卧龙成立了大熊猫俱乐部，开展大熊猫领养活动，同年，中国的"亚庆"与"川川"做客泰国。1994年7月27日，泰国正大集团总裁谢国民来到卧龙国家级自然保护区，由中共四川省委书记谢世杰等陪同回访了大熊猫的故乡，同时认养3只大熊猫。

20世纪80年代，日本是从中国借到大熊猫数量最多的国家，大熊猫受到日本人民的高度关注与悉心照顾。此外，日本的中小学教育模式不同于中国，不同学段的学生最后一年都要接受一次时间不同的修学旅行，小学是1~2天，初中是3~4天，高中时间更长。日本政府与学生家长都十分重视这项活动，从而衍生出相关的组织，如日本国际青少年探险委员会。日本青少年对大熊猫的故乡充满好奇，希望有机会前往中国一探究竟。日本诸方了解到青少年的需求，

---

① 创日技术专家组.正大，值得为你喝彩——正大集团投资中国二十年侧记［J］.中国禽业导刊，2000（21）：15—16.

② 吴壁鸿.改革开放以来泰国华商对中国大陆的投资分析［D］.广州：暨南大学.2012.

曾组织他们多次对中国大熊猫故乡进行回访。

1985年，日本少年儿童培育协会会长山科里美带领少年儿童代表团访问四川卧龙。儿童代表团来中国前，专门为中国大熊猫抢救项目进行募捐，共筹得400多万日元。他们在卧龙自然保护区学习大熊猫的相关知识，了解大熊猫的发展起源与生活习性。

儿童代表团一行26人，受邀前往"五一棚"等地，聆听胡锦矗教授在野外观察大熊猫的故事，实地考察了大熊猫的生活环境。之后又坐车来到成都的大熊猫研究中心饲养场，见到了许多在玩耍的大熊猫，一下子看见这么多大熊猫，他们欣喜若狂，不停地拍照、狂呼。

仅有日本青少年在卧龙访问，仿佛少了一些中日交流的机会，中日决定，再有类似活动便组织中国的青少年共同参加，促进两国新生代的沟通交流。

1994年8月15日至21日，中国野生动物保护协会与中国宋庆龄基金会、日本国际青少年探险委员会，组织日本青少年与中国青少年开展中日青少年探险夏令营。这些青少年在成都参加开营仪式后就来到卧龙，自带生活用品在野外探险与训练。夏令营期间，中国青少年与日本青少年互帮互助，进行野外动植物的观察记录，共同完成教师布置的任务。林地探险时携带自己的野外生活用具，脱离现代化设备，返璞归真，在卧龙山林中穿梭。

2002年，新加坡发展部部长马宝山及其随行人员访问中国，百忙之中抽出时间到卧龙自然保护区访问参观。这位新加坡领导人专门来访四川，是因为新加坡曾借展的大熊猫"安安"与"新兴"促进了中新建交，是两国友好交往的象征。而且，此时新加坡与四川正处在紧密的贸易伙伴合作阶段。中国改革开放以来，新加坡由最开始的投资地——中国沿海，逐渐扩展到中国的东北与西部地区。1995年，时任新加坡总理吴作栋访华时提出要在中国选择五个省份作为投资试点，四川是被选中的唯一内陆省份，也是第一批与新加坡建立双边贸易合作关系的省份。1996年，新加坡—四川贸易与投资委员会成立，双方在投资、贸易、物流、旅游、航空、金融等方面合作成效显著。在西部大开发的大背景下，四川凭借自身作为西部大省的经济、人力与自然资源优势吸引越来多的新加坡企业来川投资。①

还有一些以世界环境保护为宗旨的非政府组织团体，访问目的主要是进行科学考察。

美国CITES（环保）公约考察组于1994年11月4日访问了卧龙国家级自然保护区，它是世界知名保护珍稀濒危动物的组织，此次来到中国，主要是对大熊猫这一生物的栖息地进行科学考察，丰富组织关于大熊猫的基础性知识。

从1979年到2005年，来访卧龙国家级自然保护区的国家代表有丹麦、德国、泰国、美国、新加坡。从1990年到2009年，来访成都大熊猫繁育研究基地的人员，所属国家主要是古巴、尼泊尔、法国、丹麦、英国、日本、芬兰、南非、安哥拉、韩国、德国、美国、泰国、新西兰、挪威、爱尔兰等，其中大多数是获得大熊猫赠送的国家与成功借展大熊猫的国家，送出去的大熊猫不能常回家看看，但他们可以代替大熊猫回乡探亲。

定居他国繁育困难

无论大熊猫落户哪一个国家，当地民众都希望大熊猫能够繁衍后代，但效果都不理想。

大熊猫作为一种在地球生活了八百多万年的孑遗物种，它们的进化痕迹似乎并不明显，骨架重、脑容量小，这些都是古老生物的特点，"活化石"这一称呼名副其实。它们不仅古老，数量更是稀少，只生活在中国，栖息地也并不大，主要分布于四川、陕西与甘肃的山区。所以，大熊猫也是当之无愧的中国国宝。

---

① 王琼琼.借道贸易原理在新加坡—四川贸易合作中的应用［D］.成都：西南交通大学，2011.

大熊猫在地球生活了八百多万年，但没有出现繁衍过度的情况。

干扰野生大熊猫繁衍因素之一，是婚配不易。因为野生大熊猫喜欢离群索居，他们主要依靠将粪便、尿液以及肛周腺体的分泌物涂在表皮粗糙的树干或石头上进行气味标记，来宣示自己的领地。如果别的大熊猫嗅到和自己不同的气味，它们会主动回避，不去打扰同类的生活。通常来说，一只雄性大熊猫的领地有6~7平方千米，它会在自己的领地内巡视觅食。同时，它的领地周围会有雌性大熊猫生活，方便它们在发情期进行婚配。虽然雌性大熊猫的领地相对雄性大熊猫的领地会小一些，但也有4~5平方千米。每只大熊猫的领地如此广阔，又很少交叉，平时也少有来往，自然婚配不易。更何况，现在的人类活动将它们的栖息地分割成片，不同血缘适宜交配的大熊猫则更难婚配。

除此之外，野生大熊猫的发情期一般在春天，受到温度与光照这些物理因素的影响。有观测数据表明，温度与光照在大熊猫发情期起到关键作用，特别是雌性大熊猫的发情。因此，不同大熊猫居住点海拔的高低与气候的差异，都会影响大熊猫春天的发情时间。野生大熊猫每年发情一次，最早的开始在3月，受环境因素影响最晚的推迟到5月。

除了发情时间不统一，它们的发情期也十分短暂。雌性大熊猫的发情期只有短暂的2~3天，但雄性大熊猫与它们的领地都相距甚远。在发情期间，大熊猫主要通过气味标记来寻找配偶，当一只雌性大熊猫领地周围有多只雄性大熊猫时，它发情时就会有多个追求者。雄性大熊猫求偶时，主要通过连续不断的咩叫声以及视觉上的待配姿势吸引雌性，有时甚至会为了争夺雌性大熊猫的青睐，而与其他雄性大熊猫大打出手。相反，领地偏僻的雌性大熊猫可能只有一个追求者，甚至"无熊问津"。这样一来，能在最佳交配时间段内完成婚配具有不小的难度。

干扰野生大熊猫繁衍数量增加的因素之二，是幼崽的养育问题。大熊猫属于哺乳动物，但受孕方式十分特别。完成婚配后，大熊猫的受精卵会在子宫游离一段时间后才着床发育。这段延期着床时间，从一个半月到四个月不等，因此，妊娠期结束后出生的大熊猫幼崽是名副其实的"早产儿"。

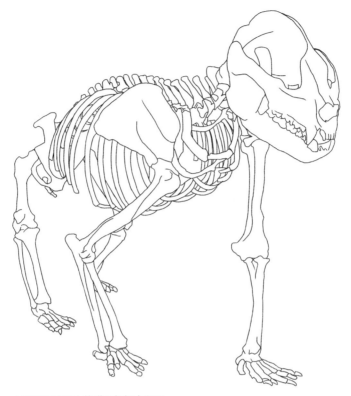

大英博物馆的大熊猫骨架标本翻画

　　幼崽的养育问题完全由雌性大熊猫负责，由于大熊猫幼崽诸多身体机能都未发育成熟，雌性大熊猫养育时很费劲。遇上生育双胞胎的情况，它们常常会放弃其中一只体质较弱的幼崽，将初乳喂给另一只幼崽。吃上初乳的幼崽即使能够度过前期的危险阶段，在后期的成长阶段也会面临各种威胁。

　　有研究显示，一些大熊猫栖息地内有许多家犬活动，这些家犬一次长途跋涉的距离可达30千米，完全能够深入大熊猫的生活腹地。狗是杂食性动物，对大熊猫幼崽有生命威胁，狗身上携带的细菌也会传染给周围的动物产生连锁反应，危及大熊猫的生存。

　　野生大熊猫生活在世代生存的山林里，早已锻炼出求生本能，对自身种族的延续方式也了如指掌。即使是环境适应能力强的野生大熊猫，其繁育都存在诸多干扰，遑论没见过世面的圈养大熊猫。

圈养大熊猫存在的第一个繁育难题就是发情难。因为雄性大熊猫并非年年发情，而雌性大熊猫的发情也受到温度与光照的影响，双方发情的自然时间本身就不确定。圈养大熊猫没有独立的领地，经常与其他大熊猫碰面，社交过于频繁的同时，活动范围又很狭窄，久而久之，大熊猫之间都互相熟悉，没有什么新鲜感。野生大熊猫则不会如此，因为野外环境丰富多变。圈养环境过于安逸，大熊猫没有谈恋爱的心思。野生大熊猫的食谱复杂多样，体质强健，而圈养大熊猫食谱单一，可能影响其生理发育，阻碍了正常发情。

圈养大熊猫繁育的第二个难题是配种受孕难。野生大熊猫即使完成自然婚配，也未必会怀孕，就算怀孕生下幼崽，由于幼崽的抚养期过长，幼崽的成活率也不高。圈养大熊猫本身发情便存在困难，即使雌性大熊猫发情，也无法像在野外一般靠气味自然吸引雄性，以优胜劣汰的方式选出夫婿。它们不易自然选择配偶，加之部分雄性大熊猫从小生活在动物园，缺乏交配经验与能力，即使两只大熊猫两情相悦，自然交配时也不易受精受孕。

第三个难题则是育幼成活难。大熊猫的一系列传统疾病对新生儿的危害不容小觑，典型"早产儿"的大熊猫幼崽自身抵抗能力不足，一旦遭遇病菌，几乎没有成活的可能。圈养的雌性大熊猫长期处于圈养模式，育幼经验不足，甚至出现将新生幼崽压死的情况。大熊猫妈妈生双胞胎的概率比较大，但只有吃上初乳的大熊猫幼崽才能成活。被放弃的那一只幼崽，无论是温度还是营养，人工创造的条件都无法达到大熊猫妈妈的标准。

大熊猫的繁育难题是全球性的。中国操心大熊猫的繁殖，许多熊猫旅居或定居的国家也为大熊猫幼崽的出生做了诸多努力。但人工繁育大熊猫面临重重困难，1963年至1993年，国内外共人工繁殖大熊猫99胎，其中国内85胎，国外14胎，初生幼崽到半岁龄的存活率仅为39.86%。[①]

---

① 张泽钧，张陕宁，魏辅文，王鸿加，李明，胡锦矗.移地与圈养大熊猫野外放归的探讨[J].兽类学报，2006，26（3）：292—299.

20世纪50年代，"碛碛"由于性别误会被送回中国，在北京动物园短暂地生活一段时间后，被一位奥地利商人用三头长颈鹿、两头犀牛、两头河马和两头斑马换得，改名为"姬姬"。"姬姬"环游世界后，在伦敦动物园定居下来。英国人民都十分宠爱"姬姬"，它发情时举国欢庆，但是人们犯难了，去哪儿找一只年龄相当的雄性大熊猫做"姬姬"的丈夫呢？英国曾向北京动物园求助，但北京动物园也没有适龄的大熊猫。英国带着"姬姬"前往苏联相亲。这一行动令英国与苏联两国人民都十分激动，甚至就"姬姬"孩子的归属问题展开了激烈的争论。此时，"平平"已经去世，"姬姬"只好与"安安"相亲，但残酷的现实是它俩一见面就打了起来，全无心动的预兆，之后两次尝试也以失败告终。"姬姬"与"安安"都一生单身。

失败的例子同样出现在1981年，当时伦敦动物园的"佳佳"已到了适婚年龄，动物园为它选择了华盛顿动物园的"玲玲"作为伴侣，但两只大熊猫一见面就厮打在一起。随后，伦敦动物园又安排"佳佳"前往西班牙与"绍绍"相亲，"绍绍"却对"佳佳"又吼又叫，两次相亲都宣告失败。

"宝宝"于1980年被赠送给联邦德国，一同送来的"天天"夭折，为了大熊猫的繁育，德国接受了英国的相亲提案，派"宝宝"去英国见一见大熊猫"明明"。但是两只大熊猫彼此都不满意，双方大打出手。1997年，德国不甘心"宝宝"就此终老一生，向中国租借"艳艳"作为"宝宝"的配偶。两只大熊猫总算能够和平相处了，为了帮助"艳艳"受孕，动物园连续8年尝试人工授精，但没有成功。

日本的"兰兰"与"康康"本是两情相悦，无须人工干预就能做到自然交配，但"兰兰"于1979年病倒离世，令人痛心的是，随后的尸检显示"兰兰"已有身孕。"兰兰"死后8年，日本才得到两只大熊猫幼崽，圈养大熊猫的繁育难度可想而知。

送往美国的"玲玲"与"兴兴"一直没有交配行为，美国华盛顿动物园请求与伦敦动物园的"佳佳"联姻，但"玲玲"与"佳佳"都不符合各自的配偶要求。为了能拥有一只大熊猫宝宝，华盛顿动物园甚至冷冻了"佳佳"的精液，选择在"玲玲"发情时注入体内。可惜"玲玲"之后出现的搭建巢穴，怀抱胡萝卜等现象，都是假怀孕，而不是妊娠的表现。

1983年，饲养员观察到"玲玲"与"兴兴"的第一次自然交配，不久，"玲玲"体内的黄体酮数值不断上升，显示它已怀有身孕，但不幸的是，"玲玲"产下的幼崽只存活了3个小时便失去了生命。世界野生生物基金会为哀悼这只大熊猫幼崽，在瑞士格朗总部全天下半旗。1984年，"玲玲"产下的幼崽同样夭折。1987年，"玲玲"产下的一对双胞胎也没活到长大。"玲玲"一生共孕育了5个幼崽，却没有一个幼崽能够成活。

其余国家大熊猫的发情与繁育也只能依赖自然交配，人类无法干预，也不知如何干预。大熊猫的择偶标准人类不得而知，以人类选美标准选出的大熊猫，往往不合双方的心意。毕竟在自然环境中，只有身强力壮又深得雌性大熊猫欢心的雄性大熊猫才能获得交配权。

定居或旅居他国的大熊猫基本都是"包办婚姻"，无法像野生大熊猫那样进行自然的优胜劣汰，筛选出繁育能力强的雄性大熊猫。大熊猫的交配成功率，无论是野生还是圈养，都不高，即使成功交配，产崽的成功率也不高。无论是中国早期赠送给外国的大熊猫，还是后期旅居国外的大熊猫，它们的繁育难题始终困扰着各国人民。

"姬姬"与世界自然基金会

1958年年初，美国芝加哥动物协会找到奥地利动物商人海尼·德默，希望他能为芝加哥动物园寻找一只大熊猫，为此动物园愿意付高价。动物商人海尼·德默来到中国，以自己的名义与北京动物园进行了多次洽谈，最终以交换的形式得到一只大熊猫。

这一结果令芝加哥动物园欣喜万分，他们迅速与海尼·德默谈好价格，希望尽快将"碛碛"接去美国。但是，这只来自中国的大熊猫在美国被禁止入境。

海尼·德默甚至找到时任美国中情局局长的艾伦·杜勒斯，希望能够网开一面，但美国态度强硬，"碛碛"的美国之旅就此中断。

海尼·德默决定带着这只大熊猫进行世界巡展。海尼·德默决定去欧洲碰碰运气，因为大熊猫在欧洲历来受到喜爱。欧洲的明星大熊猫是被卖到英国的"唐""宋""明"，"明"存活的时间最长，最受欧洲人民的喜爱。第二次世界大战中，"明"为饱受战争折磨的英国人民带来心灵的慰藉，它死后，无数人流下了伤心的眼泪。"明"去世后，英国就没有了大熊猫的踪迹。由于饲养技术低劣、生存环境差，生活在其他西方国家的大熊猫也相继去世，欧洲对大熊猫的渴望日益增强。

海尼·德默带着"碛碛"先前往莫斯科动物园，展出了10天左右。"碛碛"刚被莫斯科动物园送回北京动物园，又以一个旅客的身份回到了莫斯科。展出结束时，德国法兰克福动物园邀请"碛碛"前往德国做客。

在德国法兰克福动物园短暂停留之后，碛碛再次起程，受邀造访丹麦的哥本哈根动物园。随后德国人民呼唤大熊猫重新到德国展出，柏林动物园接待了"碛碛"。大熊猫"碛碛"所到之处，人们热情高涨，纷纷前来观看这位知名的访客。一切印有熊猫形象的商品都很畅销，如服装、玩具、食物等。

所有欧洲国家中，对大熊猫怀有特殊情感的当数英国。听说动物商人海尼·德默携带一只大熊猫来到欧洲，英国人民按捺不住内心的欢喜，请求"碛碛"来英国展出一段时间。海尼·德默带着"碛碛"如约来到伦敦动物园，受到了欢迎。由于经费有限，伦敦动物园本想只借展3周，但英国人民不舍"碛碛"离去，英国伦敦动物园采纳了意见，采取社会捐助的方式筹集到大笔资金，希望让"碛碛"从此定居英国。

1958年9月，经过协商，英国最终以1.2万英镑的高价买下了"碛碛"，并改名为"姬姬"。20世纪中期，即便是欧洲发达国家，1.2万英镑也不是一笔小数目。

"姬姬"正式入住伦敦动物园，成为整个动物园中最受欢迎的"动物明星"。英国人民对这只来之不易的大熊猫格外珍视，给它提供一系列服务。天热时，动物园会为"姬姬"准备冰块，让它躺在冰上纳凉，还设计了一种喷雾装置，放在高处朝它喷洒"毛毛雨"。英国积累了一些大熊猫养殖经验，十分贴心地给"姬姬"分配了专业的兽医，聘请了专门照顾它生活的饲养员，还在它的卧室里装上空调。

1960年，"姬姬"开始发情，在莫斯科居住的大熊猫"安安"正是合适的配偶，经过双方政府的交涉，最终决定让两只大熊猫见面相亲。"姬姬"于1963年3月飞往莫斯科与"安安"见面。第一次相见时，双方都显得格外紧张，看着对方来回踱步。在进行长时间的眼神与气味交流之后，"安安"开始主动靠近"姬姬"，"姬姬"似乎是害羞，站在原地等待"安安"的接近。出乎意料的事情便在此时发生了，"安安"走上前来，一口咬住"姬姬"的大腿，两只大熊猫扭打起来。现场的画面震惊了所有人。

人们猜想，可能是"姬姬"与"安安"互不熟悉，等它们适应了新环境与新伙伴，或许就会有转机。英国政府将"姬姬"留在莫斯科，同年秋天，安排"姬姬"与"安安"再次合笼。此次"安安"显得积极得多，热情地呼唤着"姬姬"，但"姬姬"置之不理，甚至一发现"安安"靠近就怒吼抗议。第二次相亲又尴尬地收尾了。

双方决定让"安安"来到伦敦动物园，在"姬姬"熟悉的环境中相亲。结果两只大熊猫同样无动于衷，急于求成的动物学家甚至给"姬姬"注射了催情素，但可能是第一次见面时"安安"的不绅士行为给"姬姬"留下了坏印象，无论人们怎么努力，"姬姬"就是无动于衷。跨越两洲的数次相亲都以失败告终。

往后10年，即使"姬姬"发情，只要稍加安抚，它就会很快平静，不再出现发情期情绪激动，伤害饲养员的行为。1972年7月，"姬姬"在伦敦动物园去世，英国专门为它准备了追悼会。1973年，"姬姬"被制成标本，存放于英国自然历史博物馆。

中国外送的大熊猫中，"姬姬"的经历最为颠沛流离。许多大熊猫被送往一个国家，就能立刻安定。"姬姬"一生都在流浪，这是不幸的，因为大熊猫本身并非社交动物，频繁地转变生活环境只会令它狂躁不安。但"姬姬"的流浪之旅也是幸运的。20世纪50年代末，英国伦敦动物协会响应全球保护野生动物的号召，决定不再圈养野生动物，但考虑"姬姬"从小被圈养，不适合放归野外生活，就通过社会集资的方式买下"姬姬"，给了它一个家。

WWF是全球最大的非政府环境保护组织之一。WWF最开始的全称是"World Wildlife Found"，意为"世界野生动植物基金会"。1986年，组织成员意识到这一名称的狭隘，改名为"World Wide Found For Nature"，意为"世界自然基金会"。

WWF成立于1961年，总部位于瑞士格朗，建立宗旨是保护世界生物多样性，推动降低污染和减少浪费性消费行为以及确保可再生自然资源的可持续使用。这样一个面向全球的世界环境保护组织，必须拥有一个具有全球性的徽标。

1961年，WWF创始人来到英国伦敦动物园，第一次见到在伦敦动物园生活的"姬姬"。"姬姬"自1958年起定居伦敦动物园，人气居高不下。这位创始人有所感触，决定将"姬姬"的形象作为WWF的徽标。

WWF是一个面向全球的世界环境保护组织，它的徽标必须跨越文化与种族的障碍，让全球人民都容易识别。这也是徽标必须具有的第一大作用，识别作用。大熊猫全身黑白相间，圆滚滚的外形与憨态可掬的性格与其他动物能形成区别，不易混淆。况且，它们是全球人民的心头好。而且，大熊猫身上只有简单的黑白色，在全球推广印刷时，不需要彩色油墨，既环保，又可以节约印刷成本。它们外形圆润，线条简单，能完美还原它们的模样，绘画难度比较低。徽标还要承担一定的文化意义。大熊猫的花色中隐藏了许多深层的寓意，既有象征黑人的黑色，又有象征白人的白色，唯独生活在满是黄种人的亚洲，这样一种融全球人种于一身的动物是独一无二的，也能传达种族和谐的文化意味。

大熊猫能作为WWF的徽标，还因为它们本身就是濒危物种的代表。WWF第一条宗旨便是保护世界动物多样性，而大熊猫原本生活在中国西南地区的高山深谷中，但随着它们被科学界发现，拥入中国捕杀大熊猫的人数不胜数，加上中国自身进行熊猫外交时也在大量捕捉野生大熊猫。野生大熊猫的生存环境遭到

WWF 的大熊猫标志（引自孙前著《大熊猫文化笔记》，五洲传播出版社，2009年）

破坏，生存状况每况愈下，已经变成亟须组织投入力量保护的濒危动物，完全符合该组织的宗旨。除此之外，大熊猫的外形简单，色块少，十分利于标志化，只需简单的几笔勾勒，它们的形象便跃然纸上。

WWF决定将"姬姬"的形象作为组织徽标后，第一个草图由苏格兰自然学家杰拉尔德·华生绘成，后来WWF的第一届主席必得·斯科特在此基础上又加以修改才形成了WWF的第一个标志。

从1961年至2000年，WWF的大熊猫标志不断演进，由最开始的高度还原形象慢慢缩减线条，后来又在标志下方加上WWF的字样，算上草图共进行了五次优化。而"姬姬"这张头微低着缓缓走来的照片也被频繁搬上荧屏与报纸，并随着WWF的壮大被很多国家视为自然环境保护的标志。

虽然大熊猫"姬姬"的形象被用作基金会的徽标，但当时基金会的研究保护重点并不是中国的大熊猫，而是非洲的野生动物。1980年，WWF正式进入中国，成为中国首个合作研究大熊猫的国际非政府组织。

在1980年中国与WWF合作开展"熊猫计划"之前，中国在环境保护方面知识匮乏，而WWF经过近20年的打磨，环境保护经验丰富。合作期间，WWF给中国环境保护方面提供诸多帮助，包括培训环境保护专业人员、开展巡护、提供科研设备以及对熊猫生活区域定期开展监测工作等。

培训环境保护专业人员时，WWF会指派环境保护知识丰富的工作人员加入当地的大熊猫保护区，统一对保护区的工作人员进行培训。培训主要分两方面进行，一方面是系统理论知识，另一方面则是专业技能培训。

WWF会向保护区工作人员传授自然保护区管理的基本方法与理论，通过自己的观察了解向培训人员科普当地自然保护区内动物、植物、地质、水源等自然环境，令当地工作人员理解自然资源相关的基础知识。还会帮助保护区的工作人员构建知识体系，提升科研监测实际操作和数据分析利用能力。毕竟了解保护区的环境才能明白保护区内大熊猫的行为模式。自然知识的丰富是为了更好地运用在保护大熊猫和保护大熊猫生存环境的实践中。而且，WWF的指派人员会与当地自然保护区工作人员一起进入保护区，进行专业技能的培训，言传身教，互相学习交流。

在大熊猫自然保护区内开展巡护工作主要由WWF国际物种保护专家与当地的大熊猫保护专家合作，深入野外开展野生大熊猫的基础调查与研究。其中最著名的是中国的大熊猫专家胡锦矗与参加WWF组织"熊猫计划"的乔治·夏勒。两人在大熊猫自然保护区巡护期间，对每日的工作与发现都做了记录，出版了许多书籍，为世人了解神秘的大熊猫贡献良多。乔治·夏勒用他诗人般的笔触，写出了《最后的熊猫》一书，记录了他在四川卧龙山区长达4年的大熊猫研究，其中既有大熊猫社会中动人的交往，也有大熊猫残酷的生存状况。

WWF还会为自然保护区研究大熊猫提供先进的科研设备，用于追踪与捕捉。胡锦矗所著《追踪大熊猫》一书中就详细描述了科研人员追踪大熊猫的艰辛过程。

为了进行科学研究，科研人员想捕捉一只活体大熊猫。1980年2月，美国动物学会派来芮德、杜伦赛克以及田纳西大学的奎格列，帮助他们制作一种陷阱，这种陷阱之前被用于在北美洲捕捉活熊，能将对动物的伤害降到最低。通过这种陷阱，科研人员成功捕捉了一只大熊猫。除此之外，奎格列还教他们使用电子通信设备。将装有发射器的颈圈戴在大熊猫身上，人则戴着耳机和有防水外壳的接收器，用以接收大熊猫身上发射器所发出的讯号。这些先进的设备帮助保护区的动物学家们追踪大熊猫，了解它们一天的生活状态。[1]

合作期间，双方还就保护区内的大熊猫数量开展定期监测工作，从1974年开始，国家林业局与WWF共开展了三次全国大熊猫种群和生存状况调查。1974年至1977年是由中国政府组织的第一次大熊猫专项野外调查，统计全国大熊猫大约有2459只，其中四川1915只，占全国的77.88%。[2]

1985年至1988年，则是WWF与国家林业局共同调查，采用咬节法确定大熊猫的种群数量。第二次统计到的大熊猫数量是1114只，栖息地面积139.22万公

---

① 胡锦矗.追踪大熊猫［M］.南京：江苏少年儿童出版社，2001：74—76.
② 四川省地方志编纂委员会.四川省志·大熊猫志［M］.北京：方志出版社，2018：395.

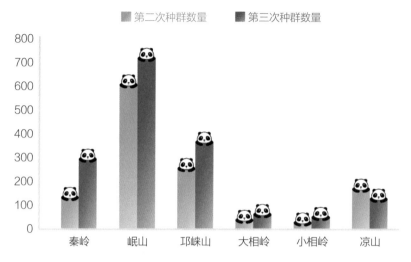

全国各山系大熊猫种群数量变化情况图

第二次种群数量　　第三次种群数量

资料来源：四川省地方志编纂委员会编《四川省志·大熊猫志》，方志出版社，2018年

项。监测期间，除了调查大熊猫的种族群体，还会记录自然保护区内其他动植物的生存状况，帮助建立统一多维度的数据库。

中国与WWF合作推动的"熊猫计划"持续多年，这项计划最开始的起点就是"姬姬"，是"姬姬"超强的人气吸引了WWF创始人的注意。随后，基金会的筹建者经过考虑筛选，确认用"姬姬"的简笔画作为组织的标志。远离家乡的大熊猫"姬姬"与远在瑞士成立的WWF相遇，产生的火花便是20年后的"熊猫计划"。

计划实行期间，WWF组织还支持建立了卧龙大熊猫繁育中心，也就是现在的中国保护大熊猫研究中心的前身。1981年，中国与世界野生生物基金会共同拟定的《关于保护大熊猫研究中心的议定书和行动计划谅解备忘录》签字生效。1985年，世界野生生物基金会发表报告将大熊猫列为世界10种濒危动物之首。1989年，WWF与我国林业部共同编制了《中国大熊猫及其栖息地保护管理计划》。

WWF与中国合作期间，从理论与实际两方面为中国的大熊猫保护事业提供了巨大帮助。

野外研究带来的新认知

第一次野生大熊猫资源调查在1974年才开始。经四川省林业厅的组织，珍稀动植物研究学者胡锦矗前后带领百人，历时4年，才完成这项艰巨的任务。1977年，第一次野生大熊猫资源调查结束，结果显示，全国共有野生大熊猫2459只。第一次野生大熊猫资源调查开展时，中国正处于经济建设阶段，没有多余的资金与设备供调查小组使用，所以条件十分艰苦。

1980年是中国大熊猫保护史上跨世纪的一年，当时英国勋爵、WWF主席斯科特与夫人、世界猫科动物研究权威乔治·夏勒博士等人，在胡锦矗教授等人的陪同下，来到卧龙自然保护区。之后，他们又跟随胡锦矗深入卧龙，参观了简陋的观察站"五一棚"。

在这次实地考察中，夏勒幸运地看见一只一岁半的大熊猫。通过与胡锦矗等人的朝夕相处，以及对卧龙自然保护区的细致观察，WWF决定与中国建立合作。随后，WWF斥资上百万美元与中国合作建立了中国保护大熊猫研究中心，并派遣以乔治·夏勒为首的外国专家组加入胡锦矗教授的团队，以"五一棚"为临时研究基地，深入秦岭等地追踪研究野生大熊猫。

合作项目从1980年的冬天开始，持续数年。研究人员亲身经历了野外调查的艰苦与危险，收获了许多大熊猫基础知识和新认知。开展调查时，研究人员每日进山后都会将所见所闻记录下来，这些文字与图片是考察卧龙自然保护区的宝贵材料。1986年，中外合作研究大熊猫的成果——《卧龙的大熊猫》一书，分别用中、英两种文字出版。胡锦矗的《追踪大熊猫》与潘文石的《漫长的路》等书，也是基于当年这段经历写就的。WWF的乔治·夏勒也写了《最后的熊猫》一书，记录他在卧龙自然保护区的经历。

这次持续数年的野外研究，给世人带来许多关于野生大熊猫的新认知，首先是对野生大熊猫的生活习惯有了新发现。

野外追踪观察十分不易，有时长途跋涉整日，连大熊猫的粪便都见不着，耗时过多又不见成效。研究人员决定捕捉一些野生大熊猫，为它们戴上无线电颈圈，利用无线电信号对它们进行跟踪观察。

正是得益于无线电颈圈的帮助，研究人员在野外追踪中发现大熊猫经常在平均气温15～18℃的岷山、邛崃山、大相岭、小相岭、凉山与秦岭等地出没，喜欢在无干扰、僻静的河谷阶地、洪积冲积扇、冰斗及台地等地采食。

研究人员发现，岷山大熊猫以缺苞箭竹、青川箭竹、糙花箭竹、华西箭竹、团竹为主食，邛崃山大熊猫的口粮则以冷箭竹、短锥玉山竹、拐棍竹、八月竹、华西箭竹为主，大相岭、小相岭的大熊猫主要吃当地的八月竹、冷箭竹、短锥玉山竹、三月竹、石棉玉山竹等，生活在不同山系的大熊猫主食竹略有不同。

研究人员发现，大熊猫无论雄雌都有领地意识，只是领地范围大小不一。雄性大熊猫领地广，有6~7平方千米，但它们喜欢四处闲逛且懒于做标记，有时其他雄性成员没有闻出不同的气味，就会稀里糊涂地闯进来。所以大熊猫不像我们想象中那么不容侵犯。雌性大熊猫的领地相对小一些，为4~5平方千米，领地中会有远离人烟、僻静安全的核心领域，方便自身生活或抚养后代。

研究人员发现，大熊猫几乎是昼夜兼行，因为需要花费大量时间觅食。简单来说，就是过着吃了就睡，睡了就吃的生活。大熊猫吃竹子也是有选择性的，在食用前它们会先嗅闻，然后一屁股坐在地上，将鲜嫩的竹枝扳过来进食。每日觅食后都会饮水，必须是活水，即便是冬日河面封冻，它们也会用前掌击碎冰面饮水。大熊猫的觅食规律到了竹笋生长的季节会有所不同，竹笋的生长随海拔升高而推迟，大熊猫则会下移至低海拔，从山下一路吃到山上。

研究人员在野外追踪过程中，还发现了罕见的大熊猫求婚现场。野生大熊猫一般到6岁半性成熟后，才会参与婚配活动。先由雌性大熊猫发出征婚信号，周围能收到信号的雄性大熊猫会来到雌性大熊猫的家中，展示自己的力量与柔情。当好几只雄性大熊猫争夺一只雌性大熊猫时，就会出现比武招亲的现象。

胡锦矗在野外寻找大熊猫踪迹时，见到雄性大熊猫给雌性大熊猫"唱情歌",一会儿像狗叫声,一会儿又像羊叫声,雌性大熊猫却对它爱答不理。急坏了的雄性大熊猫转而啃树枝发泄忧郁,啃断的树枝足有7厘米粗。胡锦矗在观察时不敢轻举妄动,生怕打扰了这难得的一幕。半小时左右,两只大熊猫才相互追逐嬉戏着离去。据统计,雄性大熊猫一般16岁后就不会再参与婚配,但雌性大熊猫如果身体健康,20岁也会出现发情的现象。

研究人员发现,大熊猫一般4月中旬开始怀孕,有了身孕后,雌性大熊猫会增加觅食的时间补充营养,之后还会搭建舒适的巢穴。一般情况下,雌性大熊猫怀孕135天左右就会生产,产崽后还会表现出强烈的母性。1981年,研究人员在卧龙大熊猫野外观察站附近捕捉到一只雌性大熊猫,取名为"珍珍",给它戴上了无线电颈圈,以方便定点观察。之后,"珍珍"产下了幼崽,乔治·夏勒与胡锦矗跟随无线电信号前去观察,因过于靠近幼崽遭到了"珍珍"的愤怒追赶。夏勒被追得爬上了树,胡锦矗负责引开"珍珍"。他抓住大熊猫不擅长爬坡的特点,以"之"字形往山上跑,这场拉锯战持续了10多分钟,直到谁也跑不动了,"珍珍"才放弃追赶,回去继续照顾幼崽。

大熊猫妈妈带孩子十分辛苦,几乎寸步不离。大熊猫宝宝刚出生的十几天,片刻都不能离开母亲的怀抱,一个月后才能睁开眼睛,两个月后才会摇摇摆摆地走路。相比很多野生哺乳动物,大熊猫宝宝格外羸弱,甚至需要雌性大熊猫定期舔舐刺激,才能顺利排便。

野外追踪过程中,研究人员接触到大量的野生大熊猫,发现了大熊猫社会中的许多交往方式。它们是喜静的动物,黑白色的皮毛颜色在绿色的山林中很方便辨认,起到警示作用,同伴或者其他野生动物看见后也会自动避让。除此之外它们还会用尿液、粪便或者尾部的腺体在树上或石头上涂抹自身气味,宣示领地范围,但有时它们比较懒散,气味散尽也没有重新标记,导致会有同性大熊猫误闯领地的事发生。

大熊猫的社交很少,只有婚配时节才会相互走动。常有雄性大熊猫误闯其他雄性的领地,但它们之间基本是一种你来我往的友好睦邻关系,很少发生争斗。雄性大熊猫之间,除了发情争夺配偶会出现打斗现象,一般情况下都是和平相处。

不过也有例外。胡锦矗在《追踪大熊猫》中记载，他们在白岩坪查圈时，发现一只幼年大熊猫被一只成年大熊猫追赶，挂在树枝上摇摇欲坠。成年大熊猫不打算放过这只可怜的小家伙，爬到树腰与幼年大熊猫对峙，那只幼年大熊猫一直在悲伤地呻吟，渴望那只成年大熊猫放过自己。这场僵局持续了半个多小时，成年大熊猫才下树离去。

研究人员经过野外观察，还发现了许多危害大熊猫生存的因素。其一，大熊猫极易感染的蛔虫病。潘文石在《漫长的路》中记载，有一只大熊猫被蛔虫感染而营养不良，研究人员喂它吃下驱虫药的第二天，就打下100多条蛔虫。其二，乱砍滥伐、开荒种地，导致大熊猫栖息地的破碎化，不利于大熊猫种群之间的信息传递，阻碍发情期的适龄大熊猫选择配偶。其三，成年大熊猫身强力壮无敌手，但未成年的大熊猫体积小、体质弱，很容易受到附近食肉动物的骚扰与捕杀。未成年大熊猫是未来大熊猫种群的基础，需要投入力量保护。其四，猖獗的盗猎行为应当立法打击。

1985年之前，在专家和普通人的认知中，大熊猫都是黑白色的。在1985年3月的野外观察中，科研人员发现大熊猫不只黑白两色，还有棕白色。潘文石的研究团队为发现的第一只棕白色大熊猫取名"丹丹"，后来经过调查发现，住在金水河一带的村民见过好几只棕白色大熊猫。按照进化论的观点，棕白相间的毛色实际上是一种返祖现象，它的每一根浅棕色的毛实际上应由三段不同的颜色组成，当这些毛色合在一起时才显示为棕色。

虽然大熊猫与中国的先民相伴而行，一起度过了漫长的时光，但早期中国人民与学者对它知之甚少。中国从1974年开始野生大熊猫资源调查项目，受制于设备、方法，研究过程危险而艰苦。与WWF开始合作之后，在物资、技术、人力上给予诸多帮助，大熊猫神秘的一面才被探知，研究人员的安全也能得到保障。与WWF合作的几十年，中国通过不断的野外研究获得了许多关于大熊猫的认知。

大熊猫在世界性活动中的应用

中国在开展各种国际交往活动时，常常将大熊猫作为吉祥物，而大熊猫的形象也逐渐成为世界各国对中国的初印象，出现在各种具有中国元素的活动场合。

20世纪70年代以前，介绍大熊猫的书籍很少，随着大熊猫科研保护事业的展开，人们才开始渐渐了解大熊猫。自从大熊猫成为WWF的徽标后，各国将大熊猫默认为世界环境保护的标志，在发行濒危、珍稀动物主题邮票时，总是会加印WWF的标志，印有大熊猫形象的邮票就在全球广泛分布。单独发行大熊猫邮票的国家也不在少数，众所周知，苏联就为"安安"发行了专属邮票。

走向世界的熊猫合作，不仅体现在平面形象的运用，还体现在文化内涵的传递。从1939年至2008年，各国以大熊猫为主题的部分影视作品就有22部，或是以科普为主介绍大熊猫生存现状以及习性的纪录片，或是将大熊猫作为主人公赋予一定任务，经过一系列磨难展现勇敢、坚毅、爱护环境等主题的电影，或是以儿童教育为主创作的动画片。

迄今为止，大熊猫的形象已经在国际社会出现多次，其中许多都是世界性的活动，每一次都极具意义。

1972年，日本首相田中角荣访华，实现与中国的正常外交关系，中国将一对大熊猫——"兰兰""康康"赠予日本，以示建交诚意。"兰兰"与"康康"是中国与日本的友谊大使。1992年是中日建交20周年，为了纪念这个特殊的日子，中国发行的中日邦交20周年纪念金章，专门以"兰兰""康康"为设计元素。金章上刻有一大一小两只大熊猫，它们在河边嬉戏，一只手抱竹子呈经典的熊猫坐状，另一只四肢着地，低头凝视着什么。整体是一个圆形的徽标，以"20"和大熊猫独特的坐姿为设计蓝本，中间有另一个小圆紧贴在外圆的一端，构造出日月的模样，象征着日月同辉，中日关系纯洁长久。

根据《〈中俄睦邻友好合作条约〉实施纲要》，中国与俄罗斯在2006年与

2007年互办国家年，将中俄战略协作伙伴关系推上一个新进程。2006年，中国的"俄罗斯年"徽标将代表俄罗斯的棕熊与代表中国的大熊猫放在一起，两只"熊"一手相牵，另一只手朝向观众做伸手欢迎状。左边的棕熊身穿俄罗斯国旗样式衣服，它背后是代表俄罗斯的瓦西里升天大教堂，而右边大熊猫则身穿五星红旗样服饰，背后是代表中国的天坛。徽标中央，同样也在两只熊的头顶，中俄双语的字样写着"携手共进"。

2007年，轮到俄罗斯办中国年时，同样采用了棕熊与大熊猫的形象代表两个国家，不过这次身穿武术服的大熊猫在左，围着围巾的棕熊在右，两只熊同样一手互牵，另一只手握着舞动并印有中俄国旗的绸带做迈步前进状。无论是"俄罗斯年"还是"中国年"，大熊猫显然就是中国的形象大使。

1990年，中国承办的国际综合运动会在北京开幕，为了这项国际运动会的召开，中国早在1986年就开始新建场馆，改建或修缮原有的场馆。这场亚运会的吉祥物同样由国宝大熊猫担当。吉祥物"盼盼"是以20世纪80年代竹子开花时被拯救的大熊猫"巴斯"为原型创造的一个亚运健儿形象，从此，"巴斯"就以"盼盼"的面貌出现在大众眼前。大熊猫"盼盼"手持亚运会奖章，手臂张开做奔跑状，鼓励体育健儿创造更好的成绩。"盼盼"一词寓意盼望和平、友谊，盼望迎来优异成绩。

同样在运动会上大展拳脚的还有大熊猫"毛毛"。2008年的北京奥运会从申请到申请成功历时8年。2005年11月11日，2008年奥运会吉祥物发布会在北京中华世纪坛举行，以大熊猫"毛毛"为设计原型的吉祥物"晶晶"位列其中，它双手平举在胸前，面带微笑，头部纹饰是宋瓷的莲花瓣造型。

北京奥运会的5个福娃分别代表了海洋、森林、奥林匹克圣火、大地与天空，它们的形象设计也与中国传统文化相结合，诞生了"鱼"元素的海洋"贝贝"，"熊猫"元素的森林"晶晶"，"奥林匹克圣火"元素的火娃"欢欢"，"藏羚羊"元素的大地"迎迎"以及"燕子"元素的天空"妮妮"，共同组成北京奥运会对世界人民的态度——北京欢迎您。奥运会期间，四川卧龙中国保护大熊猫研究中心精心挑选了8只未成年大熊猫送到北京。这8只奥运大熊猫在北京共接待中外游客210万人次，受到许多外国友人的喜爱。

大熊猫的形象还在各国发行的邮票上有应用。邮票是国家文化的一种体现，往往印有一个国家或地区历史、风土人情、自然风貌、传统文化等相关主题的图案或文字。各国发行的邮票五彩缤纷，收集作为"国家名片"的邮票也是一项世界性的活动。中国从1963年至2000年，先后发行6套大熊猫邮票。世界上其他国家也发行过大熊猫邮票，如古巴、荷兰、不丹、苏联、泰国、匈牙利、尼加拉瓜、日本、朝鲜等。

大熊猫的保护受到世界各地组织或个人的关心，也诞生了许多围绕大熊猫保护的世界性活动。1992年，卧龙自然保护区成立了大熊猫俱乐部，积极参与国内外各种交流合作，先后取得日本大熊猫保护协会、熊猫国际、GLOBIO、爱能博格基金会、五洲传媒等组织和媒体的认可。随后，俱乐部对全世界开放了大熊猫认养活动，团体或个人都可以对成都大熊猫繁育研究基地的大熊猫进行认养。根据1998年至2005年的有效统计数据，共有450人在卧龙认养了大熊猫，他们来自美国、日本、意大利、新加坡、菲律宾等地，其中美国人民认养了70只，日本人民认养了60只，中国人民认养了46只。不论是哪个国家的组织认养大熊猫，都会对大熊猫保护事业有所帮助。[①]

美国熊猫国际组织于2000年4月在美国科罗拉多州成立，它是一个公益慈善，致力于拯救大熊猫的非营利性机构。该组织会根据大熊猫保护机构的工作需要，无偿捐资捐物，提供后勤保障。

1999年，熊猫国际执行董事认养一只大熊猫并取名为"哈维"。多年来，美国熊猫国际给予中国诸多帮助。2008年，汶川地震后十天后，熊猫国际的救援物资就抵达了卧龙。2016年，熊猫国际主席苏珊·布兰登一行，访问了中国大熊猫保护研究中心都江堰基地，带来熊猫国际为大熊猫医疗、科研以及人工育幼捐赠的器械、试剂和工具，约合29500美元。[②]2017年，美国熊猫国际组织再次向大熊猫保护研究中心捐赠价值22700美元的科研仪器设备，这对未来大熊猫的野化放归研究起到很大的帮助作用。[③]

大熊猫形象还衍生出许多文化作品。世界上第一部反映大熊猫的影片，是1939年孙明经在雅安拍摄的《西康一瞥》，自此，以大熊猫为题材的影视作品便层出不穷。日本在1972年与1981年分别制作了两部动画片《熊猫家族》与《熊猫的故事》。2001年由美国国家地理发行的《拯救大熊猫》纪录片，轰动一时。

2008年，约翰·斯蒂文森在《功夫熊猫》电影中创造了大熊猫阿宝这一角色，植入了大量中国元素。中国特有的武侠文化在电影中被放大，大熊猫与其

---

① 四川省地方志编纂委员会.四川省志·大熊猫志［M］.北京：方志出版社，2018：375—383.

② 罗瑜.美国熊猫国际组织访问中国大熊猫保护研究中心［EB/OL］.［2016-07-15］.http://www.forestry.gov.cn/main/146/content-889161.html.

③ 杜文平.美国熊猫国际组织捐赠物资运抵中国大熊猫保护研究中心［EB/OL］.［2017-09-13］.http://www.forestry.gov.cn/main/586/content-1026404.html.

他动物之间是师兄弟的关系，都是来学"功夫"的；它们的老师更是我国传统文化的代表，乌龟大师与浣熊老师分别是儒家与道家的代表，举手投足间传达中国传统思想；影片中还有各种中国的社会风俗画，鞭炮、筷子、斗笠与玉皇宫这类中国古典建筑。

全球开展的一些大熊猫国际合作研究项目，从实践角度促进这一物种的繁育。1981年1月，中国正式加入《濒危野生动植物种国际贸易公约》（CITES），同年4月8日起该公约对中国生效。该公约的成立始于当时某些国际动物贸易对部分濒危野生动物族群的延续造成了直接或间接的威胁，为了正视这一问题并展开保护行动，由全球最具影响力与规模的世界自然保护联盟带头，呼吁各国规范野生动物国际贸易的管制。

自1994年起，我国为大熊猫的国际合作开展了许多研究项目，截至2017年，我国已与日本、奥地利、美国、澳大利亚、泰国、西班牙、加拿大、英国、法国、新加坡等15个国家建立合作关系，既促进了两国友好关系的进步，也能与国外动物园交流圈养大熊猫的经验，解决大熊猫的疾病、繁育及野外保护方面的技术问题，传播大熊猫文化及科研保护知识。[1]

---

① 张玲，钟义，朱思雨.开展大熊猫国际合作研究项目基本技术要求的探讨［J］.野生动物学报，2017（4）：668—670.

第六篇

文 化

符 号

第一章　大熊猫成为文化符号

大熊猫与中国传统文化

　　大熊猫作为一种文化现象，其文化内涵也是一个不断发展、丰富、演变的过程。了解大熊猫丰富的文化内涵，能有助于发展大熊猫文化产业。研究大熊猫的文化内涵，要根植于中国的文化，从中国文化的精华中找到契合大熊猫特征的那部分，把大熊猫文化提升到与中国文化融合的高度，使人们广泛接受并乐于传播大熊猫的文化内涵。

　　中国人历来爱好和平，向往和谐安宁的社会环境。我们的祖先在"和"文化的潜移默化下将它的内涵一代代传承。大熊猫是中国人的"国宝"，从20世纪90年代以来，大熊猫被赋予的便是"和"的文化象征。

　　20世纪90年代之后，人们提出了和谐社会、和谐世界的概念。人们认为，大熊猫最能体现出和谐。大熊猫虽然是食肉目动物，有着锋利的犬齿和食肉动物的消化道，但它们99%的食物是竹子。大熊猫与其他生物和平共处，总是与世无争的模样，体现了"和"文化的精神内涵。大熊猫圆滚滚、胖嘟嘟的身体结构，祥和的动作神态，悠闲的行为举止，与大自然融洽相合，也体现了和谐的含义。

儒家思想的核心是"仁"，要求人与人之间要互相关爱，要和谐融洽地相处。大熊猫圆滚滚的身材、胖胖的脸蛋、大大的黑眼圈，在外形上处处体现着恬静祥和，再加上它们虽然躯体魁梧，力量巨大，但总是缓慢地行动，从不急躁，性情非常温和。只有在繁育期间，为了保护幼崽可能会攻击有危险的动物，平时极少主动攻击其他动物，大熊猫彰显的正是孔子口中所说的"仁者"形象。

道家文化讲究"无为""不争""顺其自然"。大熊猫在自然界中几乎没有天敌，它们身躯庞大，力量强悍，但不会主动攻击别的动物，长久以来养成了与世无争的生活态度，与道家的出世思想不谋而合。从大熊猫的进化史中可知，大熊猫的祖先原本是食肉的，但经过多年的进化，大熊猫转变为以竹子为主要食物的物种，这就是从"有为"到"无为"的转变，体现了道家的思想内涵。

大熊猫与竹子密不可分，竹子为大熊猫提供了维持生命的能量，而竹子在中国传统文人眼中正是清新飘逸的象征。野外大熊猫的栖息之地，有泉水，有竹林，冬天的时候还有冰雪覆盖。竹、水、雪相交融，竹子苍翠欲滴，泉水灵动透明，冰雪洁白无瑕，大熊猫悠然自得，营造出一种极富感染力的古典意境，渲染出道家独有的悠闲、超然、宁静的境界。

墨家思想提倡"兼爱""非攻"，"兼爱"就是要去平等地爱所有人，君与臣、父与子、兄与弟、人与人之间都要和谐共处。大熊猫无论是在自己的种群内部，还是在与其他动物相处，从来都是秉持和平共处的原则，绝少伤害其他动物。

大熊猫与图腾文化

图腾一词源于北美印第安人阿尔衮琴部奥吉布瓦方言，这个词最早在学术界文献中出现，后来人们将发现的所有物象统称为图腾。世界各地的图腾都源于万物有灵这样的观念，图腾的实体往往是动物、植物、天体或天象等。原始时期的人们面对瞬息万变的自然，无能为力，就祈求有一个能抵御自然灾害的神明保护他们。刀耕火种的时代尚未来临，除了自然灾害的威胁，野兽偷袭也能致命。在这种情况下，他们需要创造一个"保护神"角色，图腾由此诞生。

图腾崇拜与其部落的诞生与发展有着密切关系。有的部落图腾代表某些植物或动物化身为他们的祖先，有的则代表人和动物交合衍生出该部落，有的是人与动物存在感应而产生了这个部落的人民，有的图腾实体是因为与部落有亲属关系，而有的图腾则是因为该动物或植物对该部族有功而成为他们的图腾。图腾崇拜往往表现在旗帜、服饰、文身、舞蹈等方面。

华夏民族的图腾是能够腾云驾雾的龙，我们也自称为"龙的传人"。曾经辉煌的罗马帝国，最开始是以母狼为旗徽。埃及的狮身人面像也是流传至今的图腾崇拜表现形式之一。澳洲的土著居民以蜜汁蚁为图腾。俄罗斯自古以来的图腾都是熊与狼。

由此可见，图腾崇拜的实体以动物居多，这些图腾崇拜的对象都是与当地人民生活在同一片区域的动物。原始社会的人们活动范围狭窄，所见识的动物品种也很少，他们的动物崇拜对象一定是常常与他们发生冲突或者与他们和谐共处的动物。

我国的西南地区有众多少数民族生活，而西南地区土生土长的动物中，大熊猫赫赫有名。从生物角度出发，大熊猫虽然吃竹子，但它们的攻击力丝毫不弱于人们惧怕的任何猛兽。图腾文化又常常建立在力量崇拜之上，难道西南地区的少数民族在发展过程中，对于这个与他们朝夕相处的动物竟没有丝毫动容？

中国西南地区有一支少数民族的图腾文化就是围绕着大熊猫的传说故事发展而来的，这支少数民族就是白马藏族。白马藏族是古代氏族的后裔，与历史上的白马氏关系最为密切。[1]白马藏族主要生活在青藏高原东缘与四川盆地北部等地区，分布面积7000多平方千米。由于地理位置偏僻，当地许多具有原始宗

---

[1] 蒲向明.论白马藏族神话的主要类型和述说特征——以陇南为中心［J］.贵州文史丛刊，2013（3）：19—26.

大熊猫历史分布图

历史记载中的大熊猫分布区

大熊猫现代分布区

资料来源：四川省地方志编纂委员会编《四川省志·大熊猫志》，方志出版社，2018年

教性质的图腾文化都保存完整。

　　白马藏族在迁徙分裂的过程中，演变为三大部落、五大家族。三大部落是甘肃文县的白马部、四川平武的黑熊部以及九寨沟的反熊部。其中白马部在祭祀活动中会戴着象征"马王爷"的三目神面具，四川平武的黑熊部则戴着熊头，九寨沟的反熊部在每年正月十五的时候会挑选家族中年轻的小伙子戴着熊猫头装扮成大熊猫的样子表演熊猫舞。

　　白马藏族除了三大部落，还分为五大家族，分别是以羊为代号的格珠尼，以黑熊、白熊为代号的班氏家族阿加珠尼，以猴子为代号的侯氏家族，还有以马为代号的占布珠尼。熊猫舞主要是阿加珠尼和格珠尼这两个家族之间形成的舞蹈，[①]因为阿加珠尼和格珠尼这两个家族有一个美好的关于大熊猫的爱情传说。

　　相传在很久以前，阿加珠尼的一位少年与格珠尼的一位少女情投意合，早

---

① 魏琳.白马藏族熊猫舞的表现形式及文化渊源［J］.西北民族大学学报，2013（6）：80—84.

已暗自定下海誓山盟，但白马藏族的婚嫁习惯要求男方必须请一位媒人前往女方家提亲，得到女方家人的认可后才能成婚。

少年的家人先是请美丽的凤凰代为说媒，虽然凤凰态度真诚地表明了少年的爱慕之心，但少女的家人却认为请花哨的凤凰来说媒的男方一定不靠谱，没有接受提亲。少年的家人不死心，于是请山里的金丝猴再次登门提亲，但能言善道的金丝猴却让少女的家人感到压力，害怕日后双方有了矛盾，自己的女儿会在有实力的阿加珠尼吃亏，再次拒绝了阿加珠尼的提亲。最后一次，阿加珠尼的少年请大熊猫帮自己说媒，大熊猫既没有凤凰那么花哨，也没有表现得像金丝猴那般能干，它言辞恳切、稳重大方的提亲终于打动了少女的家人，同意两家结亲。

这两个年轻人在一起后非常幸福，大家都认为是一桩难得的婚事。阿加珠尼与格珠尼两个家族的人为了表达对大熊猫的感激之情，每年的正月十五都会以跳熊猫舞的方式纪念他们心中崇敬的大熊猫。

当然，阿加珠尼与格珠尼两个家族将熊猫舞延续至今的原因不仅是因为一个传说故事，还因为熊猫舞发源于白马藏族的祖先崇拜与部落崇拜。从古至今，白马藏族对祭祀仪式中面具的形象颇为重视，他们认为面具所代表的形象就是白马人的保护神。

白马藏族的主要活动地区是甘肃的文县、四川的平武以及四川的九寨沟，神奇的是，这些活动地区与大熊猫的分布地区完全重合。之前也谈到，许多原始部落都存在动物崇拜的现象，且这些动物无一例外都与部落生存在同一片土地上。而原始的白马藏族部落更是与山林中的大熊猫朝夕相处，如果需要有一种动物作为他们的图腾，没有理由不是最贴近他们的大熊猫。

大熊猫确实也具有原始部落需要的诸多元素。例如白马藏族的原始部落惧怕猛兽的突袭，威胁生命，但大熊猫性情温和，无论是面对人类还是其他野生动物，都会采取避让冲突的方式，转身离去。对部落人民并没有生命威胁，反而这种和平相处的态度会让部落人民尊崇。

大熊猫虽然外表憨态可掬，不与其他动物争斗，但大熊猫拥有锋利的牙齿与爪子，咬合力更是达到了120公斤，比老虎差不了多少。对于崇拜力量的白马藏族原始部落而言，大熊猫就象征着强大的生存力量。所以白马藏族在原始社会时期便将大熊猫作为部落的崇拜实体，将大熊猫的形象与祭祀活动时所佩戴的面具相结合，象征着大熊猫就是白马人的保护神。

熊猫舞产生年代久远，它不仅仅代表白马藏族对大熊猫的崇拜，是祭祀时的产物，同时熊猫舞也与白马藏族人的原始狩猎、娱乐狂欢活动息息相关。首先，有学者认为熊猫舞是上古时期原始狩猎的产物。因为在上古时期，人类尚未步入文明社会，必须依靠青壮年外出捕猎来获得食物。由于上古时期几乎没有任何医疗技术，狩猎过程中受了伤等于被宣判了死刑，所以狩猎活动是一项关乎生存而危险异常的活动。在这种活动开展前，部落里都会进行类似占卜的仪式，一方面是为了求神灵保佑狩猎所得丰厚，另一方面是祈求狩猎人员的平安。

在原始社会，狩猎必须与猛兽竞食，所以在狩猎仪式上，白马藏族的人们会跳着熊猫舞，模仿大熊猫的诸多行为。他们认为，狩猎仪式上所进行的诸多环节与狩猎现实中的情况会形成对照，即狩猎仪式上模仿大熊猫捕食、喝水、行走等动作就相当于现实中狩猎人员的行为，可以用这种方式预见现实狩猎过程的成功。

除此之外，原始的白马藏族人民认为模仿某种动物形象或者自然现象能够从中获得它们的力量，并且在狩猎仪式中对猎物所做的假动作会有一种投射到现实猎物身上的魔力，能够促进狩猎的成功。

白马藏族在跳熊猫舞时会佩戴熊猫面具。这种具有图腾意味的面具，在白马藏族人民心中象征着他们的守护神，可以保护他们免受恶魔和妖怪的侵扰。所跳熊猫舞时头戴熊猫面具也是一种驱鬼化邪的原始宗教仪式。因为只有足够凶神恶煞的面孔才能镇压邪祟，如我国传统文化中的门神就是十分凶悍的面孔。所以虽然大熊猫实体长得很可爱，但熊猫面具制作得凶猛恐怖，方便吓退恶魔与妖怪。

在熊猫舞开始前，部落会挑选年轻力壮的小伙子来扮演大熊猫，身披熊皮，头戴熊猫面具。在表演熊猫舞时，会有两个拿着棍子的舞者满场跳动，既是为了能在正式表演前热身也是为了清场。固定的场地中配有打击乐伴奏，舞者必须跟随节奏跳动，表演动作主要体现在手与脚的配合上。紧接着便是请神，舞者一手拿着牛尾巴一手拿着棍子，虔诚地请神灵下凡。

熊猫舞正式开场后，会有舞者拿着牛尾巴与棍棒模仿大熊猫的生活姿态，将大熊猫吃箭竹、大熊猫饮水、大熊猫爬树、大熊猫嬉戏等动作一一进行展示，模仿得越像则证明该舞者越用功。熊猫舞无论是表演形式还是舞步，都有固定的程式，必须按照程式有条不紊地表现出大熊猫规律的生活姿态。熊猫舞是白马藏族人民延续至今的古老传统，是白马人古代图腾文化的缩影。

黑白萌兽是自然的表达

人类在婴儿时期只能看见黑白两色，之后才能渐渐看见红色、绿色、蓝色和其他颜色。在这个时期，黑和白对人类十分重要，它们能够有效刺激人类的视神经，让我们感受到空间的存在。黑白之美从远古而来，是自然孕育出的绝妙搭配，大熊猫也是这自然美中惹人倾心之物。在时光流逝的长河中，自然在它们的祖先身上烙下最美的印记。

黑白配色是新世纪的时尚，也是古老的审美。绝大多数大熊猫的皮毛都是黑白两色，中国古代有大熊猫是瑞兽和吉兽的传说。人们一直偏爱大熊猫，或许也是因为黑白配色本身就符合中国人的审美，大熊猫就是拥有奇雄相貌的吉兽，古人甚至将它豢养起来。

西晋时期，有一种特殊的旗帜叫"驺虞幡"。驺虞是传说中的一种动物，《山海经》中记载，驺虞是氏国的珍兽，有老虎那么大，乘上它能日行千里。《诗经》也有对驺虞的记载，叙述了一个擅猎的猎人，捕到一只驺虞，后人做的注解是"驺虞，义兽也，白虎黑文，不食生物，有至信之德则应之"[1]。驺

---

[1] 语出现存最早的完整《诗经》注本《毛诗故训传》。

猛豹，明万历年间的大熊猫形象

猛豹，清光绪年间的大熊猫形象

猛豹，日本江户时代的大熊猫形象

驺虞，明万历年间的大熊猫形象

貘，明弘治年间的大熊猫形象

虞毛色黑白、不吃生肉，是一种温驯的动物，有人推测大熊猫就是传说中的
驺虞。

西晋开始，司马炎取代魏国的统治，从"五德"循环的角度来说，"西晋"
属于"水德"，所以选择黑白相间的神兽来代表王朝的最高统治。"黑""白"是
颜色中的正色，象征至高无上的权力。清代史学家赵翼解释，在晋朝的制度中，
最重要的就是驺虞旗。在很多危急情况中，可用它传旨，可用它止战。

如此看来，古人喜爱大熊猫，是因为它黑白配色下的文化内涵。

在绘画中选择了黑白的表达，是对自然的还原和再现。在古人眼中，自然
是最简单、不加修饰的模样。自然中藏着无尽的智慧和"大道"，最终可以认识
为"黑白"的组合。大熊猫的黑白配色，让崇尚自然的古人喜爱这种生物。大

熊猫相比于容易被驯化的动物，更多保留了自然的成分，是贴近自然、具有灵性的生物。

2018年11月9日召开的大熊猫保护与繁育国际大会上，北京师范大学生命科学学院教授刘定震做了一次主题报告——"大熊猫是否近视"。在这场报告中，刘教授判定了大熊猫的属种。他认为大熊猫应当属于熊科，因此它会遗传熊类物种视力低下的特质。刘定震说熊类动物是靠着嗅觉和声音来感知世界的。大熊猫是近视眼，但视觉神经对空间的感知十分灵敏。就像人类对黑白的空间感受。现在无从考证到底是大熊猫有这样的视觉特征才导致毛色的特殊，便于同伴的辨认，还是因为有这样的毛色才导致这样的视觉系统。

大熊猫视力并不像人类的视力那样好，但依旧可以通过分辨气味和声音辅助观察。人类有值得骄傲的视神经，在哺乳动物中出类拔萃，能辨认出大多数动物无法辨认的颜色。黑色和白色，两种极其特殊的颜色，一个吸收所有光，一个反射所有光。在视网膜上存在着很多的视神经能够呈现出对外界颜色的感知。但是在众多的光线中，人类的视网膜对"黑白"这两种颜色最为敏感。

人类的视觉是判断外物的主要来源，会被视觉的假象迷惑，但对黑白搭配更为敏感，是不争的事实。人类的视力比大多数动物好，靠眼睛感知世界，对有视觉冲击力的事物更感兴趣，能够在众多的颜色中首先被黑白吸引。从这个角度解释，人类如此喜爱大熊猫，或许是生理特征的命中注定。很多情感萌生于第一眼的关注和最不经意的观察，这是我们在生理或文化上的铺垫和巧合。

大熊猫元素与当代艺术

一件事物成为某种文化的代名词，关键在于得到公众的认可。例如，提及巴黎圣母院就会想到法兰西文化，提及考拉就会想到澳大利亚。一件事物不断符号化的同时，对它的再利用和艺术加工也会增多，就意味着文化狂潮的到来。

大熊猫就是"中国风"中的独特文化符号。我们已经发现了三种颜色的大

白色大熊猫

熊猫，一种是黑白色，另一种是棕白色，还有一种是白色。棕白色大熊猫十分罕见，根据陕西省林业厅统计，"截至2018年3月，世界上有科学记载的棕白色大熊猫发现地点均在陕西秦岭山脉核心地区，一共有9次发现野生棕白色大熊猫的记录"[①]。白色大熊猫数量更为稀少，仅在2019年4月中旬被红外相机摄录过一张影像。

黑白色的大熊猫花色分布位置均匀，几乎所有大熊猫的耳朵、眼圈、脚掌、腿以及肩带部分都是黑色，其余部位则是白色，黑白相间，界限分明。中国古老的审美开始苏醒，黑白的美学搭配重新回到人们的视野。黑白花色的大熊猫已经成为一种文化符号，在中国与其他国家交流中展现"中国风"的魅力。提起中国，外国友人很少不联想到大熊猫。

---

① 四川省地方志工作办公室，四川省林业和草原局.大熊猫图志［M］.北京：方志出版社，2019.

近年来，"中国风"在国际艺术坛大展风采，西方艺术家将龙、凤、中国结等独具中国特色的元素运用于各种艺术品。大熊猫确立了我国国宝地位之后，它的形象开始代表中国出现在各种场合。

四川卧龙成为外国友人来华旅游的必经之地，他们早早来到中国大熊猫保护研究中心卧龙基地，只是为了赶上一个能看到大熊猫的好时候。通常情况下，大熊猫饲养员会在早晨八九点对大熊猫进行投喂，如果想要看到活动的大熊猫，要来得更早。否则，大熊猫吃完早餐就睡觉了，就算你在卧龙基地待一天，也只能见到一动不动熟睡的大熊猫。

无论是在国外还是在国内，利用大熊猫形象制作而成的文创产品的数量都不容小觑。2018年，成都的熊猫盖碗以"萌宠熊猫·天赋符号"为主题首发，将传统盖碗茶与熊猫相结合，打造新时代的熊猫文化。环保大熊猫"小保保"由艺术家CalvinCalbin卡鲁兵卡鲁兵蜀黍创作于2016年，采用大熊猫的形象外表，添加蒸汽朋克机械手，向人们宣告它保护环境的决心。

圆滚滚的脑袋，大大的眼睛，加上憨态可掬的行为，大熊猫十分讨艺术家的欢心。从绘画到针工刺绣，再到摄影作品，甚至是后来的镜头艺术，都有大熊猫主题的作品出现。在当下，大熊猫不仅是国宝，还是一种文化。在它们背后，是四川人的随性可爱、随遇而安的悠闲自在，将真实的大熊猫刻画方法转变为"人性化"视角，是水到渠成的事情。张奇开思考了7年时间，给出了答案。

张奇开是四川射洪人，年轻时留学海外，1996年回归祖国的怀抱。回到重庆后，动物园邀请他收养一只大熊猫，并起名为"竹囡"。他和大熊猫不解的情缘就此开始。张奇开说，"它很黏人的"。张奇开第一次见到"竹囡"时，它才几个月大，但已经是个圆圆的小胖墩。隔着圈舍的围栏，他看见它悠闲地走来走去，一会儿就坐下来吃竹子。张奇开看得出神，饲养员问他要不要进去抱一下它。这是他如此近距离地接触大熊猫。这样的感动，促使张奇开开始慢慢蓄积创作的冲动，他希望在大熊猫身上找到"直击人心"的感动。

张奇开多以动物为主题作画，善于构建空灵干净的意象，让动物置于一尘不染的空间中，旨在表达动物和现代社会的冲突，甚至人与社会的冲突、人与人的冲突。他渴望在大熊猫身上找到这样的冲突。但是这一次，他遇到了很大的难题。国内的世界对张奇开来说是翻天覆地的变化。他曾说："当我重新生活在中国，观察这个显得陌生的国度，我才发现，这真是一个迅猛发展的国家。我突然觉得熊猫作为一种符号，必须和今天、和世界联系起来，而不是局限于过去的、本土的审美经验。"

张奇开发现，在西方世界中，"熊猫"的认知度比其他符号高很多。一个外国人不知道中国的长城、孔子、瓷器，但一定知道中国的大熊猫。对外国人而言，大熊猫就是中国的文化和名片。中国的大熊猫走出了国门，西方的文化也来到了国人的生活中。文化的流动和碰撞就悄然发生了。每一个个体都不是独立存在的，每个人都在积极地参与这场文化交流。张奇开就想，人类的生活是如此，大熊猫也当是如此。

酝酿了九年之后，张奇开终于下笔了。在他的笔下，大熊猫有了自己的意识，开始个性化地探索整个世界。有些大熊猫坐在核桃壳中，飘在天上，漫游曼哈顿；有些大熊猫趴在卧佛的肩上，好奇地望着菩萨的脸，像是在问道菩提。张奇开渴望大熊猫成为当代艺术中的新命题，而不仅仅是一幅写真的肖像画。

大熊猫和中国文化的结合是一种绘画思路。但将大熊猫放进西方世界中，意味着更多层次的思考。因此，张奇开让大熊猫梦游海外城市，飘浮在曼哈顿的上空，变成巨大的熊猫金刚攀爬着自由女神像，甚至让它们和西方名人在一起。中西混搭，在张奇开柔和的画风和色调中显得圆融无碍。

由于大熊猫自身的黑白色调，张奇开的大熊猫作品都是低饱和度的色彩，在淡色的笔法中突显古老东方的独特魅力，安静平和的纯色和细致入微的刻画，让大熊猫在一片纯色空间中走向世界。

阿龙是一名"90后"插画师，2016年以画"早安少女"入行，2017年开始创作"大熊猫"系列插画。阿龙的大熊猫插画，给大熊猫的写实画像增添了新的意象，让写实派绘画有了更好的展示，大熊猫的可爱被展现得淋漓尽致。

天府之国，大熊猫之城

成都自古就是中国文化和经济的重心之一。古老、神秘的巴蜀文化在这片土地上散发着光芒。成都文化繁荣多彩，交织着众多新鲜元素。历史上有多次人口大迁徙，两湖两广、陕西山西有大量人口填入四川，分在四川各地。

成都，作为四川的首府，以开放包容的姿态面对历史。这个大融合的城市保留着自己的风度和韵味。火锅、四合院、盖碗茶，以及大熊猫，就像是成都的优质名片。大熊猫深受喜爱，大熊猫无处不在。

基于大熊猫强大的"粉丝群"建立起来的众多文化主题形象，层出不穷。成都创立了全球首家大熊猫邮局，以及"大熊猫"屋的大熊猫文创。如果来过成都，就一定会记得宽窄巷子的大熊猫发卡、大熊猫明信片，在大熊猫时光邮局给几年后的自己递一张明信片。在成都的慢生活和大熊猫慢吞吞的脚步中，让时光变慢。

成都是大熊猫的王国。"熊猫"文化在成都发展的前景，是成为成都的文化名牌，是建立起整体的文化产业链条。在成都，不仅有风景区大熊猫吉祥物和成都大熊猫基地一日游，还有"盼达号"地铁，有大熊猫文化车厢，有成都旅游大熊猫专线。如今的成都有城北大熊猫基地的大熊猫宝宝，还有春熙路IFS上的大熊猫。在各个景区之间有大熊猫专线，有大熊猫公仔。

2013年，成都成立了大熊猫邮局，第一家大熊猫邮局坐落在青羊区少城路。它是一家深夜邮局，在夜晚还能光顾，拥有全球唯一的邮编"610088"的邮局。大熊猫邮局有一项特殊的业务——大熊猫慢递，可以自己设定收到信件的时间，寄出一封写给未来的信。

成都人对未来乐观向上，生活随性舒适、节奏从容，成都的大熊猫睡到日上三竿，悠闲地走走停停，然后吃着竹子。信件传递的方式是人们生活方式的体现。成都人的生活方式就像是的这大熊猫邮局，和时光并肩不紧不慢地走下去。

成都繁华富庶，跻身新一线城市，政府越来越注重城市文化的发展和城市名片的打造。2018年11月12日，中铁建设成都三环路，作为北门大桥边的地标建筑正式落成。成都市建筑工程质量监督站和成都市公安局交通管理局验收后，娇子立交正式通车。

娇子立交在原有桥梁的基础上，新建11条匝道，"变身"为复合式全互通立交，实现多个方向的便捷转换，同时与天府国际机场高速及成仁立交实现连通，将在成都市形成规模最大的立交群。看成都的车水马龙，要在夜幕降临的时候，就能看到娇子立交上的车流成为一道道光束。体验成都的大熊猫之城，要去新都的大熊猫繁殖基地，还要去看看这座大熊猫城的大熊猫建筑和生活。

成都最好的夜景，除了CBD商圈的高楼林立，还有成都北门上锦江边的夜色和成都的大熊猫塔。成都大熊猫塔就是四川省电视塔，20世纪80年代筹备改建，2013年正式向公众开放。最早的时候，成都大熊猫塔被称为"339电视塔"，因为这座电视塔有339米，是中国西部第一高塔。近几年电视塔的电子烟花秀让成都的夜晚又一次绽放。

夜幕降临，大熊猫塔下熙熙攘攘的人群，是成都人夜生活的缩影。成都有名的贰麻酒馆排起了长队，凌晨1点多，周围的酒馆还是坐满了人，真正是成都人"白天是生存，夜间才是生活"。有着大熊猫的个性，有着大熊猫的悠闲自在，是成都人生活的模样。

成都是大熊猫之城，将大熊猫打造成都的名片，充分展现了成都人对大熊猫的喜爱。

第二章　大熊猫文化的商业价值

大熊猫遇上广告

商业时代，广告与文明形影不离。在中国，有商家尝试用大熊猫做产品的代言人，巧妙地吸引了顾客。

为了呼吁全世界关注大熊猫以及自然环境问题，全友家居在大熊猫保护项目中出力很多。全友家居开展了一系列大熊猫环保活动，引起社会的广泛关注。其中"我给熊猫安个家，你给熊猫起个名"的活动广为人知。

2005年4月，"英雄母亲"雷雷在成都大熊猫基地再度产子，所产下的幼崽，全友家居以企业名义收养。2005年7月，全友召开新闻发布会，将这只大熊猫命名为"友友"。这只大熊猫小公主长得甜美可爱，血统纯正，后被赠送给台湾，改名为"圆圆"。

之后，全友集团收养了众多大熊猫，在保护环境的同时，积极献身公益事业，掀起了保护大熊猫的风潮。2009年2月，全友集团向卧龙大熊猫保护研究中心捐赠了8套"熊猫乐园"家具，使用反响极好。就这样，全友家居快速提高了知名度和公众曝光度。大熊猫对生活的环境要求非常高，根据之后的测试，大熊猫喜欢全友的家具，经常在上面爬来爬去。这套家具成为真正意义上的"熊猫乐园"。全友集团坚持大熊猫保护事业，在生产中也坚持绿色环保的理念。大熊猫成为全友最有发言权的体验官，也让全友家居一度成为销量冠军。

此后，大熊猫频繁出现在广告之中。我们知道了大熊猫有憨态可掬的一面，在野外生存的大熊猫也有凶猛好斗的一面，是老虎都不敢惹的狠角色。大熊猫尖利的牙齿，以及它强有力的前爪让它成为力量的代名词。"熊猫健身"一度火遍全国，这家健身店的英文名是"panda power"（熊猫力）。

对于熊猫来说，"萌"永远不是它的主打形象，它是多面手，有丰富的广告形象。

1995年，一只8个月大的大熊猫被成都卷烟厂认养，并取名为"娇子"，人们希望"天之娇子"大熊猫能够生生不息，与人类共存，从而开创了社会认养大熊猫的先河。此后，许多企业和名人都纷纷认养大熊猫，为世界生物多样性保护贡献力量。1996年，不足一岁的大熊猫"娇子"出现在电视台的公益广告之中，成为大众关注的焦点。

大熊猫"娇子"是成都的明星，是成都的骄傲，是成都许多小朋友心中的最爱。在成都大熊猫繁育研究基地，许多小朋友都争着要看"娇子"，要陪"娇子"。"娇子"成为人们心目中"保护熊猫，保护生态"的形象大使。2000年，5岁的"娇子"被选为"成都千年信物"，将代表新纪元的成都和1000年后的成都对话。告诉人们，在成都人民的共同努力下，"娇子"所代表的大熊猫家庭能成为千年后成都人的自豪！"娇子"载入成都的历史史册，是成都不可磨灭的形象标志之一。2004年，"娇子"当选"成都十大名片"，将成都这个天府之国、"闲逸文化"之都推向世界的舞台。

外国的广告中也有很多熊猫代言的产品。埃及有一个食品品牌叫熊猫，产品是熊猫牌奶酪。电视推广广告中，里面有一只可爱的大熊猫，广告商没有让这只大熊猫说这款奶酪有多么好吃，而是让它站在拒绝熊猫牌奶酪的人的面前暴跳如雷，开始发飙。最后出现广告词——别对熊猫说"不"。这样的反差感是

西方人对中国大熊猫的新印象和化用。这支广告片获得过戛纳狮子国际广告节的提名并得到了银狮奖。

无论是在国内还是在国外，作为广告代言人，大熊猫表现出的都是可爱的形象，最吸引人的还是寄托在大熊猫身上的文化内涵。

大熊猫"IP"

以前说到"IP"，还是指IP地址。2015年以后，"IP"更多是指"知识产权"。"IP"的内容还在不断地丰富，不再局限于单纯的知识产权。所有的"IP"都有一个共同点：能凭借自身的吸引力，获得比较大的流量，拥有"粉丝"，有变现的能力。

作为"国宝"的大熊猫凭借出色的"卖萌"能力，稍有动态就会占据各大网站、报纸、杂志的头版，成为国内外引起广泛讨论的超级"IP"，比如美国动画电影"功夫熊猫"系列、"魔兽世界：熊猫人之谜"系列。

从20世纪开始，大熊猫频繁出现在光影世界中。21世纪，动画电影再次风靡，美国迪士尼的"中国风"动画依旧是火热的主题。《功夫熊猫》在2008年上映，故事生动新颖，好评如潮，大熊猫阿宝的形象深入人心。美国梦工厂将"中国风"延续到底，在3D动画盛行的风潮下，推出"功夫熊猫"系列电影。

《功夫熊猫》讲述了在面条店学徒大熊猫阿宝上山习武，成为一代大师的故事。影片以中国功夫为主题，以古代中国为背景，在景观、布景、服装以至食物上都充满了中国元素。

大熊猫阿宝出生在古老的年代，是一家面条店的学徒，做事情总是笨手笨脚，师父总是训斥它。但是乐天派的它，无忧无虑，百无禁忌地做着白日梦。它梦想自己有一天能够和武功大师并肩而立，能和这些大师一决高下。阿宝在和平谷过着隐居的生活，这里其实是风水宝地，藏龙卧虎，住着很多高手，大熊猫阿宝在这里学艺问道。和平谷中召开了一场比武大会，胜出的人要代表和平谷去挑战邪恶的大龙，并将它永久地除去。在紧张的竞技中，什么都不会的阿宝在一系列阴差阳错之下中选，让人哭笑不得。

《功夫熊猫》在2008年上映后，在国内外引起极大反响，是当之无愧的票房口碑双丰收。《功夫熊猫》的成功有多方面的原因，除了过硬的制作班底和吸引人的剧情，浓厚的中国文化元素也发挥了重要作用。电影导演之一约翰·史蒂芬森是中国文化的爱好者，电影很巧妙地将中国功夫和大熊猫结合在一起。前者是外国人最痴迷的中国文化之一，后者是广受欢迎的中国"国宝"。前者讲求的是灵动潇洒，后者的形象却是迟缓呆滞。二者结合在一起，没有违和感，很大程度上是因为功夫和大熊猫都是中国的文化符号，自身就带有和谐相处的

电影《功夫熊猫》海报

属性。

　　在电影成功之后，大熊猫阿宝成为响亮的"IP"，经常出现在巨幅海报以及广告的宣传画上。两年后，《功夫熊猫2》在北美上映。大熊猫阿宝的归来气势汹汹，在洛杉矶的街头巷尾，乃至于高速公路上，都是它的海报。好莱坞的上空还飘浮着大熊猫阿宝的巨型气球。

　　可爱的大熊猫阿宝及其圆圆滚滚的肚子、活泼幽默的性格又一次征服了全世界。《功夫熊猫2》中讲述了大熊猫阿宝的身世，以及来自四川西南的大熊猫是如何来到和平谷的。电影的镜头被拉回到大熊猫之乡——成都。这部电影出现了很多成都元素——锦里、青城山、麻婆豆腐和担担面，让人在美好的故事和无限的遐想中幻想出大熊猫故乡的模样。大熊猫阿宝又一次带领人们探索中国的风土人情。

　　"它永远是那么可爱！"《功夫熊猫2》在北美公映时，有人采访了匆匆赶赴现场的影迷。她是个白发苍苍的老太太，兴高采烈地吐露心声："我非常喜欢阿宝，它太有趣了。"这位老太太甚至表示，"我希望我能去成都，去看看大熊猫，并且抱抱它们！"

以大熊猫为主题的另一个超级"IP"是《魔兽世界：熊猫人之谜》。《魔兽世界》是美国游戏公司暴雪娱乐制作的第一款网络游戏，属于大型多人在线角色扮演游戏。在《魔兽世界：熊猫人之谜》中，熊猫人成为绝对主角。游戏中依旧有浓厚的中国元素——熟悉的中国斗笠、中国龙、美猴王、长城、竹简、灯笼等，以及"中国风"的背景音乐。熊猫人的种族有中国特色的"轻功""气功掌"等技能。这款游戏上线一周，暴雪公司即宣布销量达到270万套，推动《魔兽世界》全球用户总数再次突破1000万大关。这在一定程度上可以看作大熊猫文化在海外流行的一种体现。

在国内，关于大熊猫的"IP"也如雨后春笋般涌现。

2014年11月6日，手机游戏《太极熊猫》正式公测，其画面较为精美，拥有不同的招式展现，视觉冲击力表现较强，在细节方面较为出色，并在随后几年时间里相继开发出《太极熊猫2》和《太极熊猫3：猎龙》。

腾讯在其手机游戏《王者荣耀》中也采用了大熊猫元素。2018年，在《王者荣耀》游戏中，腾讯为游戏英雄"梦琪"设计了融合川剧变脸元素的大熊猫主题的传说品质"皮肤"。在"皮肤"上架之前，腾讯公司在成都认养了一只刚出生的大熊猫，取名为"耀耀"。

在现代商业社会中，通过文化"IP"制造热潮成为常态。电影作为最受欢迎的娱乐商业模式之一，能将文化和旅游元素融入其中更是高明。大熊猫进军好莱坞，成为电影中的超级明星，从而延伸到其他产业。这些以大熊猫为主题的超级"IP"，将中国文化传播到世界的各个角落，对于中国"软实力"的提升有很大助益，让外国人更了解中国的文化。

后　记

　　大熊猫是拥有800万年进化史的"活化石"，是中国的国宝，也是世界生物多样性保护的旗舰物种。虽然大熊猫与人类渊源颇深，但其在人类社会中扮演重要角色却不过百余年光阴。150年前，法国博物学家戴维的科学发现，在人类社会中制造了一场风暴，使大熊猫从生活了数百万年的土地上走出来，迅速成为风靡全球的动物明星。

　　从来没有哪一种动物像大熊猫这样受到人类广泛的喜爱。自大熊猫走向世界以来，所掀起的热潮一浪高过一浪，至今仍未衰退。大熊猫不仅在物质层面影响着人类，甚至已超越实际存在的限制，成为一种抽象的文化符号，在人类的精神世界中发挥着潜移默化的影响。

　　这150年来，人类为什么突然对大熊猫如此喜爱？这是我们写作本书的过程中时刻思索的一个问题。诚然，这一自然界的精灵身上具有许多为人类喜好、追捧的特质，如朴实可爱、爱好和平、自然无为等，但人类与大熊猫的交集并不仅仅发生在这有限的百余年，而是在更为久远的史前时期。

　　也许在全新世之前的几百万年光阴里，文明之光还未降临世界，人与大熊猫自然也无法产生精神上的共鸣。但自中国史书中记载的第一个世袭制朝代——夏建立以来，几千年过去了，大熊猫仍然是浩如烟海的文献典籍中扑朔迷离的存在。与大熊猫朝夕相处的古代中国人民为什么对大熊猫知之甚少？这可能和中国古代发达的农业文明有关。

在农业社会时期，相对稳定的环境使人口大幅度增长，与之相应，耕地面积也在不断增加。在这样的环境下，大熊猫等野生动物的栖息地不断遭到破坏，一步步向人类活动难以企及的地方退缩。身处农业社会中的人类生产力水平并不高，受到自然限制的程度也就更深，人类在面对不能产生利益甚至会使自身利益受损的野生动物时，很难产生什么同情心，两者之间的关系是对立的。这样的关系持续了相当长的时间，甚至在经济水平与过去相比千差万别的现在，仍然有相当一部分群体漠视甚至敌视野生动物。

利益左右着人类与其他物种的关系，这一点在绝大多数情况下都成立。在大熊猫走向世界的初期，出于各种利益考虑，人类对这一物种进行了疯狂的掠夺。博物学家希望挖掘更多关于这一物种的秘密，使自己在自然科学领域扬名；冒险家希望彰显自己男子汉的气概，远渡重洋，向传说中的威猛野兽举起了手中的猎枪；动物园看到了活体大熊猫带来的巨大收益，于是硝烟渐退，新一轮的猎捕狂潮开始汹涌。

幸运的是，人类毕竟是一个文明的物种。几次科技革命过后，人类的生产力水平跨上了一个新台阶，物质财富逐渐充裕的人类开始关注其他物种的生存现状，开始意识到如果持续从地球上掠夺资源，抢占其他物种的生存空间，未来地球上很可能只剩下人类这一孤独的物种，这将是可怕的。这或许也是大熊猫受到人类如此多关注的原因所在。我们需要树立一个标杆来作为沟通人与其他物种的桥梁，而再没有哪一物种比大熊猫更合适了。

大熊猫体形圆润，少有棱角，看起来不具有侵略性，很容易获得人们的好感；大熊猫性情温和，虽然实力强悍却从不主动攻击其他动物，将"爱好和平"的原则贯彻到底，能够代表虽是大国强国，却坚持与他国和平相处的中国形象，也与当今世界的主旋律一致；大熊猫虽然是食肉目动物的成员，却为适应第四纪恶劣的环境而食性特化，变成今天以竹为主食的特殊物种，将生命力的顽强尽情彰显；大熊猫与人类有诸多相似之处，幼年大熊猫与人类的婴儿无论是在体态上还是在声音上都十分接近，能够成功戳中人类的萌点，勾起对它们的怜爱；大熊猫毛色黑白，这样极简的搭配却完美贴合了众多中国元素，这样的存在极为醒目，适合抽象成一种辨识度高的符号，号召更多人来保护大熊猫，保护生物多样性……

在过去，人类总是自视甚高，以傲慢的姿态凌驾于万物之上。但实际上，人类文明在地球46亿年的生命史上所占的光阴不过是极短的一瞬，在更为浩瀚的宇宙中更加不值一提。曾经的霸主恐龙在地球上横行了1亿6000多万年之久，却在极短的时间内迅速灭绝，关于其灭绝的原因，人们众说纷纭，但总归不能摆脱外力的作用。那么，人类作为地球上现在的霸主，未来又将面对什么呢？

人类利用地球上的自然资源使自己生活得更好，这本无可厚非，但同时我们也需要以谦卑的姿态审视我们与自然的关系，我们不是自然的主宰者，而是自然的合伙人。作为拥有高智慧的物种，我们需要承担起保护生物多样性、保护地球大家园的责任，我们需要保护那些在人类扩张的脚步下濒临灭绝的物种，就像我们为保护大熊猫所做的那样。

近年来，大熊猫保护事业佳音频传：根据2015年2月28日中国国家林业局（现国家林业和草原局）公布的全国第四次大熊猫调查结果，截至2013年年底，全国野生大熊猫种群数量达1864只，较前一次的调查数据增长了16.8%；2016年9月4日，世界自然保护联盟（IUCN）宣布将大熊猫的受威胁程度从"濒危"降为"易危"；根据2019年11月14日国家林业和草原局野生动植物保护司公布的数据，全球圈养大熊猫数量已达600只，创历史新高，基本形成了可持续发展的圈养种群……种种好消息是对所有携手保护大熊猫人士最好的回报，在世界人民的共同努力之下，大熊猫终于有了一个光明的未来。

在写作本书的过程中，我们对大熊猫的认识不断深入，对现如今人类与大熊猫和谐相处的状态深感喜悦。大熊猫所走的路，是一条与人类文明渐行渐近、日益亲密，最终不可分割的路，从这条路中，我们也能够窥探人与自然万物握手言和的心路历程。

亲爱的读者，至此，您已经看到了本书的尾声。我们竭尽所能，希望为您呈现的故事，与大熊猫有关，与人类有关，与在地球上共同生存的所有物种有关。人类与大熊猫的故事依旧在继续。人类与大熊猫相伴，一起经历了众多风风雨雨，我们有理由相信，未来人类与这一大自然的精灵物种之间，会相处得更加融洽，更加自然。